全国科学技术名词审定委员会

公　　布

科学技术名词·自然科学卷（全藏版）

3

地　质　学　名　词

CHINESE TERMS IN GEOLOGY

地质学名词审定委员会

国家自然科学基金资助项目

科　学　出　版　社

北　京

内 容 简 介

本书是全国科学技术名词审定委员会审定公布的地质学名词。全书分为总论，地史学和地层学，构造地质学，矿物学，岩石学，地球化学，矿床地质学，水文地质学及工程地质学和环境地质学九部分。共选入地质学基本名词3964条。这些名词是科研、教学、生产、经营以及新闻出版等部门应遵照使用的地质学规范名词。

图书在版编目(CIP)数据

科学技术名词. 自然科学卷：全藏版／全国科学技术名词审定委员会审定. —北京：科学出版社，2017.1

ISBN 978-7-03-051399-1

I. ①科… II. ①全… III. ①科学技术–名词术语 ②自然科学–名词术语 IV. ①N61

中国版本图书馆CIP数据核字(2016)第314947号

责任编辑：吴凤鸣 郇 江／责任校对：陈玉凤

责任印制：张 伟／封面设计：铭轩堂

科学出版社 出版

北京东黄城根北街16号

邮政编码：100717

http://www.sciencep.com

北京厚诚则铭印刷科技有限公司印刷

科学出版社发行 各地新华书店经销

*

2017年1月第 一 版 开本：787×1092 1/16

2017年1月第一次印刷 印张：14 3/4

字数：398 000

定价：5980.00元(全30册)

全国自然科学名词审定委员会
第二届委员会委员名单

主　任：卢嘉锡

副主任：　章　综　　林　泉　　王冀生　　林振申　　胡兆森
　　　　　鲁绍曾　　刘　杲　　苏世生　　黄昭厚

委　员（以下按姓氏笔画为序）：

马大猷	马少梅	王大珩	王子平	王平宇
王民生	王伏雄	王树岐	石元春	叶式烨
叶连俊	叶笃正	叶蜚声	田方增	朱弘复
朱照宣	任新民	庄孝德	李　竞	李正理
李茂深	杨　凯	杨泰俊	吴　青	吴大任
吴中伦	吴凤鸣	吴本玠	吴传钧	吴阶平
吴钟灵	吴鸿适	宋大祥	张　伟	张光斗
张青莲	张钦楠	张致一	阿不力孜·牙克夫	
陈鉴远	范维唐	林盛然	季文美	周明镇
周定国	郑作新	赵凯华	侯祥麟	姚贤良
钱伟长	钱临照	徐士珩	徐乾清	翁心植
席泽宗	谈家桢	梅镇彤	黄成就	黄胜年
曹先擢	康文德	章基嘉	梁晓天	程开甲
程光胜	程裕淇	傅承义	曾呈奎	蓝　天
豪斯巴雅尔		潘际銮	魏佑海

地质学名词审定委员会委员名单

主　任：程裕淇

副主任：叶连俊　王鸿祯

委　员（按姓氏笔画为序）：

丁国瑜	王泽九	王思敬	关士聪	李廷栋
李兆乃	李德生	杨　起	吴利仁	何世沅
宋天锐	宋权和	张日东	张宗祜	张炳熹
张振寰	欧阳自远	罗斌杰	赵宗溥	胡海涛
侯鸿飞	钱祥麟	郭文魁	郭宗山	涂光炽
黄蕴慧	常承法	崔盛芹	董申保	韩德馨
谢学锦	翟光明			

秘　书：何世沅(兼)　徐惠芬

序

科技名词术语是科学概念的语言符号。人类在推动科学技术向前发展的历史长河中，同时产生和发展了各种科技名词术语，作为思想和认识交流的工具，进而推动科学技术的发展。

我国是一个历史悠久的文明古国，在科技史上谱写过光辉篇章。中国科技名词术语，以汉语为主导，经过了几千年的演化和发展，在语言形式和结构上体现了我国语言文字的特点和规律，简明扼要，蓄意深切。我国古代的科学著作，如已被译为英、德、法、俄、日等文字的《本草纲目》、《天工开物》等，包含大量科技名词术语。从元、明以后，开始翻译西方科技著作，创译了大批科技名词术语，为传播科学知识，发展我国的科学技术起到了积极作用。

统一科技名词术语是一个国家发展科学技术所必须具备的基础条件之一。世界经济发达国家都十分关心和重视科技名词术语的统一。我国早在1909年就成立了科技名词编订馆，后又于1919年中国科学社成立了科学名词审定委员会，1928年大学院成立了译名统一委员会。1932年成立了国立编译馆，在当时教育部主持下先后拟订和审查了各学科的名词草案。

新中国成立后，国家决定在政务院文化教育委员会下，设立学术名词统一工作委员会，郭沫若任主任委员。委员会分设自然科学、社会科学、医药卫生、艺术科学和时事名词五大组，聘任了各专业著名科学家、专家，审定和出版了一批科学名词，为新中国成立后的科学技术的交流和发展起到了重要作用。后来，由于历史的原因，这一重要工作陷于停顿。

当今，世界科学技术迅速发展，新学科、新概念、新理论、新方法不断涌现，相应地出现了大批新的科技名词术语。统一科技名词术语，对科学知识的传播，新学科的开拓，新理论的建立，国内外科技交流，学科和行业之间的沟通，科技成果的推广、应用和生产技术的发展，科技图书文献的编纂、出版和检索，科技情报的传递等方面，都是不可缺少的。特别是计算机技术的推广使用，对统一科技名词术语提出了更紧迫的要求。

为适应这种新形势的需要，经国务院批准，1985年4月正式成立了全国自然科学名词审定委员会。委员会的任务是确定工作方针，拟定科技名词术语审定工作计划、实施方案和步骤，组织审定自然科学各学科名词术语，并予以公布。根据国务院授权，委员会审定公布的名词术语，科研、教学、生产、经营以及新闻出版等各部门，均应遵照使用。

全国自然科学名词审定委员会由中国科学院、国家科学技术委员会、国家教育委员会、中国科学技术协会、国家技术监督局、国家新闻出版署、国家自然科学基金委员会分别委派了正、副主任担任领导工作。在中国科协各专业学会密切配合下，逐步建立各专业审定分委员会，并已建立起一支由各学科著名专家、学者组成的近千人的审定队伍，负责审定本学科的名词术语。我国的名词审定工作进入了一个新的阶段。

这次名词术语审定工作是对科学概念进行汉语订名，同时附以相应的英文名称，既有我国语言特色，又方便国内外科技交流。通过实践，初步摸索了具有我国特色的科技名词术语审定的原则与方法，以及名词术语的学科分类、相关概念等问题，并开始探讨当代术语学的理论和方法，以期逐步建立起符合我国语言规律的自然科学名词术语体系。

统一我国的科技名词术语，是一项繁重的任务，它既是一项专业性很强的学术性工作，又涉及到亿万人使用习惯的问题。审定工作中我们要认真处理好科学性、系统性和通俗性之间的关系；主科与副科间的关系；学科间交叉名词术语的协调一致；专家集中审定与广泛听取意见等问题。

汉语是世界五分之一人口使用的语言，也是联合国的工作语言之一。除我国外，世界上还有一些国家和地区使用汉语，或使用与汉语关系密切的语言。做好我国的科技名词术语统一工作，为今后对外科技交流创造了更好的条件，使我炎黄子孙，在世界科技进步中发挥更大的作用，作出重要的贡献。

统一我国科技名词术语需要较长的时间和过程，随着科学技术的不断发展，科技名词术语的审定工作，需要不断地发展、补充和完善。我们将本着实事求是的原则，严谨的科学态度作好审定工作，成熟一批公布一批，提供各界使用。我们特别希望得到科技界、教育界、经济界、文化界、新闻出版界等各方面同志的关心、支持和帮助，共同为早日实现我国科技名词术语的统一和规范化而努力。

全国自然科学名词审定委员会主任

钱　三　强

1990 年 2 月

前　言

我国近代地质事业发端于本世纪初，地质学名词审定工作始于本世纪20—30年代。1927年大学院成立了译名统一委员会，正式着手审定了矿物学、岩石学以及地质学名词；1934年矿物学名词审定委员会审定的《矿物学名词》由前教育部予以公布；同年，前教育部聘请了老一辈地质学家审定《地质学名词》并于1936年公布。1943年，当时的国立编译馆又着手组织地质学家分学科再次制定了地质学、矿物学、岩石学以及古生物学的名词草案。

新中国成立后，在中央人民政府文化教育委员会的学术名词统一工作委员会领导下，成立了地质学审查小组，对前国立编译馆制定的地质学名词草案进行了逐条审定，于1954年公布。相继还审定公布了《岩石学名词》(1954)，《矿物学名词》，《古生物学名词》(1956)，《水文地质学及工程地质学名词》(1957)等。随着地质事业的飞速发展，地质科学日趋繁荣，反映当代地质科学的新理论、新思维、新概念的名词术语不断涌现，为了使流传的地质学名词术语规范化、统一化，1987年全国自然科学名词审定委员会委托中国地质学会组建了以程裕淇、王鸿祯、叶连俊为正、副主任的地质学名词审定委员会，聘请了著名地质学家30余人为委员。委员会共分八个学科组，即地质学综合组，地史学和地层学组，构造地质学组，矿物学组，岩石学组，地球化学组，矿床学组以及水文地质学，工程地质学，环境地质学，地震地质学组。委员会建立后，按照全国委员会的名词术语审定的原则与方法，制定了地质学名词审定工作条例，并以此为审定工作的指南，开展审定工作。1987年讨论收词范畴和框架结构，分学科收词。1988年形成草案并召开了第一次审定会，经过讨论，修改草案，共收词4 500余条。1990年对草案进行了结构上的调整和学科间的协调，然后形成征求意见稿，打印300余份，送发全国有关高等院校，科研院所，地矿部门，部分出版单位，以及部分专家、学者广泛征求意见。地质学界各方面专家对征求意见稿提出了一些修订与补充意见。1991年委员会分专业进行多次认真讨论，并组织有关学者之间的协商，随后召开第二次审定会议，原则上通过了拟公布的第一批地质学名词审定稿。1992年对一些新兴学科，如地球化学，由于新词较多，所以专门邀请一些著名地球化学家召开讨论会。同时，还对地层学，水文地质学名词术语进行了专题讨论。全国委员会特别邀请了杨遵仪、涂光炽、陈梦熊、沈其韩、肖序常、叶大年等教授，分学科进行复审，最后再经过本委员会主任、副主任扩大会议讨论定稿，上报全国委员会批准公布。

这次公布的第一批地质学名词，是地质学中的基本词，共计3 964条，分为总论，地层学和地史学,构造地质学,矿物学,岩石学,地球化学,矿床学,水文地质学及工程地质学和环境地质学九个部分。

在这次地质学名词的审定过程中,本委员会对一些长期争议、用法不一,甚至错误的术语作了修订。如“karst”对应的汉文名有“喀斯特”和“岩溶”两个,经与地学有关学科的名词审定委员会共同商议,认为“岩溶”一词虽然比较直观,而且有我国特色,但其内涵似乎还不能包括全部地貌类型(如热喀斯特),有一定的局限性。尽管有过从“喀斯特”到“岩溶”的变化历史,但“喀斯特”的内涵更广泛,使用时间长,有约定俗成的优势,故决定正式定名为“喀斯特”,又称“岩溶”。又如“cast”对应的汉文名有“模”和“铸型”等,用法比较混乱,在这次审定中明确了“模”和“铸型”的概念。“铸型”对应“cast”,“模”对应“mold”。再如,“碳酸岩”和“碳酸盐岩”的用法也混乱不统一,在这次审定中澄清了它们的概念,沉积成因的用“碳酸盐岩”,对应的英文名为“carbonate rock”,岩浆成因的是“碳酸岩”对应的英文名为“carbonatite”。在地层学中,有很多阶、期的名称是以外国地名命名的,过去有的译法不够规范,有的有多种译名。这次审定经与译名委员会协调,根据名从主人等原则,对有些译名作了规范化修订,但由于历史的原因,其中有些术语已长期使用,而且并未混淆,对这类词就不再改动,以免引起新的混乱。另外,依照国际最新的成果,将“太古代(界)”改为“太古宙(宇)”,对应的英文为“Arehean Eon(Eonothem)”、“元古代(界)”改为“元古宙(宇)”对应的英文为“Protozoic Eon(Eonothem)”。在这次审定中作过改动的地方还有多处,在此不一一赘述。

本次审定不仅对地质学中传统分支学科的术语进行了审定,而且还审定了比较新的分支学科术语——地球化学术语。这部分术语在我国从未正式审定过,而且地球化学是一门交叉性学科,所以在确定学科框架、选词、排序等工作中遇到较大困难。委员会作了认真、细致的审定工作,解决了很多难题,最终确定了我国第一批规范化的地球化学名词术语。

这次地质学名词审定历时 5 年,除全体委员认真负责精益求精的努力外,还得到了全国地质学界有关专家、学者的热情支持,得到中国地质学会、地质矿产部、中国科学院、中国地质大学、北京大学、中国地质科学院和石油、煤炭、冶金、有色金属、核工业、建材、化工、地震等部门的关心和支持,在此一并致谢!希望地质学界同行在使用本书时,多提宝贵意见,以便今后再版时补充修订。

地质学名词审定委员会

1992 年 8 月

目　　录

序 …………………………………………………………………………………… i

前言 ………………………………………………………………………………… iii

编排说明 …………………………………………………………………………… vi

正文

01．总论 ………………………………………………………………………… 1

02．地史学和地层学 …………………………………………………………… 6

03．构造地质学 …………………………………………………………………… 25

04．矿物学 ………………………………………………………………………… 38

05．岩石学 ………………………………………………………………………… 56

05.01　火成岩 ………………………………………………………………… 56

05.02　沉积岩 ………………………………………………………………… 62

05.03　变质岩 ………………………………………………………………… 69

06．地球化学 ……………………………………………………………………… 74

07．矿床地质学 …………………………………………………………………… 90

08．水文地质学 …………………………………………………………………… 106

09．工程地质学和环境地质学 …………………………………………………… 113

附录

英汉索引 ……………………………………………………………………… 118

汉英索引 ……………………………………………………………………… 173

编 排 说 明

一、 本批公布的是地质学第一批基本名词。

二、 全书正文按主要分支学科分为总论，地史学和地层学，构造地质学，矿物学，岩石学，地球化学，矿床地质学，水文地质学及工程地质学和环境地质学九部分。

三、 每部分内的汉文名按学科的相关概念排列，每个汉文名后附有与其概念相应的符合国际习惯用法的英文名或其它外文名。

四、 一个汉文名对应几个同义的英文名，不便取舍时，则用“，”分开。

五、 英文名的首字母大、小写均可时，一律小写。英文名除必须用复数者，一般用单数。

六、 对某些新出现的、概念易混淆的汉文名作了简明的定义性注释或说明，列在注释栏内。

七、 汉文名的重要异名列在注释栏内。“曾用名”为不再使用的旧名。

八、 条目中的“[ ]”为可省略部分。

九、 正文后所附的英汉索引，按英文字母顺序排列；汉英索引，按汉语拼音顺序排列，所示号码为该词在正文中的序号，索引中带“＊”号者为注释栏中的条目。

01. 总　　论

序　码	汉　文　名	英　文　名	注　　释
01.001	地质	geology	
01.002	地质学	geology	
01.003	地球	Earth	
01.004	地球科学	earth science	
01.005	地学	geoscience	
01.006	普通地质学	physical geology	
01.007	区域地质学	regional geology	
01.008	地核	earth core	
01.009	地轴	earth axis	
01.010	地极	earth pole	
01.011	内核	inner core	
01.012	外核	outer core	
01.013	地幔	mantle	
01.014	软流圈	asthenosphere	
01.015	岩石圈	lithosphere	
01.016	地壳	earth crust，crust	
01.017	硅镁层	sima	
01.018	硅铝层	sial	
01.019	基底	basement	
01.020	盖层	cover strata，overburden	
01.021	水圈	hydrosphere	
01.022	生物圈	biosphere	
01.023	大气圈	atmosphere	
01.024	地质事件	geologic event	
01.025	活动论	mobilism	
01.026	固定论	fixism	
01.027	均变论	uniformitarianism	
01.028	灾变论	catastrophism	
01.029	收缩说	contraction theory	
01.030	膨胀说	expansion theory	
01.031	波动说	undation theory	
01.032	脉动说	pulsation theory	

序　码	汉　文　名	英　文　名	注　　释
01.033	均衡说	isostasy theory	
01.034	大陆漂移说	continental drift theory	
01.035	大陆漂移	continental drift	
01.036	泛大陆	Pangea	
01.037	泛大洋	Panthalassa	
01.038	冈瓦纳古大陆	Gondwanaland	
01.039	劳亚古大陆	Laurasia	
01.040	特提斯[海]	Tethys	
01.041	劳伦古大陆	Laurentia	
01.042	华夏古大陆	Cathaysia	
01.043	绿岩带	greenstone belt	
01.044	地质作用[过程]	geologic process	
01.045	内营力	endogenetic force	又称“内动力”。
01.046	外营力	exogenetic force	又称“外动力”。
01.047	风化作用	weathering	
01.048	差异风化	differential weathering	
01.049	风化壳	weathering crust	
01.050	剥蚀[作用]	denudation	
01.051	侵蚀[作用]	erosion	
01.052	磨蚀[作用]	abrasion	
01.053	陵夷[作用]	degradation	曾用名“陵削[作用]”。
01.054	加积[作用]	aggradation	
01.055	均夷[作用]	gradation	
01.056	夷平[作用]	planation	
01.057	下切[作用]	down-cutting	
01.058	搬运[作用]	transportation	
01.059	推移[作用]	traction	
01.060	滑移[作用]	glide	
01.061	水下滑移[作用]	subaqueous gliding, subaqueous slump	
01.062	跃移[作用]	saltation	
01.063	悬移[作用]	suspension transport	
01.064	重力[地质]作用	gravitational process	
01.065	块体运动	mass movement	
01.066	堆积[作用]	accumulation	
01.067	沉积[作用]	sedimentation, deposition	

序码	汉文名	英文名	注释
01.068	喀斯特	karst	又称“岩溶”。
01.069	胶结[作用]	cementation	
01.070	石化[作用]	lithification	
01.071	[沉积]成岩作用	diagenesis	
01.072	大陆	continent	
01.073	山系	mountain system	
01.074	山脉	mountain range	
01.075	山	mountain	
01.076	丘陵	hill	
01.077	高原	plateau	
01.078	平原	plain	
01.079	剥蚀平原	plain of denudation	
01.080	堆积平原	plain of accumulation	
01.081	盆地	basin	
01.082	山间盆地	intermontane basin, intermountain basin	
01.083	内陆盆地	inland basin, interior basin	
01.084	线状行迹	lineament	
01.085	线性构造	lineament, linear structure	
01.086	褶皱山	folded mountain	
01.087	构造盆地	tectonic basin	
01.088	先成河	antecedent river	
01.089	后成河	subsequent river	
01.090	侵蚀基面	erosion base level	
01.091	夷平面	planation surface, graded surface	
01.092	准平原	peneplain	
01.093	准平原化作用	peneplanation	
01.094	阶地	terrace	
01.095	河流阶地	river terrace, valley terrace	
01.096	侵蚀阶地	erosional terrace	
01.097	堆积阶地	constructional terrace	
01.098	埋藏阶地	buried terrace	
01.099	三角洲	delta	
01.100	构造湖	tectonic lake	
01.101	火山口湖	crater lake	
01.102	沼泽	marsh, bog, swamp	
01.103	盐湖	salt lake	

序码	汉文名	英文名	注释
01.104	潟湖	lagoon	曾用名“泻湖”。
01.105	冰川	glacier	
01.106	冰川作用	glaciation	
01.107	冰蚀作用	glacial erosion	
01.108	冰川擦痕	glacial stria	
01.109	变形砾石	deformed boulder	
01.110	冰期	glacial stage	
01.111	间冰期	interglacial stage	
01.112	冰后期	post-glacial period	
01.113	第四纪冰期	Quaternary ice age	
01.114	大陆[性]冰川	continental glacier	
01.115	山麓冰川	piedmont glacier	
01.116	高原冰川	plateau glacier	
01.117	U形谷	U-shaped valley, U-valley	
01.118	羊背石	roche moutonnée (法), sheepback rock	
01.119	冰碛扇	moraine fan	
01.120	冰碛阶地	moraine terrace	
01.121	泥砾	boulder-clay	
01.122	冰川漂砾	glacial erratic boulder	
01.123	纹泥	varved clay	
01.124	火山	volcano	
01.125	火山学	volcanology	
01.126	火山活动	volcanic activity	
01.127	火山作用	volcanism	
01.128	火山旋回	volcanic cycle	
01.129	火山机体	volcanic edifice	又称“火山机构”。
01.130	火山通道	conduit, volcanic vent	
01.131	火山口	crater	
01.132	破火山口	caldera	
01.133	火山颈	volcanic neck	
01.134	火山锥	volcanic cone	
01.135	地震	earthquake, seism	
01.136	活动构造带	active tectonic belt	
01.137	构造地震	tectonic earthquake	
01.138	断层地震	fault earthquake	
01.139	陷落地震	collapse earthquake	

序码	汉文名	英文名	注释
01.140	火山地震	volcanic earthquake	
01.141	地震波	seismic wave	
01.142	地球磁性	geomagnetism	
01.143	地热	geotherm	
01.144	地温	geotemperature	
01.145	地热梯度	geothermal gradient	
01.146	固体潮	Earth tide	又称“陆潮”。
01.147	古地磁	paleomagnetism	
01.148	古地磁学	paleomagnetism	
01.149	地磁极	geomagnetic pole	
01.150	地磁极性倒转	geomagnetic reversal	
01.151	古地磁极	paleomagnetic pole	
01.152	古地磁场	paleomagnetic field	
01.153	宇宙地质学	space geology, cosmic geology	
01.154	天体地质学	astrogeology	
01.155	宇宙	cosmos, universe	
01.156	宇宙尘	cosmic dust	
01.157	宇宙颗粒	cosmic spherule	
01.158	陨石	meteorite	
01.159	陨石学	meteoritics	
01.160	陨石雨	meteorite shower	
01.161	陨[石撞]击作用	meteorite impact	
01.162	撞击构造	impact structure	
01.163	陨[石撞]击坑	meteorite crater	
01.164	古陨击坑	astrobleme	
01.165	月球	moon	
01.166	月球地质学	lunar geology	
01.167	月核	lunar core	
01.168	月幔	lunar mantle	
01.169	月球岩石圈	lunar lithosphere	
01.170	月壳	lunar crust	
01.171	月壳构造	lunar tectonics	
01.172	月震	moonquake	
01.173	行星地质学	planetary geology	

02. 地史学和地层学

序　码	汉 文 名	英 文 名	注　释
02.001	地层	stratum	
02.002	地层学	stratigraphy	
02.003	年代地层学	chronostratigraphy	
02.004	生物地层学	biostratigraphy	
02.005	岩石地层学	lithostratigraphy	
02.006	磁性地层学	magnetostratigraphy	
02.007	生态地层学	ecostratigraphy	
02.008	事件地层学	event stratigraphy	
02.009	定量地层学	quantitative stratigraphy	
02.010	层序地层学	sequence stratigraphy	
02.011	地震地层学	seismostratigraphy	
02.012	年代地层单位	chronostratigraphic unit	
02.013	生物地层单位	biostratigraphic unit	
02.014	岩石地层单位	lithostratigraphic unit	
02.015	地层分类	stratigraphic classification	
02.016	宇	eonothem	
02.017	界	erathem	
02.018	系	system	
02.019	统	series	
02.020	阶	stage	
02.021	时带	chronozone	
02.022	宙	eon	
02.023	代	era	
02.024	纪	period	
02.025	世	epoch	
02.026	期	age	
02.027	时	chron	
02.028	生物带	biozone	
02.029	组合带	assemblage zone	
02.030	延限带	range zone	
02.031	顶峰带	acme zone	
02.032	间隔带	interval zone	

序　码	汉　文　名	英　文　名	注　　释
02.033	层序	sequence	
02.034	超群	supergroup	
02.035	群	group	
02.036	岩群	group complex	由于构造复杂或受花岗岩浆活动和混合岩化影响而无法建立完整层序的变质岩系。
02.037	组	formation	
02.038	段	member	
02.039	层	bed	
02.040	层位	horizon	
02.041	地层剖面	stratigraphic section	
02.042	标准剖面	standard section	
02.043	层型	stratotype	
02.044	单位层型	unit stratotype	
02.045	界线层型	boundary stratotype	
02.046	复合层型	composite stratotype	
02.047	参考剖面	reference section	
02.048	参考点	reference point	
02.049	标志化石	index fossil	曾用名“标准化石”。
02.050	同时性	synchronism	
02.051	等时线	isochrone	
02.052	穿时性	diachronism	
02.053	地层柱[状图]	stratigraphic column	
02.054	地质年表	geologic time scale, geological time table	
02.055	地质年代学	geochronology	
02.056	同位素年龄	isotopic age	
02.057	地层划分	stratigraphic subdivision	
02.058	地层对比	stratigraphic correlation	
02.059	海侵	transgression	又称“海进”。
02.060	海退	regression	
02.061	超覆	overlap	
02.062	退覆	offlap	
02.063	旋回层	cyclothem	
02.064	尖灭	pinch	
02.065	不连续	discontinuity	

序　码	汉　文　名	英　文　名	注　　释
02.066	小间断	diastem	
02.067	间断	hiatus, gap	
02.068	整合	conformity	
02.069	假整合	disconformity	又称"平行不整合"。
02.070	不整合	unconformity	
02.071	底砾岩	basal conglomerate	
02.072	侵入接触	intrusive contact	
02.073	沉积接触	sedimentary contact	
02.074	地层分区	stratigraphic regionalization	
02.075	地层界线	stratigraphic boundary	
02.076	地层指南	stratigraphic guide	
02.077	地层规范	stratigraphic code	
02.078	地层典	stratigraphic lexicon	
02.079	地层表	stratigraphic table	
02.080	古地理学	paleogeography	
02.081	古地理图	paleogeographic map	
02.082	古生物地理学	paleobiogeography	又称"生物古地理学"。
02.083	古生态学	paleoecology	
02.084	古气候学	paleoclimatology	
02.085	生物相	biofacies	
02.086	壳相	shelly facies	
02.087	笔石相	graptolite facies	
02.088	礁相	reef facies	
02.089	生物地理大区	biogeographic realm	
02.090	生物地理域	biogeographic region	
02.091	生物地理区	biogeographic province	
02.092	生物地理亚区	biogeographic subprovince	
02.093	动物群	fauna	
02.094	植物群	flora	
02.095	生物群	biota	
02.096	华夏植物群	Cathaysian flora	
02.097	安加拉植物群	Angara flora	
02.098	埃迪卡拉动物群	Ediacara fauna	
02.099	老红砂岩	Old Red Sandstone	
02.100	暖水动物群	warm water fauna	
02.101	冷水动物群	cold water fauna	

序　码	汉　文　名	英　文　名	注　　释
02.102	同位素测温法	isotopic thermometry	
02.103	海平面升降事件	eustatic event	
02.104	滞流盆地	euxinic basin	
02.105	大洋缺氧事件	oceanic anoxic event	
02.106	集群绝灭	mass extinction	
02.107	界线粘土	boundary clay	
02.108	古大陆再造[图]	paleocontinental reconstruction [map]	
02.109	古纬度	paleolatitude	
02.110	构造古地理	tectono-paleogeography	
02.111	沉积组合	sedimentary association	
02.112	构造阶段	tectonic stage	
02.113	阜平阶段	Fupingian stage	
02.114	五台阶段	Wutaian stage	
02.115	吕梁阶段	Lüliangian stage	
02.116	晋宁阶段	Jinningian stage	
02.117	加里东阶段	Caledonian stage	
02.118	海西阶段	Hercynian stage	又称“华力西阶段(Variscan stage)”。
02.119	印支阶段	Indosinian stage	
02.120	燕山阶段	Yanshanian stage	
02.121	喜马拉雅阶段	Himalayan stage	
02.122	阿尔卑斯阶段	Alpine stage	
02.123	地史学	historical geology	
02.124	地质时期	geologic time	
02.125	前寒武纪	Precambrian	
02.126	太古宙	Archean Eon	
02.127	太古宇	Archean Eonothem	
02.128	元古宙	Proterozoic Eon	
02.129	元古宇	Proterozoic Eonothem	
02.130	古元古代	Paleoproterozoic Era	
02.131	古元古界	Paleoproterozoic Erathem	
02.132	中元古代	Mesoproterozoic Era	
02.133	中元古界	Mesoproterozoic Erathem	
02.134	新元古代	Neoproterozoic Era	
02.135	新元古界	Neoproterozoic Erathem	
02.136	古生代	Paleozoic Era	

序码	汉文名	英文名	注释
02.137	古生界	Paleozoic Erathem	
02.138	中生代	Mesozoic Era	
02.139	中生界	Mesozoic Erathem	
02.140	新生代	Cenozoic Era	
02.141	新生界	Cenozoic Erathem	
02.142	长城纪	Changchengian Period	
02.143	长城系	Changchengian System	
02.144	蓟县纪	Jixianian Period	
02.145	蓟县系	Jixianian System	
02.146	青白口纪	Qingbaikouan Period	
02.147	青白口系	Qingbaikouan System	
02.148	震旦纪	Sinian Period	
02.149	震旦系	Sinian System	
02.150	寒武纪	Cambrian Period	
02.151	寒武系	Cambrian System	
02.152	奥陶纪	Ordovician Period	
02.153	奥陶系	Ordovician System	
02.154	志留纪	Silurian Period	
02.155	志留系	Silurian System	
02.156	泥盆纪	Devonian Period	
02.157	泥盆系	Devonian System	
02.158	石炭纪	Carboniferous Period	
02.159	石炭系	Carboniferous System	
02.160	二叠纪	Permian Period	
02.161	二叠系	Permian System	
02.162	三叠纪	Triassic Period	
02.163	三叠系	Triassic System	
02.164	侏罗纪	Jurassic Period	
02.165	侏罗系	Jurassic System	
02.166	白垩纪	Cretaceous Period	
02.167	白垩系	Cretaceous System	
02.168	古近纪	Paleogene Period	曾用名“老第三纪(Eogene Period)”。
02.169	古近系	Paleogene System	曾用名“老第三系(Eogene System)”。
02.170	新近纪	Neogene Period	曾用名“新第三纪”。
02.171	新近系	Neogene System	曾用名“新第三系”。

序码	汉文名	英文名	注释
02.172	第四纪	Quaternary Period	
02.173	第四系	Quaternary System	
02.174	古新世	Paleocene Epoch	
02.175	古新统	Paleocene Series	
02.176	始新世	Eocene Epoch	
02.177	始新统	Eocene Series	
02.178	渐新世	Oligocene Epoch	
02.179	渐新统	Oligocene Series	
02.180	中新世	Miocene Epoch	
02.181	中新统	Miocene Series	
02.182	上新世	Pliocene Epoch	
02.183	上新统	Pliocene Series	
02.184	更新世	Pleistocene Epoch	
02.185	更新统	Pleistocene Series	
02.186	全新世	Holocene Epoch	
02.187	全新统	Holocene Series	
02.188	隐生宙	Cryptozoic Eon	一般用于概括前寒武纪。
02.189	显生宙	Phanerozoic Eon	
02.190	梅树村期	Meishucunian Age	
02.191	梅树村阶	Meishucunian Stage	
02.192	筇竹寺期	Qiongzhusian Age, Chiungchussuan Age	
02.193	筇竹寺阶	Qiongzhusian Stage, Chiungchussuan Stage	
02.194	沧浪铺期	Canglangpuan Age, Tsanglangpuan Age	
02.195	沧浪铺阶	Canglangpuan Stage, Tsanglangpuan Stage	
02.196	龙王庙期	Longwangmiaoan Age	
02.197	龙王庙阶	Longwangmiaoan Stage	
02.198	徐庄期	Xuzhuangian Age, Hsuchuangian Age	
02.199	徐庄阶	Xuzhuangian Stage, Hsuchuangian Stage	
02.200	张夏期	Zhangxian Age, Changhsian Age	
02.201	张夏阶	Zhangxian Stage, Changhsian	

序码	汉文名	英文名	注释
		Stage	
02.202	崮山期	Gushanian Age, Kushanian Age	
02.203	崮山阶	Gushanian Stage, Kushanian Stage	
02.204	长山期	Changshanian Age	
02.205	长山阶	Changshanian Stage	
02.206	凤山期	Fengshanian Age, Fungshanian Age	
02.207	凤山阶	Fengshanian Stage, Fungshanian Stage	
02.208	托莫特期	Tommotian Age	
02.209	托莫特阶	Tommotian Stage	
02.210	阿特达班期	Atodabanian Age	
02.211	阿特达班阶	Atodabanian Stage	
02.212	勒拿期	Lenian Age	
02.213	勒拿阶	Lenian Stage	
02.214	索尔瓦期	Solvan Age	
02.215	索尔瓦阶	Solvan Stage	
02.216	梅内夫期	Menevian Age	
02.217	梅内夫阶	Menevian Stage	
02.218	梅特罗吉期	Maentwrogian Age	
02.219	梅特罗吉阶	Maentwrogian Stage	
02.220	多尔格期	Dolgellian Age	
02.221	多尔格阶	Dolgellian Stage	
02.222	新厂期	Xinchangian Age	
02.223	新厂阶	Xinchangian Stage	
02.224	宁国期	Ningguoan Age	
02.225	宁国阶	Ningguoan Stage	
02.226	胡乐期	Hulean Age	
02.227	胡乐阶	Hulean Stage	
02.228	澣江期	Hanjiangian Age	
02.229	澣江阶	Hanjiangian Stage	
02.230	石口期	Shikouan Age	
02.231	石口阶	Shikouan Stage	
02.232	五峰期	Wufengian Age	
02.233	五峰阶	Wufengian Stage	
02.234	特里马道克期	Tremadocian Age	

序码	汉文名	英文名	注释
02.235	特里马道克阶	Tremadocian Stage	
02.236	阿雷尼格期	Arenigian Age	
02.237	阿雷尼格阶	Arenigian Stage	
02.238	兰维恩期	Llanvirnian Age	
02.239	兰维恩阶	Llanvirnian Stage	
02.240	兰代洛期	Llandeilian Age	
02.241	兰代洛阶	Llandeilian Stage	
02.242	卡拉多克期	Caradocian Age	
02.243	卡拉多克阶	Caradocian Stage	
02.244	阿什及尔期	Ashgillian Age	
02.245	阿什及尔阶	Ashgillian Stage	
02.246	龙马溪期	Longmaxian Age	
02.247	龙马溪阶	Longmaxian Stage	
02.248	石牛栏期	Shiniulanian Age	
02.249	石牛栏阶	Shiniulanian Stage	
02.250	白沙期	Baishan Age	
02.251	白沙阶	Baishan Stage	
02.252	秀山期	Xiushanian Age	
02.253	秀山阶	Xiushanian Stage	
02.254	关底期	Guandian Age	
02.255	关底阶	Guandian Stage	
02.256	妙高期	Miaogaoan Age	
02.257	妙高阶	Miaogaoan Stage	
02.258	兰多弗里世	Llandoverian Epoch	
02.259	兰多弗里统	Llandoverian Series	
02.260	文洛克世	Wenlockian Epoch	
02.261	文洛克统	Wenlockian Series	
02.262	拉德洛世	Ludlovian Epoch	
02.263	拉德洛统	Ludlovian Series	
02.264	普里多利世	Pridolian Epoch	
02.265	普里多利统	Pridolian Series	
02.266	郁江期	Yujiangian Age, Yukiangian Age	
02.267	郁江阶	Yujiangian Stage, Yukiangian Stage	
02.268	莲花山期	Lianhuashanian Age	
02.269	莲花山阶	Lianhuashanian Stage	
02.270	那高岭期	Nagaolingian Age	

序　码	汉　文　名	英　文　名	注　　释
02.271	那高岭阶	Nagaolingian Stage	
02.272	四排期	Sipaian Age	
02.273	四排阶	Sipaian Stage	
02.274	应堂期	Yingtangian Age	
02.275	应堂阶	Yingtangian Stage	
02.276	东岗岭期	Dongganglingian Age, Tungkanglingian Age	
02.277	东岗岭阶	Dongganglingian Stage, Tungkanglingian Stage	
02.278	佘田桥期	Shetianqiaoan Age, Shetianchiaoan Age	
02.279	佘田桥阶	Shetianqiaoan Stage, Shetianchiaoan Stage	
02.280	锡矿山期	Xikuangshanian Age, Hsikuangshanian Age	
02.281	锡矿山阶	Xikuangshanian Stage, Hsikuangshanian Stage	
02.282	洛赫科夫期	Lochkovian Age	
02.283	洛赫科夫阶	Lochkovian Stage	
02.284	布拉格期	Pragian Age	
02.285	布拉格阶	Pragian Stage	
02.286	埃姆斯期	Emsian Age	
02.287	埃姆斯阶	Emsian Stage	
02.288	艾费尔期	Eifelian Age	
02.289	艾费尔阶	Eifelian Stage	
02.290	吉维期	Givetian Age	
02.291	吉维阶	Givetian Stage	
02.292	弗拉斯期	Frasnian Age	
02.293	弗拉斯阶	Frasnian Stage	
02.294	法门期	Famennian Age	
02.295	法门阶	Famennian Stage	
02.296	斯特隆期	Strunian Age	
02.297	斯特隆阶	Strunian Stage	
02.298	杜内期	Tournaisian Age	
02.299	杜内阶	Tournaisian Stage	
02.300	维宪期	Visean Age	
02.301	维宪阶	Visean Stage	

序码	汉文名	英文名	注释
02.302	纳缪尔期	Namurian Age	
02.303	纳缪尔阶	Namurian Stage	
02.304	威斯特法期	Westphalian Age	
02.305	威斯特法阶	Westphalian Stage	
02.306	斯蒂芬期	Stephanian Age	
02.307	斯蒂芬阶	Stephanian Stage	
02.308	巴什基尔期	Bashkirian Age	
02.309	巴什基尔阶	Bashkirian Stage	
02.310	莫斯科期	Moscovian Age	
02.311	莫斯科阶	Moscovian Stage	
02.312	卡西莫夫期	Kasimovian Age	
02.313	卡西莫夫阶	Kasimovian Stage	
02.314	格舍尔期	Gzhelian Age	
02.315	格舍尔阶	Gzhelian Stage	
02.316	岩关期	Yanguanian Age, Aikuanian Age	
02.317	岩关阶	Yanguanian Stage, Aikuanian Stage	
02.318	大塘期	Datangian Age	
02.319	大塘阶	Datangian Stage	
02.320	德坞期	Dewuan Age	
02.321	德坞阶	Dewuan Stage	
02.322	滑石板期	Huashibanian Age	
02.323	滑石板阶	Huashibanian Stage	
02.324	达拉期	Dalan Age	
02.325	达拉阶	Dalan Stage	
02.326	马平期	Mapingian Age	
02.327	马平阶	Mapingian Stage	
02.328	阿瑟尔期	Asselian Age	
02.329	阿瑟尔阶	Asselian Stage	
02.330	萨克马尔期	Sakmarian Age	
02.331	萨克马尔阶	Sakmarian Stage	
02.332	亚丁斯克期	Artinskian Age	
02.333	亚丁斯克阶	Artinskian Stage	
02.334	栖霞期	Qixian Age, Chihsian Age	
02.335	栖霞阶	Qixian Stage, Chihsian Stage	
02.336	茅口期	Maokouan Age	
02.337	茅口阶	Maokouan Stage	

序码	汉文名	英文名	注释
02.338	吴家坪期	Wujiapingian Age, Wuchiapingian Age	
02.339	吴家坪阶	Wujiapingian Stage, Wuchiapingian Stage	
02.340	长兴期	Changxingian Age, Changhsingian Age	
02.341	长兴阶	Changxingian Stage, Changhsingian Stage	
02.342	空谷期	Kungurian Age	
02.343	空谷阶	Kungurian Stage	
02.344	卡赞期	Kazanian Age	
02.345	卡赞阶	Kazanian Stage	
02.346	鞑靼期	Tatarian Age	
02.347	鞑靼阶	Tatarian Stage	
02.348	印度期	Induan Age	
02.349	印度阶	Induan Stage	
02.350	奥列尼奥克期	Olenekian Age	
02.351	奥列尼奥克阶	Olenekian Stage	
02.352	安尼期	Anisian Age	
02.353	安尼阶	Anisian Stage	
02.354	拉丁期	Ladinian Age	
02.355	拉丁阶	Ladinian Stage	
02.356	卡尼期	Carnian Age	
02.357	卡尼阶	Carnian Stage	
02.358	诺利期	Norian Age	
02.359	诺利阶	Norian Stage	
02.360	瑞替期	Rhaetian Age	
02.361	瑞替阶	Rhaetian Stage	
02.362	埃唐日期	Hettangian Age	
02.363	埃唐日阶	Hettangian Stage	
02.364	西涅缪尔期	Sinemurian Age	
02.365	西涅缪尔阶	Sinemurian Stage	
02.366	普林斯巴赫期	Pliensbachian Age	
02.367	普林斯巴赫阶	Pliensbachian Stage	
02.368	图阿尔期	Toarcian Age	
02.369	图阿尔阶	Toarcian Stage	
02.370	阿伦期	Aalenian Age	

序码	汉文名	英文名	注释
02.371	阿伦阶	Aalenian Stage	
02.372	巴柔期	Bajocian Age	
02.373	巴柔阶	Bajocian Stage	
02.374	巴通期	Bathonian Age	
02.375	巴通阶	Bathonian Stage	
02.376	卡洛维期	Callovian Age	
02.377	卡洛维阶	Callovian Stage	
02.378	牛津期	Oxfordian Age	
02.379	牛津阶	Oxfordian Stage	
02.380	基默里奇期	Kimmeridgian Age	
02.381	基默里奇阶	Kimmeridgian Stage	
02.382	提塘期	Tithonian Age	又称“波特兰期(Portlandian Age)”。
02.383	提塘阶	Tithonian Stage	又称“波特兰阶(Portlandian Stage)”。
02.384	尼欧可木期	Neocomian Age	又称“伏尔加期(Volgian Age)”。
02.385	尼欧可木阶	Neocomian Stage	又称“伏尔加阶(Volgian Stage)”。
02.386	贝里阿斯期	Berriasian Age	
02.387	贝里阿斯阶	Berriasian Stage	
02.388	凡兰吟期	Valanginian Age	
02.389	凡兰吟阶	Valanginian Stage	
02.390	欧特里沃期	Hauterivian Age	
02.391	欧特里沃阶	Hauterivian Stage	
02.392	巴列姆期	Barremian Age	
02.393	巴列姆阶	Barremian Stage	
02.394	阿普特期	Aptian Age	
02.395	阿普特阶	Aptian Stage	
02.396	阿尔必期	Albian Age	
02.397	阿尔必阶	Albian Stage	
02.398	塞诺曼期	Cenomanian Age	
02.399	塞诺曼阶	Cenomanian Stage	
02.400	土伦期	Turonian Age	
02.401	土伦阶	Turonian Stage	
02.402	塞农期	Senonian Age	
02.403	塞农阶	Senonian Stage	

序　码	汉　文　名	英　文　名	注　　释
02.404	科尼亚克期	Coniacian Age	
02.405	科尼亚克阶	Coniacian Stage	
02.406	桑顿期	Santonian Age	
02.407	桑顿阶	Santonian Stage	
02.408	坎潘期	Campanian Age	
02.409	坎潘阶	Campanian Stage	
02.410	马斯特里赫特期	Maastrichtian Age	
02.411	马斯特里赫特阶	Maastrichtian Stage	
02.412	丹尼期	Danian Age	
02.413	丹尼阶	Danian Stage	
02.414	塔内特期	Thanetian Age	
02.415	塔内特阶	Thanetian Stage	
02.416	伊普尔期	Ypresian Age	
02.417	伊普尔阶	Ypresian Stage	
02.418	路特期	Lutetian Age	
02.419	路特阶	Lutetian Stage	
02.420	巴顿期	Bartonian Age	
02.421	巴顿阶	Bartonian Stage	
02.422	普利亚本期	Priabonian Age	
02.423	普利亚本阶	Priabonian Stage	
02.424	吕珀尔期	Rupelian Age	
02.425	吕珀尔阶	Rupelian Stage	
02.426	夏特期	Chattian Age	
02.427	夏特阶	Chattian Stage	
02.428	阿基坦期	Aquitanian Age	
02.429	阿基坦阶	Aquitanian Stage	
02.430	布尔迪加尔期	Burdigalian Age	
02.431	布尔迪加尔阶	Burdigalian Stage	
02.432	兰海期	Langhian Age	
02.433	兰海阶	Langhian Stage	
02.434	塞拉瓦勒期	Serravalian Age	
02.435	塞拉瓦勒阶	Serravalian Stage	
02.436	托尔托纳期	Tortonian Age	
02.437	托尔托纳阶	Tortonian Stage	
02.438	墨西拿期	Messinian Age	
02.439	墨西拿阶	Messinian Stage	
02.440	赞克尔期	Zanclean Age	

序　码	汉 文 名	英 文 名	注　　释
02.441	赞克尔阶	Zanclean Stage	
02.442	皮亚琴察期	Piacenzian Age	
02.443	皮亚琴察阶	Piacenzian Stage	
02.444	阜平岩群	Fuping Group Complex	
02.445	鞍山岩群	Anshan Group Complex	
02.446	泰山岩群	Taishan Group Complex	
02.447	大别岩群	Dabie Group Complex	
02.448	康定岩群	Kangding Group Complex	
02.449	三斗坪岩群	Sandouping Group Complex	
02.450	五台群	Wutai Group	
02.451	吕梁群	Lüliang Group	
02.452	滹沱群	Hutuo Group	
02.453	辽河群	Liaohe Group	
02.454	长城群	Changcheng Group	
02.455	蓟县群	Jixian Group	
02.456	青白口群	Qingbaikou Group	
02.457	昆阳群	Kunyang Group	
02.458	贝尔特超群	Belt Supergroup	
02.459	基威诺群	Keweenaw Group	
02.460	里菲群	Riphe Group	
02.461	聂拉木群	Nyalam Group	
02.462	石碌群	Shilu Group	
02.463	碧口群	Bikou Group	
02.464	四堡群	Sibao Group	
02.465	板溪群	Banxi Group	
02.466	上溪群	Shangxi Group	
02.467	常州沟组	Changzhougou Formation	
02.468	串岭沟组	Chuanlinggou Formation	
02.469	团山子组	Tuanshanzi Formation	
02.470	大红峪组	Dahongyu Formation	
02.471	高于庄组	Gaoyuzhuang Formation	
02.472	杨庄组	Yangzhuang Formation	
02.473	雾迷山组	Wumishan Formation	
02.474	洪水庄组	Hongshuizhuang Formation	
02.475	铁岭组	Tieling Formation	
02.476	下马岭组	Xiamaling Formation	
02.477	景儿峪组	Jingeryu Formation	

序码	汉文名	英文名	注释
02.478	莲沱组	Liantuo Formation	
02.479	南沱组	Nantuo Formation	
02.480	陡山沱组	Doushantuo Formation	
02.481	灯影组	Dengying Formation	
02.482	罗圈组	Luoquan Formation	
02.483	梅树村组	Meishucun Formation	
02.484	筇竹寺组	Qiongzhusi Formation	
02.485	沧浪铺组	Canglangpu Formation	
02.486	龙王庙组	Longwangmiao Formation	
02.487	毛庄组	Maozhuang Formation	
02.488	徐庄组	Xuzhuang Formation	
02.489	张夏组	Zhangxia Formation	
02.490	崮山组	Gushan Formation	
02.491	长山组	Changshan Formation	
02.492	凤山组	Fengshan Formation	
02.493	冶里组	Yeli Formation	
02.494	亮甲山组	Liangjiashan Formation	
02.495	下马家沟组	Lower Majiagou Formation	
02.496	上马家沟组	Upper Majiagou Formation	
02.497	南津关组	Nanjinguan Formation	
02.498	分乡组	Fenxiang Formation	
02.499	红花园组	Honghuayuan Formation	
02.500	大湾组	Dawan Formation	
02.501	牯牛潭组	Guniutan Formation	
02.502	庙坡组	Miaopo Formation	
02.503	宝塔组	Baota Formation	
02.504	临湘组	Linxiang Formation	
02.505	五峰组	Wufeng Formation	
02.506	观音桥组	Guanyinqiao Formation	
02.507	湄潭组	Meitan Formation	
02.508	新厂组	Xinchang Formation	
02.509	宁国组	Ningguo Formation	
02.510	胡乐组	Hule Formation	
02.511	澣江组	Hanjiang Formation	
02.512	石口组	Shikou Fomation	
02.513	连滩组	Liantan Formation	
02.514	龙马溪组	Longmaxi Formation	

序码	汉文名	英文名	注释
02.515	石牛栏组	Shiniulan Formation	
02.516	罗惹坪组	Luoreping Formation, Luojoping Formation	
02.517	纱帽组	Shamao Formation	
02.518	白沙组	Baisha Formation	
02.519	秀山组	Xiushan Formation	
02.520	关底组	Guandi Formation	
02.521	妙高组	Miaogao Formation	
02.522	玉龙寺组	Yulongsi Formation, Yulongssu Formation	
02.523	五通组	Wutong Formation	
02.524	莲花山组	Lianhuashan Formation	
02.525	那高岭组	Nagaoling Formation, Nakaoling Formation	
02.526	郁江组	Yujiang Formation	
02.527	塘丁组	Tangding Formation	
02.528	纳标组	Nabiao Formation	
02.529	罗富组	Luofu Formation	
02.530	东岗岭组	Donggangling Formation	
02.531	响水洞组	Xiangshuidong Formation	
02.532	代化组	Daihua Formation	
02.533	佘田桥组	Shetianqiao Formation, Shetian-chiao Formation	
02.534	锡矿山组	Xikuangshan Formation	
02.535	翠峰山群	Cuifengshan Group	
02.536	龙华山组	Longhuashan Formation	
02.537	黄家磴组	Huangjiadeng Formation, Huang-chiateng Formation	
02.538	云台观组	Yuntaiguan Formation	
02.539	臭牛沟组	Chouniugou Formation	
02.540	靖远组	Jingyuan Formation	
02.541	本巴图组	Bumbat Formation	
02.542	阿木山组	Amushan Formation	
02.543	本溪组	Benxi Formation, Penchi Formation	
02.544	太原组	Taiyuan Formation	
02.545	革老河组	Gelaohe Formation, Kolaoho	

序　码	汉 文 名	英 文 名	注　释
		Formation	
02.546	汤耙沟组	Tangbagou Formation, Tangpakou Formation	
02.547	旧司组	Jiusi Formation, Chiussu Formation	
02.548	上司组	Shangsi Formation, Shangssu Formation	
02.549	摆佐组	Baizuo Formation	
02.550	滑石板组	Huashiban Formation	
02.551	达拉组	Dala Formation	
02.552	船山组	Chuanshan Formation	
02.553	马平组	Maping Formation	
02.554	哲斯组	Zhesi Formation, Jisu Formation	
02.555	栖霞组	Qixia Formation, Chihsia Formation	
02.556	茅口组	Maokou Formation	
02.557	龙潭组	Longtan Formation	
02.558	乐平组	Leping Formation, Loping Formation	
02.559	吴家坪组	Wujiaping Formation, Wuchiaping Formation	
02.560	孤峰组	Gufeng Formation	
02.561	长兴组	Changxing Formation, Changhsing Formation	
02.562	山西组	Shanxi Formation, Shansi Formation	
02.563	下石盒子组	Lower Shihezi Formation, Lower Shihhotse Formation	
02.564	上石盒子组	Upper Shihezi Formation, Upper Shihhotse Formation	
02.565	石千峰组	Shiqianfeng Formation, Shichienfeng Formation	
02.566	刘家沟组	Liujiagou Formation	
02.567	和尚沟组	Heshanggou Formation	
02.568	二马营组	Ermaying Formation	
02.569	铜川组	Tongchuan Formation	
02.570	延长组	Yanchang Formation	

序码	汉文名	英文名	注释
02.571	飞仙关组	Feixianguan Formation, Feihsienkuan Formation	
02.572	大冶组	Daye Formation, Tayeh Formation	
02.573	嘉陵江组	Jialingjiang Formation, Chialingkiang Formation	
02.574	巴东组	Badong Formation	
02.575	大荞地组	Daqiaodi Formation	
02.576	须家河组	Xujiahe Formation	
02.577	一平浪组	Yipinglang Formation	
02.578	西康群	Xikang Group	
02.579	自流井组	Ziliujing Formation	
02.580	禄丰组	Lufeng Formation	
02.581	安定组	Anding Formation	
02.582	香溪组	Xiangxi Formation	
02.583	九龙山组	Jiulongshan Formation	
02.584	兴隆沟组	Xinglonggou Formation	
02.585	北票组	Beipiao Formation	
02.586	蓝旗组	Lanqi Formation	
02.587	土城子组	Tuchengzi Formation	
02.588	热河群	Rehe Group, Jehol Group	
02.589	阜新群	Fuxin Group	
02.590	义县组	Yixian Formation	
02.591	九佛堂组	Jiufutang Formation	
02.592	沙海组	Sahai Formation	
02.593	雁石坪组	Yanshiping Formation	
02.594	门卡墩组	Menkadun Formation	
02.595	岗巴群	Gamba Group	
02.596	宗山组	Zongshan Formation	
02.597	基堵拉组	Jidula Formation	
02.598	南雄组	Nanxiong Formation	
02.599	寿昌组	Shouchang Formation	
02.600	建德群	Jiande Group	
02.601	志丹群	Zhidan Group	
02.602	王氏群	Wangshi Group	
02.603	登楼库组	Denglouku Formation	
02.604	泉头组	Quantou Formation	

序　码	汉 文 名	英 文 名	注　释
02.605	青山口组	Qingshankou Formation	
02.606	姚家组	Yaojia Formation	
02.607	嫩江组	Nenjiang Formation	
02.608	四方台组	Sifangtai Formation	
02.609	明水组	Mingshui Formation	
02.610	日喀则群	Xigazê Group	
02.611	阿山头组	Ashantou Formation, Gashanto Formation	
02.612	老虎台组	Laohutai Formation	
02.613	栗子沟组	Lizigou Formation	
02.614	古城子组	Guchengzi Formation	
02.615	碧侯群	Bihou Group	
02.616	乌来群	Wulai Group	
02.617	山旺组	Shanwang Formation	
02.618	抚顺群	Fushun Group	
02.619	孔店组	Kongdian Formation	
02.620	沙河街组	Shahejie Formation	
02.621	白杨河组	Baiyanghe Formation	
02.622	疏勒河组	Shulehe Formation	
02.623	馆陶组	Guantao Formation	
02.624	明化镇组	Minghuazhen Formation	
02.625	伦坡拉群	Lunpola Group	
02.626	乌龙组	Wulong Formation	
02.627	卧马组	Woma Formation	
02.628	独山子组	Dushanzi Formation	
02.629	冷水沟组	Lengshuigou Formation	
02.630	寇家村组	Koujiacun Formation	
02.631	灞河组	Bahe Formation	
02.632	蓝田组	Lantian Formation	
02.633	小龙潭组	Xiaolongtan Formation	
02.634	西域组	Xiyu Formation	
02.635	泥河湾组	Nihewan Formation	
02.636	周口店组	Zhoukoudian Formation, Choukoutian Formation	
02.637	马兰组	Malan Formation	
02.638	三门组	Sanmen Formation	

03. 构造地质学

序码	汉文名	英文名	注释
03.001	构造地质学	structural geology and tectonics	地质学的二级学科。
03.002	构造地质学	structural geology	狭义的构造地质学。
03.003	构造学	tectonics	又称“大地构造学(geotectonics)”。
03.004	地球成因学	geocosmogony	
03.005	地球动力学	geodynamics	
03.006	新构造学	neotectonics	
03.007	地震构造学	seismotectonics	
03.008	构造物理学	tectonophysics	曾用名“大地构造物理学”。
03.009	构造作用	tectonism	
03.010	构造变动	diastrophism	
03.011	地质构造	geological structure	
03.012	构造热事件	tectothermal event	
03.013	构造圈	tectonosphere	
03.014	构造域	structural domain	
03.015	再造	reconstruction	为恢复古陆块，古地理等用。
03.016	水平运动	horizontal movement	
03.017	铅直运动	vertical movement	
03.018	构造模式	tectonic model	
03.019	大地构造图	tectonic map	
03.020	主应力	principal stress	
03.021	主应变	principal strain	
03.022	主应力轴	principal stress axis	
03.023	主应变轴	principal strain axis	
03.024	剪[切]应力	shear stress	
03.025	剪[切]应变	shear strain	
03.026	应力椭球体	stress ellipsoid	
03.027	应变椭球体	strain ellipsoid	
03.028	莫尔图	Mohr diagram	
03.029	莫尔应力圆	Mohr stress circle	

序码	汉文名	英文名	注释
03.030	莫尔包络线	Mohr failure envelope	
03.031	纯剪切	pure shear	
03.032	简单剪切	simple shear	
03.033	差异应力	differential stress	
03.034	应变速率	strain rate	
03.035	应变轴比	strain ratio	
03.036	变形	deformation	
03.037	脆性变形	brittle deformation	
03.038	韧性变形	ductile deformation	
03.039	塑性变形	plastic deformation	
03.040	递进变形	progressive deformation	
03.041	变形路径	deformation path	
03.042	均匀应变	homogeneous strain	
03.043	非均匀应变	heterogeneous strain, inhomogeneous strain	
03.044	有限应变	finite strain	
03.045	增量应变	incremental strain	
03.046	应力场	stress field	
03.047	应力迹线	stress trajectory	
03.048	应变场	strain field	
03.049	张剪	transtension	
03.050	压剪	transpression	
03.051	斜向剪切	oblique shear	
03.052	蠕变	creep	
03.053	强干	competent	
03.054	非强干	incompetent	
03.055	雁列	en echelon	又称“斜列”。
03.056	左旋走滑	sinistral slip, left-lateral slip	
03.057	右旋走滑	dextral slip, right-lateral slip	
03.058	左步	left-stepping	又称“左阶”。
03.059	右步	right-stepping	又称“右阶”。
03.060	产状	occurrence	
03.061	产状[要素]	attitude	
03.062	走向	strike	
03.063	倾向	dip	
03.064	倾角	dip angle	
03.065	视倾角	apparent dip	

序码	汉文名	英文名	注释
03.066	褶皱	fold	
03.067	褶皱翼	fold limb	
03.068	褶皱枢纽	hinge line of fold	
03.069	褶皱轴	fold axis	
03.070	褶皱轴面	axial plane of fold, axial surface of fold	
03.071	倒向	vergence	
03.072	倾伏	plunge	又称“倾伏角”。
03.073	侧伏	pitch, rake	又称“侧伏角”。
03.074	对称褶皱	symmetrical fold	
03.075	不对称褶皱	asymmetrical fold	
03.076	筒状褶皱	cylindrical fold	
03.077	非筒状褶皱	noncylindrical fold	
03.078	锥状褶皱	conical fold	
03.079	直立褶皱	upright fold	
03.080	歪斜褶皱	inclined fold	
03.081	等斜褶皱	isoclinal fold	
03.082	倒转褶皱	overturned fold	
03.083	斜卧褶皱	reclined fold	
03.084	平卧褶皱	recumbent fold	
03.085	翻卷褶皱	convolute fold	
03.086	单斜	monocline	
03.087	挠曲	flexure	
03.088	开阔褶皱	open fold	
03.089	紧闭褶皱	tight fold	
03.090	压扁褶皱	flattened fold	
03.091	平行褶皱	parallel fold	
03.092	同心褶皱	concentrical fold	
03.093	相似褶皱	similar fold	
03.094	弯曲褶皱	buckle fold	
03.095	弯滑褶皱[作用]	flexural slip folding	
03.096	弯流褶皱[作用]	flexural flow folding	
03.097	复向斜	synclinorium	
03.098	复背斜	anticlinorium	
03.099	向形	synform	
03.100	背形	antiform	
03.101	向形背斜	synformal anticline	

序　码	汉 文 名	英 文 名	注　　释
03.102	背形向斜	antiformal syncline	
03.103	等倾线	dip isogon	
03.104	包络面	enveloping surface	
03.105	穹窿	dome	
03.106	底辟	diapir	
03.107	底辟作用	diapirism	
03.108	盐丘	salt dome	
03.109	对称尖棱褶皱	chevron fold	
03.110	膝折	kink	
03.111	膝折褶皱	kink fold	不对称的尖棱褶皱。
03.112	膝折带	kink band	
03.113	面状构造	planar structure	
03.114	线状构造	linear structure	
03.115	流动构造	flow structure, flowage structure	
03.116	流面构造	platy flow structure, platy flowage structure	
03.117	流线构造	linear flow structure, linear flowage structure	
03.118	叶内褶皱	intrafolial fold	
03.119	寄生褶皱	parasitic fold	
03.120	肠状褶皱	ptygmatic fold, ptygma	
03.121	串珠状构造	pinch-and-swell structure	
03.122	鞘褶[皱]	sheath fold	
03.123	谐调褶皱	harmonic fold	
03.124	不谐调褶皱	disharmonic fold	
03.125	构造样式	tectonic style	
03.126	构造图式	structural pattern	
03.127	构造格架	tectonic framework	
03.128	叠加褶皱	superimposed fold	
03.129	重褶褶皱	refolded fold	
03.130	重褶作用	refolding	
03.131	褶皱干涉图象	interference pattern of fold	
03.132	共轴	co-axial	
03.133	非共轴	non-co-axial	
03.134	构造序列	structural sequence	
03.135	构造[横]剖面	structural cross section	
03.136	褶皱轴迹	axial trace of fold	

序　码	汉　文　名	英　文　名	注　　释
03.137	S 面	S-surface	
03.138	C 面	C-surface	
03.139	π 图	π-diagram	
03.140	β 图	β-diagram	
03.141	乌尔夫网	Wulff net	曾用名“吴氏网”。
03.142	施密特网	Schmidt net	
03.143	球面立体投影图	stereogram, stereographic projection	又称“赤平极射投影图”。
03.144	节理	joint	
03.145	节理组	joint set	
03.146	共轭节理	conjugate joints	
03.147	劈理	cleavage	
03.148	板劈理	slaty cleavage	
03.149	破劈理	fracture cleavage	
03.150	滑劈理	slip cleavage	
03.151	流劈理	flow cleavage	
03.152	轴面劈理	axial-plane cleavage	
03.153	褶劈	crenulation cleavage	
03.154	透入性	penetration	
03.155	[构造]置换	transposition	
03.156	拉伸线理	stretching lineation	
03.157	窗棂构造	mullion	
03.158	布丁	boudin	又称“石香肠”。
03.159	布丁构造作用	boudinage	
03.160	压溶	pressure solution	
03.161	羽痕构造	plume structure, plumose structure	又称“羽饰构造”。
03.162	岩墙群	dyke swarm	
03.163	环状岩墙	ring dyke, ring dike	
03.164	碎屑岩墙	clastic dyke, clastic dike	
03.165	撞裂锥	shatter cone	
03.166	断层	fault	
03.167	断裂	fracture	
03.168	上盘	hangingwall	
03.169	下盘	footwall	
03.170	正断层	normal fault	
03.171	低角度正断层	low angle normal fault	

序码	汉文名	英文名	注释
03.172	逆断层	reverse fault	
03.173	冲断层	thrust	
03.174	走滑断层	strike-slip fault	
03.175	平移断层	wrench fault	
03.176	共轭断层	conjugate faults	
03.177	撕裂断层	tear fault	又称“捩断层”。
03.178	大型平移断层	transcurrent fault	曾用名“平推断层”。
03.179	滑移线	slip line	
03.180	滑移系	slip system	
03.181	滑移面	slip plane	
03.182	剪切带	shear zone	
03.183	韧性剪切带	ductile shear zone	
03.184	韧性剪切变形	ductile shear deformation	
03.185	下冲断层	underthrust	又称“俯冲断层”。
03.186	上冲断层	overthrust	又称“逆冲断层”。
03.187	顶板冲断层	roof thrust	
03.188	底板冲断层	floor thrust, sole thrust	
03.189	后冲断层	back thrust	
03.190	地堑	graben	
03.191	地垒	horst	
03.192	断距	fault displacement	
03.193	断层滑移	fault slip	
03.194	总滑距	net slip	
03.195	落错	throw	
03.196	平错	heave	
03.197	走滑分量	strike-slip component	
03.198	倾滑分量	dip-slip component	
03.199	水平断距	horizontal displacement	
03.200	铅直断距	vertical displacement	
03.201	断层擦面	slickenside	
03.202	断层拖曳	fault drag	
03.203	逆牵引	reverse drag	
03.204	构造岩	tectonite	
03.205	碎裂作用	cataclasis	
03.206	碎裂岩	cataclasite	
03.207	断层角砾岩	fault breccia	
03.208	断层泥	fault gouge	

序码	汉文名	英文名	注释
03.209	糜棱岩	mylonite	
03.210	推覆体	nappe	
03.211	拆离	decoupling	
03.212	滑脱[构造]	detachment, decollement	
03.213	铲形断层	listric fault	曾用名“犁形断层”。
03.214	薄皮构造	thin-skinned tectonics	
03.215	厚皮构造	thick-skinned tectonics	
03.216	叠瓦构造	imbricated structure, schuppen structure	
03.217	断坪	flat	
03.218	断坡	ramp	
03.219	前缘断坡	frontal ramp	
03.220	无根背斜	rootless anticline	
03.221	三角带	triangle zone	
03.222	外来岩块	exotic block	
03.223	双重构造	duplex	
03.224	原地岩体	autochthon, autochthone	
03.225	外来岩体	allochthon, allochthone	
03.226	飞来峰	klippe	
03.227	构造窗	window	
03.228	后撤冲断层序列	overstep thrust sequence	依次向前发生。
03.229	前进冲断层序列	piggyback thrust sequence	依次向后发生。
03.230	平衡剖面	balanced cross section	
03.231	重力滑动	gravitational gliding	
03.232	伸展构造	extensional tectonics	
03.233	地裂运动	taphrogeny	
03.234	深断裂	deep-seated fault	曾用名“深大断裂”。
03.235	块断作用	block faulting	
03.236	生长断层	growth fault	
03.237	分层作用	delamination	
03.238	构造方向	tectonic grain	
03.239	假玻璃熔岩	pseudotachylite	
03.240	构造等值线	structural contour	
03.241	显微构造	microstructure	
03.242	组构	fabric	
03.243	显微组构	microfabric	
03.244	岩石组构	petrofabric	又称“岩组”。

序　码	汉　文　名	英　文　名	注　　释
03.245	岩组学	petrofabrics	
03.246	环带	girdle	
03.247	环带组构	girdle fabric	
03.248	环带轴	girdle axis	
03.249	亚晶粒	subgrain	
03.250	亚晶粒边界	subgrain boundary	
03.251	变形双晶[作用]	deformation twinning	
03.252	变形条带	deformation band	
03.253	变形纹	deformation lamella	
03.254	压力影	pressure shadow, pressure fringe	
03.255	糜棱岩化	mylonitization	
03.256	S-C 糜棱岩	S-C-mylonite	
03.257	位错	dislocation	
03.258	位错壁	dislocation wall	
03.259	螺型位错	screw dislocation	
03.260	位错攀移	climb of dislocation	
03.261	伯格斯矢量	Burgers vector	
03.262	板块构造学	plate tectonics	
03.263	板块	plate	
03.264	刚性板块	rigid plate	
03.265	海底扩张	sea-floor spreading	
03.266	扩张极	pole of spreading	又称“转动极（pole of rotation)”。
03.267	欧拉极	Eular pole	
03.268	三联点	triple junction	
03.269	扩张速率	spreading rate	
03.270	板块运动	plate motion	
03.271	洋中脊	mid-ocean ridge	
03.272	洋中隆	mid-ocean rise	
03.273	扩张脊	spreading ridge	
03.274	转换断层	transform fault	
03.275	贝尼奥夫带	Benioff zone	
03.276	B 型俯冲	B-subduction	
03.277	板块边界	plate boundary	
03.278	俯冲	subduction	
03.279	仰冲	obduction	
03.280	离散边界	divergent boundary	又称“增长边界

序码	汉文名	英文名	注释
			(constructive boundary)”。
03.281	会聚边界	convergent boundary	又称“消减边界(destructive boundary)”。
03.282	转换边界	transform boundary	又称“恒定边界(conservative boundary)”。
03.283	大陆边缘	continental margin	
03.284	活动大陆边缘	active continental margin	又称“主动大陆边缘”。
03.285	被动大陆边缘	passive continental margin	
03.286	增生	accretion	
03.287	增生楔	accretionary prism, accretionary widge	又称“增生棱柱”。
03.288	碰撞	collision	
03.289	地缝合线	suture, geosuture	
03.290	混杂堆积	melange	
03.291	蛇绿岩套	ophiolite suite	
03.292	蛇绿混杂堆积	ophiolitic melange	
03.293	席状岩墙群	sheeted dyke swarm, sheeted dyke complex	
03.294	构造侵位	tectonic emplacement	
03.295	岛弧	island arc	
03.296	边缘海	marginal sea	
03.297	边缘盆地	marginal basin	
03.298	沟弧盆系	trench-arc-basin system	
03.299	海沟	trench	
03.300	弧后盆地	back-arc basin	
03.301	弧后扩张	back-arc spreading	
03.302	弧前盆地	fore-arc basin	
03.303	前陆台地	foreland basin	
03.304	火山弧	volcanic arc	
03.305	裂谷	rift	
03.306	裂谷作用	rifting	
03.307	拗拉槽	aulacogen	
03.308	拉分	pull-apart	
03.309	构造剥蚀	tectonic denudation	

序　码	汉　文　名	英　文　名	注　　释
03.310	盆岭区	basin-and-range province	曾用名“盆岭省”。
03.311	陆内碰撞	intracontinental collision	
03.312	A 型俯冲	A-subduction	
03.313	微板块	microplate	
03.314	闭合	closure	
03.315	威尔逊旋回	Wilson cycle	
03.316	地幔隆起	mantle bulge	
03.317	地幔柱	mantle plume	
03.318	热点	hot spot	
03.319	洋壳	oceanic crust	
03.320	陆壳	continental crust	
03.321	板垫作用	underplating	
03.322	地体	terrane	
03.323	构造地层地体	tectono-stratigraphic terrane	
03.324	可疑地体	suspect terrane	
03.325	拼贴	collage	
03.326	聚合作用	amalgamation	
03.327	地槽	geosyncline	又称“地向斜”。
03.328	正地槽	orthogeosyncline	
03.329	准地槽	parageosyncline	
03.330	优地槽	eugeosyncline	
03.331	冒地槽	miogeosyncline	
03.332	冒地斜	miogeocline	
03.333	地台	platform	
03.334	准地台	paraplatform	
03.335	克拉通	craton	
03.336	克拉通化	cratonization	
03.337	固结作用	consolidation	
03.338	造山运动	orogeny，mountain building	
03.339	造山作用	orogenesis	
03.340	造陆运动	epeirogeny	
03.341	造陆作用	epeirogenesis	
03.342	造山带	orogenic belt，orogene，orogen	
03.343	地背斜	geanticline	
03.344	山链	mountain chain	
03.345	构造单元	tectonic unit，tectonic element	
03.346	褶皱带	fold belt	

序　码	汉　文　名	英　文　名	注　　释
03.347	地盾	shield	
03.348	地块	massif	
03.349	断块	fault block	
03.350	前陆	foreland	
03.351	后陆	hinterland	
03.352	前凹	foredeep	又称“前渊”。
03.353	台向斜	syneclise	
03.354	台背斜	anticlise, anteclise	
03.355	隆起	uplift	
03.356	褶皱基底	fold basement	
03.357	结晶基底	crystalline basement	
03.358	沉积盖层	sedimentary cover	
03.359	日尔曼型构造	Germanotype tectonics	
03.360	阿尔卑斯型构造	Alpinotype tectonics	
03.361	构造旋回	tectonic cycle	
03.362	巨旋回	megacycle	
03.363	成陆巨旋回	chelogenic cycle	
03.364	造山旋回	orogenic cycle	
03.365	造山幕	orogenic phase	
03.366	同造山期	syn-orogenic	
03.367	前造山期	pre-orogenic	
03.368	造山期后	post-orogenic	
03.369	多旋回	polycycle	
03.370	回返	inversion	又称“反演”。
03.371	普遍回返	general inversion	
03.372	喜马拉雅期	Himalayan	表示造山期。
03.373	燕山期	Yanshanian	
03.374	阿尔卑斯期	Alpine	
03.375	印支期	Indosinian	
03.376	海西期	Hercynian	
03.377	华力西期	Variscan	
03.378	加里东期	Caledonian	
03.379	晋宁期	Jinningian	
03.380	哈得孙期	Hudsonian	
03.381	吕梁期	Lüliangian	
03.382	格伦维尔期	Grenvillian	
03.383	五台期	Wutaian	

序码	汉文名	英文名	注释
03.384	凯诺拉期	Kenoran	
03.385	构造层次	structural level	
03.386	活化	activation	
03.387	复活	reactivation, rejuvenation	
03.388	地洼说	tectonics of diwa	
03.389	波浪镶嵌构造说	wavy mosaic tectonics	
03.390	多旋回构造说	polycyclic tectonics	
03.391	断块构造说	block faulting tectonics	
03.392	建造	rock association, rock assemblage	
03.393	补偿	compensation	
03.394	磨拉石	molasse	
03.395	复理石	flysch	
03.396	花岗绿岩区	granite-greenstone terrain	
03.397	花岗片麻岩区	granite-gneiss terrain	
03.398	硅铝层上[的]	ensialic	
03.399	硅镁层上[的]	ensimatic	
03.400	泛地槽	pan-geosyncline	
03.401	泛地台	pan-platform	
03.402	海平面升降	eustasy	
03.403	复原图	palinspastic map	
03.404	等厚线图	isopach map	
03.405	新构造运动	neotectonic movement	
03.406	活动构造	active tectonics	
03.407	活动带	active zone	
03.408	活动断层	active fault	
03.409	活动褶皱	active fold	
03.410	挤出构造	extrusion tectonics	
03.411	脉动[作用]	pulsation	
03.412	复活断层	revived fault, renewed fault	
03.413	休眠断层	dormant fault	
03.414	地裂缝	ground fissure	
03.415	断层崖	fault scarp	
03.416	断层谷	fault valley	
03.417	断陷塘	sag pond	
03.418	地面运动	ground motion	
03.419	地质力学	geomechanics	
03.420	扭[性]	shear	

序码	汉文名	英文名	注释
03.421	构造形迹	structural feature	
03.422	结构要素	structural element	
03.423	构造线条	structural lineament	
03.424	结构面	structural plane	
03.425	构造体系	structural system, tectonic system	
03.426	构造型式	structural type, tectonic type	
03.427	纬向构造体系	latitudinal structural system	
03.428	东西构造带	latitudinal tectonic belt	
03.429	经向构造体系	meridional structural system	
03.430	南北向构造带	meridional tectonic belt	
03.431	扭动构造体系	shear structural system	
03.432	多字型构造	Xi-type structural system, ξ-type structural system	
03.433	新华夏构造体系	Neocathaysian structural system	
03.434	华夏构造体系	Cathaysian structural system	
03.435	河西构造体系	Hexi structural system	
03.436	西域构造体系	Xiyu tectonic system	
03.437	山字型构造体系	epsilon-type structural system, ε-type structural system	
03.438	前弧	frontal arc	
03.439	反射弧	reflex arc	
03.440	脊柱	backbone	
03.441	马蹄形盾地	horseshoe shaped betwixtoland	
03.442	旋卷构造	vortex structure	
03.443	帚状构造	brush structure, γ-type structure	
03.444	莲花状构造	lotus-form structure	
03.445	S 型构造	S-shaped structure	
03.446	反 S 型构造	reversed S-shaped structure	
03.447	歹字型构造	eta-type structure, η-type structure	
03.448	棋盘格式构造	chess-board structure	
03.449	入字型构造	lambda-type structure, λ-type structure	
03.450	构造联合	conjunction of structure	
03.451	联合弧	conjunct arc	
03.452	构造复合	compounding of structure	
03.453	归并	incorporation	

序　码	汉　文　名	英　文　名	注　　释
03.454	交接	conjoin	
03.455	包容	containment	
03.456	重叠	overlaying	
03.457	大陆车阀说	the continental brack hypothesis	

04. 矿　物　学

序　码	汉　文　名	英　文　名	注　　释
04.001	矿物学	mineralogy	
04.002	成因矿物学	genetic mineralogy	
04.003	找矿矿物学	prospecting mineralogy	
04.004	矿物物理学	mineral physics	
04.005	应用矿物学	applied mineralogy	
04.006	宇宙矿物学	cosmic mineralogy	
04.007	鉴定矿物学	determinative mineralogy	
04.008	实验矿物学	experimental mineralogy	
04.009	宝石矿物学	gem mineralogy	
04.010	宝石学	gemology	
04.011	矿相学	ore microscopy	
04.012	矿物	mineral	
04.013	晶体	crystal	
04.014	造岩矿物	rock-forming mineral	
04.015	副矿物	accessory mineral	
04.016	人造矿物	artificial mineral, synthetic mineral	又称“合成矿物”。
04.017	自生矿物	authigenic mineral	
04.018	粘土矿物	clay mineral	
04.019	指示矿物	index mineral	
04.020	应力矿物	stress mineral	
04.021	反应力矿物	antistress mineral	
04.022	非金属矿物	nonmetallic mineral	
04.023	金属矿物	metallic mineral	
04.024	重矿物	heavy mineral	
04.025	原生矿物	primary mineral	
04.026	次生矿物	secondary mineral	
04.027	标型矿物	typomorphic mineral	

序　码	汉　文　名	英　文　名	注　　释
04.028	晶质	crystalline	
04.029	非晶质	amorphous, noncrystalline	
04.030	左旋晶体	left-handed crystal	
04.031	右旋晶体	right-handed crystal	
04.032	蜕晶	metamict	又称“变晶”。
04.033	结晶度	crystallinity	
04.034	结晶[作用]	crystallization	
04.035	重结晶[作用]	recrystallization	
04.036	共型	cotype	
04.037	全型	holotype	
04.038	多型	polytype	又称“多型体”。
04.039	补型	neotype	
04.040	同型	homotype	
04.041	等型	isotype	
04.042	同质多象变体	polymorph	又称“多型变体”。
04.043	他型	allotype	又称“异型”。
04.044	自形	automorphic	
04.045	光片	polished section	
04.046	薄片	thin section	
04.047	同质二象	dimorphism	
04.048	同质三象	trimorphism	
04.049	类质同象	isomorphism, allomerism	
04.050	异极象	hemimorphism	
04.051	蚀象	etch figure	
04.052	假象	pseudomorph	
04.053	锖色	tarnish	
04.054	结晶学	crystallography	又称“晶体学”。
04.055	轴角	axial angle	
04.056	轴面	axial plane, pinacoid	
04.057	对称	symmetry	
04.058	不对称	asymmetry	
04.059	点群	point group	
04.060	晶体习性	crystal habit	
04.061	结晶轴	crystallographic axis	
04.062	晶体对称	crystal symmetry	
04.063	全形	holohedral form	又称“全形对称”。
04.064	全面体	holohedron	

序 码	汉 文 名	英 文 名	注 释
04.065	全面象	holohedrism	又称“全对称性”。
04.066	单面	pedion	又称“端面”。
04.067	对称心	center of symmetry	
04.068	反伸中心	inversion center	
04.069	旋转反伸对称	rotation inversion	又称“反伸”。
04.070	面角守恒定律	law of constancy of angle	
04.071	有理指数定律	law of rational indices	
04.072	米勒指数	Miller indices	
04.073	晶面	crystal face	
04.074	晶面指数	index of crystal face	
04.075	晶带指数	zone index	
04.076	布拉维指数	Bravais indices	
04.077	晶带轴	zone axis	
04.078	晶带符号	zone symbol	
04.079	双晶	twin	
04.080	巴韦诺双晶	Baveno twin	曾用名“巴温诺双晶”。
04.081	多菲内双晶	Dauphiné twin	曾用名“道芬双晶”。
04.082	巴西双晶	Brazil twin	
04.083	聚片双晶	multiple twin	
04.084	卡斯巴双晶	Carlsbad twin	
04.085	接合面	composition plane	
04.086	双晶面	twin plane	
04.087	双晶轴	twin axis	
04.088	晶带	crystal zone	
04.089	柱	prism	
04.090	锥	pyramid	
04.091	双锥	bipyramid	
04.092	轴率	axial ratio	
04.093	底面	basal pinacoid	
04.094	坡面	dome	
04.095	半坡面	hemidome	
04.096	楔形	sphenoid	
04.097	复柱	biprism	
04.098	等轴晶系	isometric system	
04.099	三方晶系	trigonal system	
04.100	四方晶系	tetragonal system	

序码	汉文名	英文名	注释
04.101	六方晶系	hexagonal system	
04.102	单斜晶系	monoclinic system	
04.103	斜方晶系	orthorhombic system	又称“正交晶系”。
04.104	三斜晶系	triclinic system	
04.105	菱面体晶系	rhombohedral system	
04.106	立方体	cube	
04.107	八面体	octahedron	
04.108	菱形十二面体	dodecahedron	
04.109	偏方十二面体	deltohedron	
04.110	偏方形	deltoid	
04.111	偏方复十二面体	diakisdodecahedron	
04.112	复六方双锥	dihexagonal bipyramid	
04.113	双六面体	dihexahedron	
04.114	复三方双锥	ditrigonal bipyramid	
04.115	半面体	hemihedron	
04.116	六面体	hexahedron	
04.117	六八面体	hexoctahedron	
04.118	六方异极晶类	hexagonal hemimorphic class	
04.119	六方偏方面体	hexagonal trapezohedron	
04.120	六八面体晶类	hexakisoctahedral class	
04.121	二十面体	icosahedron	
04.122	五角三八面体	pentagonal icositetrahedron, pentagonal trioctahedron	
04.123	五角十二面体	pyritohedron	
04.124	菱面体	rhombohedron	
04.125	偏三角面体	scalenohedron	
04.126	四面体	tetrahedron	
04.127	四方双楔类	tetragonal disphenoidal class	
04.128	四方锥	tetragonal pyramid	
04.129	四六面体	tetrakishexahedron, tetrahexahedron	
04.130	偏方三八面体	trapezohedron	
04.131	三角三八面体	triakisoctahedron	
04.132	三角三四面体	triakistetrahedron	
04.133	三方双锥	trigonal bipyramid	
04.134	三方偏方面体	trigonal trapezohedron	
04.135	X射线晶体学	X-ray crystallography	

序码	汉文名	英文名	注释
04.136	X射线衍射	X-ray diffraction	
04.137	晶格	lattice	
04.138	布拉维晶格	Bravais lattice	
04.139	布拉格定律	Bragg's law	
04.140	C格子	C-lattice	
04.141	F格子	F-lattice, face-centered lattice	又称“面心格子”。
04.142	I格子	I-lattice, body-centered lattice	又称“体心格子”。
04.143	晶胞	unit cell	
04.144	赫-莫空间群符号	Hermann-Mauguin's symbol	
04.145	申弗利斯符号	Schoenflies symbol	曾用名“圣弗利斯符号”。
04.146	劳厄群	Laue group	曾用名“劳埃群”。
04.147	德拜-谢勒法	Debye-Scherrer method	曾用名“德拜-舍耳法”。
04.148	衍射晶格[架]	diffraction lattice	
04.149	JCPDS卡片	JCPDS card	又称“ASTM粉晶卡片(ASTM diffraction data card)”。
04.150	[粉晶]d值	d-value	
04.151	等同周期	identity period	
04.152	螺旋轴	screw axis	
04.153	滑移对称面	glide symmetrical plane	
04.154	衍射	diffraction	
04.155	等效应点系	equiposition	
04.156	配位数	coordination number	
04.157	有序	order	
04.158	无序	disorder	
04.159	贝尔纳图	Bernal chart	
04.160	配位多面体	coordinate polyhedron	
04.161	傅里叶合成	Fourier synthesis	
04.162	帕特森图	Patterson diagram	
04.163	倒易格子	reciprocal lattice	
04.164	旋转法	rotation method	
04.165	空间群	space group	
04.166	结构因子	structure factor	
04.167	晶胞参数	unit cell parameter	

序　码	汉　文　名	英　文　名	注　　释
04.168	单位晶胞分子数	Zahl（德）	
04.169	晶体缺陷	crystal defect	
04.170	晶体取向	crystal orientation	
04.171	晶体结构	crystal structure	
04.172	晶畴	domain	
04.173	均键结构	isodesmic structure	又称“等键结构”。
04.174	中键结构	mesodesmic structure	
04.175	多型键结构	heterodesmic structure	
04.176	非均键结构	anisodesmic structure	
04.177	离子交换	ion exchange	
04.178	晶体光学	crystal optics	
04.179	[寻]常光	ordinary ray	
04.180	非[寻]常光	extraordinary ray	
04.181	偏振角	angle of polarization	
04.182	椭圆偏振	elliptical polarization	
04.183	色散	dispersion	
04.184	平面偏振	plane polarization	
04.185	偏[振]光	polarized light	
04.186	透明	transparent	
04.187	不透明	opaque	
04.188	折射	refraction	
04.189	折射率	refractive index	又称“折光率”。
04.190	主折射率	principal refractive index	
04.191	反射	reflection	
04.192	内反射	internal reflection	
04.193	双反射	bireflection	
04.194	反射率	reflectivity	
04.195	反射颜色指数	reflection color index	
04.196	吸收[性]	absorption，absorptivity	
04.197	吸收指数	absorption index	
04.198	一轴晶	uniaxial crystal	又称“单轴晶体”。
04.199	二轴晶	biaxial crystal	又称“双轴晶体”。
04.200	双折射	birefringence	
04.201	贝克线	Becke line	
04.202	光率体	indicatrix	
04.203	等分线	bisectrix	
04.204	布儒斯特定律	Brewster's law	曾用名“布鲁斯特定

序码	汉文名	英文名	注释
			律”。
04.205	均质	isotropic	
04.206	非均质	anisotropic	
04.207	消光	extinction	
04.208	平行消光	parallel extinction	
04.209	斜消光	oblique extinction	
04.210	消光位	direction of extinction	又称“消光方向”。
04.211	消光角	extinction angle	
04.212	负延长	length fast, negative elongation	
04.213	正延长	length slow, positive elongation	
04.214	延长[性]	elongation	
04.215	干涉色	interference color	
04.216	干涉图	interference figure	
04.217	二[向]色性	dichroism	
04.218	多色性	pleochroism	
04.219	光性异常	optical anormaly	
04.220	光性方位	optical orientation	
04.221	光轴	optical axis, OA	
04.222	光轴面	optical axial plane	
04.223	光轴角	optical angle	
04.224	矿物物性	physical property	
04.225	光泽	luster	
04.226	油脂光泽	greasy luster	
04.227	金属光泽	metallic luster	
04.228	金刚光泽	adamantine luster	
04.229	丝绢光泽	silky luster	
04.230	玻璃光泽	vitreous luster	
04.231	乌光泽	dull luster	
04.232	土光泽	earth luster	
04.233	解理	cleavage	
04.234	裂理	parting	
04.235	断口	fracture	
04.236	介电常量	dielectric constant	
04.237	硬度	hardness	
04.238	莫氏硬度	Moh's hardness	
04.239	维氏硬度	Vickers hardness, VHN	
04.240	条痕	streak	

序码	汉文名	英文名	注释
04.241	比重	specific gravity	
04.242	磁性	magnetic, magnetism	
04.243	铁磁性	ferromagnetism	
04.244	顺磁性	paramagnetism	
04.245	反磁性	antimagnetism	
04.246	居里点	Curie point	
04.247	发光[性]	luminescence	
04.248	荧光	fluorescence	
04.249	磷光	phosphorescence	
04.250	压电性	piezoelectricity	
04.251	热电性	pyroelectricity	
04.252	放射性	radioactivity	
04.253	晶体测角	crystal goniometry	
04.254	心射极平投影	gnomonic projection	
04.255	阿贝折射计	Abbe refractometer	
04.256	克列里奇液	Clerici's solution	
04.257	磁力分选仪	magnetic separator	
04.258	差热分析	differential thermal analysis, DTA	
04.259	电子衍射	electron diffraction	
04.260	电子探针	electron probe, electron microprobe	
04.261	离子探针	ionic probe	
04.262	热重分析	gravitational thermal analysis, GTA	
04.263	油浸法	immersion method	
04.264	红外光谱	infrared spectrum, IR	
04.265	穆斯堡尔谱	Moessbauer spectrum	
04.266	穆斯堡尔效应	Moessbauer effect	
04.267	中子衍射	neutron diffraction	
04.268	电子显微镜	electron microscope	
04.269	测角仪	goniometer	
04.270	单圈测角仪	one circle goniometer	
04.271	二圈测角仪	two circle goniometer	
04.272	莱茨－杰利折射计	Leitz-Jelley refractor	
04.273	贝雷克补偿器	Berek compensator	曾用名“贝瑞克补色器”。

序　码	汉　文　名	英　文　名	注　　释
04.274	巴比涅补偿器	Babinet compensator	
04.275	显微光度计	microphotometer	
04.276	矿相显微镜	ore microscope	
04.277	偏光显微镜	polarizing microscope	
04.278	反射计	reflectometer	
04.279	折射计	refractometer	
04.280	比重瓶	pycnometer	
04.281	加拿大树胶	Canada balsam	
04.282	石英楔	quartz wedge	
04.283	石膏试板	gypsum plate	
04.284	云母试板	mica plate	
04.285	旋转针台	spindle stage	
04.286	弗氏旋转台	universal stage, Fedorov stage	
04.287	矿物种	mineral species	
04.288	元素	element	
04.289	金刚石	diamond	
04.290	石墨	graphite	
04.291	自然铜	native copper	
04.292	自然硫	native sulfur	
04.293	自然金	native gold	
04.294	自然银	native silver	
04.295	银金矿	electrum	
04.296	硫化物	sulfide	
04.297	砷锑矿	stibarsen	
04.298	辉银矿	argentite	
04.299	毒砂	arsenopyrite	
04.300	辉铋矿	bismuthinite	
04.301	斑铜矿	bornite	
04.302	辉铜矿	chalcocite	
04.303	黄铜矿	chalcopyrite	
04.304	辰砂	cinnabar	
04.305	辉砷钴矿	cobaltite	
04.306	铜蓝	covellite	
04.307	方铅矿	galena, galenite	
04.308	辉钼矿	molybdenite	
04.309	雌黄	orpiment	
04.310	雄黄	realgar	

序码	汉文名	英文名	注释
04.311	黄铁矿	pyrite	
04.312	磁黄铁矿	pyrrhotite	
04.313	镍黄铁矿	pentlandite	
04.314	闪锌矿	sphalerite, zincblende	
04.315	辉锑矿	stibnite	
04.316	黝铜矿	tetrahedrite	
04.317	卤化物	halogenide	
04.318	光卤石	carnallite	
04.319	角银矿	chlorargyrite	
04.320	冰晶石	cryolite	
04.321	萤石	fluorite, fluorspar	
04.322	石盐	halite	
04.323	钾盐	sylvite, sylvine	
04.324	氧化物	oxide	
04.325	锡石	cassiterite	
04.326	黄锑矿	cervantite	
04.327	玉髓	chalcedony	
04.328	铬铁矿	chromite	
04.329	刚玉	corundum	
04.330	赤铜矿	cuprite	
04.331	硬水铝石	diaspore	
04.332	三水铝石	gibbsite	
04.333	尖晶石	spinel	
04.334	针铁矿	goethite	
04.335	赤铁矿	hematite	
04.336	钛铁矿	ilmenite	
04.337	磁赤铁矿	maghemite	
04.338	磁铁矿	magnetite	
04.339	钙钛矿	perovskite	
04.340	方镁石	periclase	
04.341	水镁石	brucite	
04.342	铬铁尖晶石	picotite	
04.343	复稀金矿	polycrase	
04.344	硬锰矿	psilomelane	
04.345	烧绿石	pyrochlore	
04.346	软锰矿	pyrolusite	
04.347	石英	quartz	

序　码	汉　文　名	英　文　名	注　　释
04.348	柯石英	coesite	
04.349	鳞石英	tridymite	
04.350	方石英	cristobalite	
04.351	蛋白石	opal	
04.352	金红石	rutile	
04.353	蓝宝石	sapphire	
04.354	假蓝宝石	sapphirine	
04.355	红宝石	ruby	
04.356	细晶石	microlite	
04.357	晶质铀矿	uraninite	
04.358	碳酸盐	carbonate	
04.359	方解石	calcite	
04.360	白云石	dolomite	
04.361	铁白云石	ankerite	
04.362	文石	aragonite	又称“霰石”。
04.363	蓝铜矿	azurite	
04.364	白铅矿	cerussite	
04.365	菱镁矿	magnesite	
04.366	孔雀石	malachite	
04.367	菱锰矿	rhodochrosite	
04.368	菱铁矿	siderite	
04.369	菱锌矿	smithsonite	
04.370	氟碳铈矿	bastnaesite	
04.371	天然碱	trona	
04.372	硼酸盐	borate	
04.373	硼砂	borax	
04.374	方硼石	boracite	
04.375	硼镁铁矿	ludwigite	
04.376	硼镁石	szaibelyite	
04.377	硫酸盐	sulfate	
04.378	明矾石	alunite	
04.379	硬石膏	anhydrite	又称“无水石膏”。
04.380	重晶石	barite	
04.381	天青石	celestite	
04.382	泻利盐	epsomite	
04.383	石膏	gypsum	
04.384	黄钾铁矾	jarosite	

序　码	汉 文 名	英 文 名	注　　释
04.385	硝酸盐	nitrate	
04.386	芒硝	mirabilite	
04.387	钾硝石	niter	
04.388	钠硝石	soda niter, nitronatrite, nitratine	又称“智利硝石”。
04.389	磷酸盐	phosphate	
04.390	磷灰石	apatite	
04.391	胶磷矿	collophane	
04.392	天蓝石	lazulite	
04.393	独居石	monazite	
04.394	蓝铁矿	vivianite	
04.395	铜铀云母	torbernite	
04.396	绿松石	turquoise	
04.397	磷钇矿	xenotime	
04.398	砷酸盐	arsenate	
04.399	臭葱石	scorodite	
04.400	羟砷锌石	adamite	
04.401	黄砷榴石	berzeliite	
04.402	橄榄铜矿	olivenite	
04.403	砷锌矿	reinerite	
04.404	铜砷铀云母	zeunerite	
04.405	铬酸盐	chromate	
04.406	铬铅矿	crocoite	
04.407	铬钾矿	lopezite	
04.408	钒酸盐	vanadate	
04.409	羟钒锌铅石	descloizite	
04.410	钒钙铀矿	tyuyamunite	
04.411	钒铜矿	vanadinite	
04.412	钒钡铜矿	vesignieite	
04.413	钨酸盐	tungstate	
04.414	白钨矿	scheelite	
04.415	黑钨矿	wolframite	
04.416	钼酸盐	molybdenate	
04.417	钼铅矿	wulfenite	又称“彩钼铅矿”。
04.418	硅酸盐	silicate	
04.419	单岛硅酸盐	nesosilicate	
04.420	绿帘石	epidote	
04.421	褐帘石	allanite, orthite	

序码	汉文名	英文名	注释
04.422	黝帘石	zoisite	
04.423	红帘石	piedmontite	
04.424	斜黝帘石	clinozoisite	
04.425	红柱石	andalusite	
04.426	夕线石	sillimanite	
04.427	莫来石	mullite	
04.428	空晶石	chiastolite	
04.429	蓝晶石	kyanite, disthene	
04.430	异极矿	hemimorphite	
04.431	粒硅镁石	chondrodite	
04.432	蓝线石	dumortierite	
04.433	橄榄石	olivine	
04.434	铁橄榄石	fayalite	
04.435	镁橄榄石	forsterite	
04.436	钙镁橄榄石	monticellite	
04.437	贵橄榄石	chrysolite	
04.438	石榴子石	garnet	
04.439	铁铝榴石	almandite, almandine	
04.440	钙铝榴石	grossularite, grossular	
04.441	镁铝榴石	pyrope	
04.442	锰铝榴石	spessartite, spessartine	
04.443	钙铬榴石	uvarovite	
04.444	钙铁榴石	andradite	
04.445	硅镁石	humite	
04.446	硬柱石	lawsonite	
04.447	黄长石	melilite	
04.448	蜜黄长石	meliphanite	
04.449	钙铝黄长石	gehlenite	
04.450	榍石	sphene, titanite	
04.451	十字石	staurolite	
04.452	黄玉	topaz	
04.453	符山石	vesuvianite, idocrase	
04.454	硅锌矿	willemite	
04.455	锆石	zircon	
04.456	硅硼钙石	datolite	
04.457	环状硅酸盐	cyclosilicate	
04.458	斧石	axinite	

序　码	汉　文　名	英　文　名	注　　释
04.459	堇青石	cordierite	
04.460	绿柱石	beryl	
04.461	电气石	tourmaline	
04.462	镁电气石	dravite	
04.463	锂电气石	elbaite	
04.464	黑电气石	schorl，schorlite	
04.465	链状硅酸盐	chain silicate	
04.466	单链硅酸盐	single chain silicate	
04.467	霓石	aegirine	
04.468	辉石[类]	pyroxene	
04.469	古铜辉石	bronzite	
04.470	单斜辉石	clinopyroxene	
04.471	斜方辉石	orthopyroxene	
04.472	透辉石	diopside	
04.473	顽辉石	enstatite	曾用名“顽火辉石”。
04.474	钙铁辉石	hedenbergite	
04.475	紫苏辉石	hypersthene	
04.476	绿辉石	omphacite	
04.477	针钠钙石	pectolite	
04.478	易变辉石	pigeonite	
04.479	普通辉石	augite	
04.480	似辉石	pyroxenoid	
04.481	蔷薇辉石	rhodonite	
04.482	次透辉石	salite	
04.483	锂辉石	spodumene	
04.484	硅灰石	wollastonite	
04.485	双链硅酸盐	double chain silicate，double band silicate	
04.486	阳起石	actinolite	
04.487	硬玉	jadeite	
04.488	软玉	nephrite	
04.489	闪石[类]	amphibole	
04.490	直闪石	anthophyllite	
04.491	钠铁闪石	arfvedsonite	又称“亚铁钠闪石”。
04.492	冻蓝闪石	barroisite	
04.493	青铝闪石	crossite	
04.494	镁铁闪石	cummingtonite	

序码	汉文名	英文名	注释
04.495	浅闪石	edenite	
04.496	蓝闪石	glaucophane	
04.497	铁闪石	grunerite	
04.498	镁钠闪石	magnesioriebekite	
04.499	绿钙闪石	hastingsite	
04.500	普通角闪石	hornblende	
04.501	钠闪石	riebeckite	
04.502	透闪石	tremolite	
04.503	层状硅酸盐	phyllo-silicate	
04.504	滑石	talc	
04.505	蛇纹石	serpentine	
04.506	叶蛇纹石	antigorite	
04.507	纤蛇纹石	chrysotile	
04.508	鱼眼石	apophyllite	
04.509	黑云母	biotite	
04.510	绿泥石	chlorite	
04.511	鲕绿泥石	chamosite	
04.512	叶绿泥石	penninite，pennine	
04.513	蠕绿泥石	prochlorite	
04.514	硬绿泥石	chloritoid	
04.515	鳞绿泥石	thuringite	
04.516	黑硬绿泥石	stilpnomelane	
04.517	斜绿泥石	clinochlore	
04.518	硅孔雀石	chrysocolla	
04.519	迪开石	dickite	
04.520	海绿石	glauconite	
04.521	埃洛石	halloysite	
04.522	伊利石	illite	
04.523	高岭石	kaolinite	
04.524	蒙脱石	montmorillonite	
04.525	云母	mica	
04.526	锂云母	lepidolite	
04.527	铁锂云母	zinnwaldite	
04.528	珍珠云母	margarite	
04.529	白云母	muscovite	
04.530	多硅白云母	phengite	
04.531	钠云母	paragonite	

序　码	汉　文　名	英　文　名	注　　释
04.532	金云母	phlogopite	
04.533	钒云母	roscoelite	
04.534	绢云母	sericite	
04.535	绿脱石	nontronite	
04.536	叶蜡石	pyrophyllite	
04.537	海泡石	sepiolite	
04.538	坡缕石	palygorskite	
04.539	绿纤石	pumpellyite	
04.540	蛭石	vermiculite	
04.541	葡萄石	prehnite	
04.542	架状硅酸盐	framework silicate, tecto-silicate	
04.543	长石	feldspar	
04.544	天河石	amazonite	
04.545	冰长石	adularia, adular	
04.546	斜长石	plagioclase	
04.547	微斜长石	microcline	
04.548	钠长石	albite	
04.549	奥长石	oligoclase	曾用名“更长石”。
04.550	中长石	andesine	
04.551	钙长石	anorthite	
04.552	歪长石	anorthoclase	
04.553	培长石	bytownite	
04.554	拉长石	labradorite	
04.555	钡长石	celsian	
04.556	正长石	orthoclase	
04.557	条纹长石	perthite	
04.558	透长石	sanidine	
04.559	似长石	feldspathoid	
04.560	蓝方石	hauyne	
04.561	日光榴石	helvite	
04.562	青金石	lazurite	
04.563	白榴石	leucite	
04.564	中柱石	mizzonite	
04.565	钠柱石	marialite	
04.566	方柱石	scapolite	
04.567	钙柱石	meionite	
04.568	霞石	nepheline	

序　码	汉　文　名	英　文　名	注　　释
04.569	钙霞石	cancrinite	
04.570	黝方石	nosean	
04.571	方钠石	sodalite	
04.572	沸石	zeolite	
04.573	方沸石	analcime	
04.574	辉沸石	stilbite	
04.575	杆沸石	thomsonite	
04.576	丝光沸石	mordenite	
04.577	菱沸石	chabazite	
04.578	斜发沸石	clinoptilolite	
04.579	交沸石	harmotome	
04.580	片沸石	heulandite	
04.581	浊沸石	laumontite	
04.582	针沸石	mazzite	
04.583	香花石	hsianghualite	
04.584	钡铁钛石	bafertisite	
04.585	包头矿	baotite	
04.586	黄河矿	huanghoite	
04.587	顾家石	gugiaite	
04.588	镁星叶石	magnesioastrophyllite	
04.589	锌赤铁矾	zincobotryogen	
04.590	锌叶绿矾	zincocopiapite	
04.591	锂铍石	liberite	
04.592	章氏硼镁石	hungchaoite	
04.593	水碳硼石	carboborite	
04.594	索伦石	suolunite	
04.595	多水氯硼钙石	hydrochloborite	
04.596	钡闪叶石	barytolamprophyllite	
04.597	斜方闪叶石	ortholamprophyllite	
04.598	水星叶石	hydroastrophyllite	
04.599	红石矿	hongshiite	
04.600	道马矿	daomanite	
04.601	纤钡锂石	balipholite	
04.602	芙蓉铀矿	furongite	
04.603	莱河矿	laihunite	
04.604	湘江铀矿	xiangjiangite	
04.605	蓟县矿	jixianite	

序　码	汉　文　名	英　文　名	注　　释
04.606	硫砷钌矿	ruarsite	
04.607	安多矿	anduoite	
04.608	金沙江石	jinshajiangite	
04.609	汞铅矿	leadamalgam	
04.610	兴安石	xinganite, hingganite	
04.611	自然铬	native chromium	
04.612	四方铜金矿	tetraauricupride	
04.613	锡铁山石	xitieshanite	
04.614	大青山矿	daqingshanite	
04.615	锡林郭勒矿	xilingolite	
04.616	丹巴矿	danbaite	
04.617	青河石	qingheiite	
04.618	桐柏矿	tongbaite	
04.619	沂蒙矿	yimengite	
04.620	滦河矿	luanheite	
04.621	围山矿	weishanite	
04.622	赣南矿	gananite	
04.623	古北矿	gupaiite	
04.624	喜峰矿	xifengite	
04.625	黑硼锡镁矿	magnesiohulsite	
04.626	骑田岭矿	qitianlingite	
04.627	腾冲铀矿	tengchongite	
04.628	柴达木石	chaidamuite	
04.629	额尔齐斯石	ertixiite	
04.630	钓鱼岛石	diaoyudaoite	
04.631	扎布耶石	zabuyelite	
04.632	二连石	erlianite	
04.633	锌氯钾铁矾	zincovoltaite	
04.634	张衡矿	zhanghengite	
04.635	南平石	nanpingite	
04.636	安康矿	ankangite	
04.637	西盟石	ximengite	
04.638	白云鄂博矿	baiyuneboite	
04.639	彭志忠石	pengzhizhongite	
04.640	赤路矿	chiluite	

05. 岩　石　学

序　码	汉　文　名	英　文　名	注　　释

05.01 火　成　岩

05.001	岩石成因论	petrogenesis	
05.002	岩浆	magma	
05.003	幔源[的]	mantle-derived	
05.004	壳源[的]	crust-derived	
05.005	岩浆作用	magmatism	
05.006	岩浆分异作用	magmatic differentiation	
05.007	液态不混溶作用	liquid immiscibility	
05.008	分离结晶作用	fractional crystallization	
05.009	同化作用	assimilation	
05.010	深熔作用	anatexis	
05.011	反应系列	reaction series	
05.012	实验岩石学	experimental petrology	
05.013	工艺岩石学	technological petrology	
05.014	岩石化学	petrochemistry	
05.015	统计岩石学	statistical petrology	
05.016	构造岩石学	structural petrology	
05.017	拉斑系列	tholeiitic series	
05.018	钙碱性系列	calc-alkaline series	
05.019	碱性系列	alkaline series	
05.020	中心式喷发	central eruption	
05.021	裂隙式喷发	fissure eruption	
05.022	海底喷发	submarine eruption	
05.023	钙碱指数	calc-alkali index	
05.024	硅碱指数	silic-alkali index	
05.025	分异指数	differentiation index, DI	
05.026	结晶指数	crystallization index	
05.027	铁镁指数	ferromagnesian index	
05.028	颜色指数	color index	又称“暗色指数”。
05.029	爆发指数	explosive index	
05.030	火山韵律	volcanic rhythm	
05.031	火山构造	volcanic structure	
05.032	火山岩相	volcanic facies	

序　码	汉 文 名	英 文 名	注　　释
05.033	岩浆房	magma chamber, magma reservoir	
05.034	岩浆通道	magma conduit	
05.035	深成侵入相	plutonic intrusive facies	
05.036	浅成侵入相	hypabyssal intrusive facies	
05.037	潜火山相	subvolcanic facies	又称"次火山相"。
05.038	喷出相	extrusive facies	
05.039	整合侵入体	concordant intrusion	
05.040	不整合侵入体	discordant intrusion	
05.041	岩基	batholith	
05.042	岩盆	lopolith	
05.043	岩盖	laccolith	
05.044	岩床	sill	
05.045	岩株	stock	
05.046	岩枝	apophysis	
05.047	岩脉	dyke, dike	又称"岩墙"。
05.048	岩颈	neck	
05.049	岩塞	plug	
05.050	活火山	active volcano	
05.051	死火山	extinct volcano	
05.052	休眠火山	dormant volcano	
05.053	盾形火山	shield volcano	
05.054	层状火山	stratovolcano	
05.055	火山穹丘	volcanic dome	
05.056	火山渣锥	cinder cone	又称"岩渣锥"。
05.057	寄生火山锥	parasitic cone	
05.058	复合火山	compound volcano	
05.059	泥火山	mud volcano	
05.060	熔岩湖	lava lake	
05.061	熔岩流	lava flow	
05.062	枕状熔岩	pillow lava	
05.063	绳状熔岩	ropy lava	
05.064	熔岩隧道	lava tunnel	
05.065	火山碎屑流	pyroclastic flow, ash flow	
05.066	火山泥[石]流	lahar, volcanic mudflow	
05.067	火山带	volcanic belt	
05.068	岩省	rock province	

序码	汉文名	英文名	注释
05.069	结构	texture	
05.070	构造	structure	
05.071	全晶质	holocrystalline	
05.072	半晶质	hemicrystalline	
05.073	隐晶质	cryptocrystalline	
05.074	玻璃质	vitreous	
05.075	脱玻化[作用]	devitrification	
05.076	等粒状	equigranular	
05.077	不等粒状	inequigranular	
05.078	全自形粒状	panidiomorphic granular	
05.079	半自形粒状	hypidiomorphic granular	
05.080	他形粒状	xenomorphic granular, allotriomorphic granular	
05.081	微晶	microlite	
05.082	雏晶	crystallite	
05.083	辉长结构	gabbro texture	
05.084	二长结构	monzonitic texture	
05.085	花岗结构	granitic texture	
05.086	细晶结构	aplitic texture	
05.087	文象结构	graphic texture	
05.088	霏细结构	felsitic texture	
05.089	蠕虫结构	myrmekitic texture	
05.090	条纹结构	perthitic texture	
05.091	斑晶	phenocryst	
05.092	基质	groundmass, matrix	
05.093	斑状结构	porphyritic texture	
05.094	不等粒斑状结构	inequigranular porphyritic texture	
05.095	连续不等粒斑状结构	seriate porphyritic texture	
05.096	玻基斑状结构	vitroporphyritic texture	
05.097	煌斑结构	lamprophyric texture	
05.098	辉绿结构	diabasic texture	
05.099	包含结构	poikilitic texture	
05.100	反应边结构	reaction rim texture, kelyphitic texture, corona texture	
05.101	间粒结构	intergranular texture	
05.102	间隐结构	intersertal texture	

序码	汉文名	英文名	注释
05.103	拉斑[玄武]结构	tholeiitic texture	
05.104	交织结构	pilotaxitic texture	
05.105	玻晶交织结构	hyalopilitic texture	
05.106	粗面结构	trachytic texture	
05.107	响岩结构	phonolitic texture	
05.108	流纹结构	rhyotaxitic texture	
05.109	火山碎屑结构	pyroclastic texture	
05.110	凝灰结构	tuff texture, ash texture	又称“火山灰结构”。
05.111	熔结凝灰结构	welded tuff texture	
05.112	鬣刺结构	spinifex texture	
05.113	块状构造	massive structure	
05.114	斑杂构造	taxitic structure	
05.115	球状构造	orbicular structure	
05.116	流动构造	flow structure, fluidal structure	用于火成岩。
05.117	流线构造	linear flow structure	用于火成岩。
05.118	流面构造	planar flow structure	用于火成岩。
05.119	晶洞构造	miarolitic structure	
05.120	气孔构造	vesicular structure	
05.121	杏仁构造	amygdaloidal structure	
05.122	石泡构造	lithophysa structure	
05.123	枕状构造	pillow structure	
05.124	柱状节理	columnar jointing	
05.125	[火山]晶屑	crystal pyroclast	
05.126	[火山]玻屑	vitric pyroclast	
05.127	[火山]岩屑	lithic pyroclast	
05.128	火山渣	cinder	
05.129	暗色矿物	dark-colored mineral	
05.130	浅色矿物	light-colored mineral	
05.131	铁镁矿物	mafic mineral	
05.132	硅铝矿物	salic mineral	
05.133	火山弹	volcanic bomb	
05.134	火山砾	lapilli	
05.135	火山砂	volcanic sand	
05.136	火山灰	volcanic ash	
05.137	火成岩	igneous rock	又称“岩浆岩(magmatic rock)”。
05.138	侵入岩	intrusive rock	

序　码	汉 文 名	英 文 名	注　　释
05.139	喷出岩	effusive rock	
05.140	深成岩	plutonic rock, plutonite	
05.141	浅成岩	hypabyssal rock	
05.142	潜火山岩	subvolcanic rock	又称"次火山岩"。
05.143	火山岩	volcanic rock	
05.144	地幔岩	pyrolite	
05.145	科马提岩	komatiite	
05.146	超镁铁质岩	ultramafic rock	
05.147	镁铁质岩	mafic rock	
05.148	超基性岩	ultrabasic rock	
05.149	基性岩	basic rock	
05.150	中性岩	intermediate rock	
05.151	酸性岩	acidic rock	
05.152	超酸性岩	ultraacidic rock	
05.153	碱性岩	alkali rock	
05.154	暗色岩	melanocrate	
05.155	中色岩	mesocratic rock	
05.156	浅色岩	leucocrate	
05.157	纯橄榄岩	dunite	
05.158	橄榄岩	peridotite	
05.159	二辉橄榄岩	lherzolite	
05.160	斜方辉橄岩	harzburgite	又称"方辉橄榄岩"。
05.161	辉石岩	pyroxenite	
05.162	角闪石岩	hornblendite	
05.163	金伯利岩	kimberlite	
05.164	辉长岩	gabbro	
05.165	苏长岩	norite	
05.166	斜长岩	anorthosite, plagioclasite	
05.167	辉绿岩	diabase	
05.168	玄武岩	basalt	
05.169	粗玄岩	trachybasalt	
05.170	拉斑玄武岩	tholeiite	
05.171	碱性玄武岩	alkali basalt	
05.172	高铝玄武岩	high-alumina basalt	
05.173	细碧岩	spilite	
05.174	橙玄玻璃	palagonite	
05.175	闪长岩	diorite	

序　码	汉　文　名	英　文　名	注　　释
05.176	石英闪长岩	quartz diorite	
05.177	英云闪长岩	tonalite	
05.178	安山岩	andesite	
05.179	玄武安山岩	basaltic andesite	
05.180	石英安山岩	quartz andesite	
05.181	二长岩	monzonite	
05.182	石英二长岩	quartz monzonite	
05.183	粗安岩	trachyandesite	
05.184	石英粗安岩	quartz trachyandesite	
05.185	花岗岩	granite	
05.186	奥长花岗岩	trondhjemite	曾用名“更长花岗岩”。
05.187	紫苏花岗岩	charnockite, hypersthene granite	
05.188	花岗闪长岩	granodiorite	
05.189	二长花岗岩	monzonitic granite	
05.190	白岗岩	alaskite	
05.191	石英斑岩	quartz porphyry	
05.192	花斑岩	granophyre	又称“文象斑岩”。
05.193	流纹岩	rhyolite	
05.194	英安岩	dacite	
05.195	黑曜岩	obsidian	
05.196	松脂岩	pitchstone	
05.197	珍珠岩	perlite	
05.198	浮岩	pumice	俗称“浮石”。
05.199	正长岩	syenite	
05.200	粗面岩	trachyte	
05.201	石英粗面岩	quartz trachyte	
05.202	角斑岩	keratophyre	
05.203	霞石正长岩	nepheline syenite	
05.204	响岩	phonolite	
05.205	白榴岩	leucitite	
05.206	碱性辉长岩	essexite	又称“霞辉二长岩”。
05.207	霞斜岩	theralite	
05.208	碱玄岩	tephrite	
05.209	碧玄岩	basanite	
05.210	霓霞岩	ijolite	
05.211	霞石岩	nephelinite	

序 码	汉 文 名	英 文 名	注 释
05.212	磷霞岩	urtite	
05.213	碳酸岩	carbonatite	
05.214	煌斑岩	lamprophyre	
05.215	云煌岩	minette	曾用名“云正煌斑岩”。
05.216	云斜煌岩	kersantite	
05.217	闪正煌岩	vogesite	曾用名“闪辉正煌岩”、“闪正煌斑岩”。
05.218	闪斜煌岩	spessartite	
05.219	细晶岩	aplite	
05.220	伟晶岩	pegmatite	

05.02 沉 积 岩

05.221	沉积岩	sedimentary rock	
05.222	沉积物	sediment	
05.223	脱水[作用]	dehydration	
05.224	溶解[作用]	solution	
05.225	淀积[作用]	precipitation	
05.226	水化[作用]	hydration	
05.227	水解[作用]	hydrolysis	
05.228	吸收[作用]	absorption	
05.229	聚凝[作用]	flocculation	曾用名“凝聚作用”。
05.230	沉积分异[作用]	sedimentary differentiation	
05.231	浅埋[作用]	shallow burialism	
05.232	深埋[作用]	deep burialism	
05.233	新生变形[作用]	neomorphism	
05.234	压实[作用]	compaction	
05.235	交代[作用]	replacement	用于沉积岩石学。
05.236	同生作用	syngenesis, contemporaneous diagenesis	
05.237	准同生作用	penesyndiagenesis, penecontemporaneous diagenesis	
05.238	后生作用	epigenesis	
05.239	后生成岩[作用]	anadiagenesis	
05.240	海解[作用]	halmyrolysis	
05.241	表生成岩[作用]	epidiagenesis	
05.242	陆解[作用]	aquatolysis	

序码	汉文名	英文名	注释
05.243	白云石化[作用]	dolomitization	
05.244	去白云石化[作用]	dedolomitization	
05.245	混合白云石化[作用]	dorag dolomitization	
05.246	石膏化[作用]	gypsification	
05.247	去石膏化[作用]	degypsification	
05.248	渗透回流[作用]	seepage-reflux mechanism	
05.249	毛细管[作用]	capillary	
05.250	蒸发泵作用	evaporative pumping	
05.251	沉积环境	sedimentary environment	
05.252	沉积旋回	cycle of sedimentation	
05.253	沉积相	sedimentary facies	
05.254	岩相	lithofacies	
05.255	沉积相模式	sedimentary facies model	
05.256	沉积建造	sedimentary formation	
05.257	沉积相组合	sedimentary facies association	
05.258	陆相	continental facies	
05.259	海相	marine facies	
05.260	过渡相	transition facies	
05.261	山麓相	piedmont facies	
05.262	高原相	plateau facies	
05.263	沙漠相	desert facies	
05.264	沙丘相	dune facies	
05.265	冰川相	glacial facies	
05.266	沼泽相	swamp facies	
05.267	喀斯特相	karst facies	又称“岩溶相”。
05.268	河流相	fluvial facies	
05.269	冲积相	alluvial facies	
05.270	干盐湖相	playa facies	
05.271	湖泊相	lacustrine facies	
05.272	塞卜哈相	sabkha facies	曾用名“萨布哈相”。
05.273	潟湖相	lagoon facies	
05.274	三角洲相	delta facies	
05.275	河口湾相	estuary facies	
05.276	滨海相	littoral facies	
05.277	浅海相	shallow marine facies	

序码	汉文名	英文名	注释
05.278	半深海相	bathyal facies	
05.279	深海相	abyssal facies	
05.280	陆表海	epicontinental sea, epeiric sea	
05.281	潮滩	tidal flat	
05.282	障壁岛	barrier island	又称“沙坝岛”。
05.283	沉积结构	sedimentary texture	
05.284	碎屑	clast	
05.285	碎屑结构	clastic texture	
05.286	玻屑	vitric fragment	
05.287	晶屑	crystal fragment	
05.288	球度	sphericity	
05.289	圆度	roundness	
05.290	颗粒形状	grain shape	
05.291	颗粒表面结构	grain surface texture	
05.292	颗粒组构	grain fabric	
05.293	颗粒支撑组构	grain-supported fabric	
05.294	杂基支撑组构	matrix-supported fabric	
05.295	填积[作用]	packing	
05.296	点接触	point contact	
05.297	凹凸接触	concavo-convex contact	
05.298	锯齿状接触	sutured contact	
05.299	胶结物	cement	
05.300	杂基	matrix	
05.301	孔隙	pore	
05.302	次生加大	secondary enlargement	
05.303	胶结类型	type of cementation	
05.304	接触胶结	contactal cement	
05.305	孔隙胶结	porous cement	
05.306	基底胶结	basal cement	
05.307	结构成熟度	textural maturity	
05.308	成分成熟度	component maturity	
05.309	分选指数	sorting index	
05.310	综合结构系数	comprehensive textural coefficient	
05.311	波痕指数	ripple index	
05.312	沉积构造	sedimentary structure	
05.313	层理	bedding	
05.314	纹层	lamina	又称“细层”。指层

序　码	汉　文　名	英　文　名	注　　释
			的最小单位。
05.315	纹理	lamination	
05.316	水平层理	horizontal bedding	
05.317	平行层理	parallel bedding	
05.318	波状层理	wavy bedding	
05.319	交错层理	cross-bedding, cross-stratification	
05.320	透镜状层理	lenticular bedding	
05.321	韵律层理	rhythmic bedding	
05.322	递变层理	graded bedding	又称“粒序层理”。
05.323	压扁层理	flaser bedding	
05.324	包卷层理	convolute bedding	
05.325	板状交错层理	tabular cross-bedding, planar cross-bedding	
05.326	槽状交错层理	trough cross-bedding	
05.327	鱼骨状交错层理	herringbone cross-bedding	
05.328	丘状层理	hummocky bedding	
05.329	洼状层理	swaley bedding	
05.330	同生变形	contemporaneous deformation	
05.331	铸型	cast	
05.332	模	mold	
05.333	负荷铸型	load cast, load structure	曾用名“负荷模”。
05.334	槽铸型	flute cast	曾用名“槽模”。
05.335	沟铸型	groove cast	曾用名“沟模”。
05.336	刷铸型	brush cast	曾用名“刷模”。
05.337	椎铸型	prod cast	曾用名“椎模”。
05.338	火焰状构造	flame structure	
05.339	滑塌构造	slump structure	曾用名“滑陷构造”。
05.340	层面	bedding plane, bedding surface	
05.341	波痕	ripple mark	
05.342	泥裂	mud crack, shrinkage crack	又称“干裂”。
05.343	雨痕	raindrop, rain print	
05.344	压刻痕	tool mark	曾用名“工具痕”。
05.345	晶体印痕	crystal imprint	
05.346	叠锥	cone-in-cone	
05.347	结核	concretion	
05.348	瘤状构造	nodular structure	
05.349	虫孔	burrow, worm burrow	又称“潜穴”。

序　码	汉　文　名	英　文　名	注　　释
05.350	生物钻孔	boring by organism	
05.351	叠层构造	stromatolitic structure	
05.352	[沉积]缝合线	stylolite	
05.353	遗迹化石	trace fossil	
05.354	生物扰动构造	bioturbation structure	
05.355	鸟眼构造	bird's-eye structure	
05.356	窗格构造	fenestral structure	
05.357	示底构造	geopetal structure	
05.358	泄水构造	water escape structure	
05.359	硬底[质]	hardground	
05.360	风成岩	eolianite	
05.361	浊积岩	turbidite	
05.362	风暴岩	tempestite	
05.363	冰碛岩	tillite	
05.364	巨砾	boulder	
05.365	粗砾	cobble	
05.366	中砾	pebble	
05.367	细砾	granule	
05.368	砂	sand	
05.369	粉砂	silt	
05.370	粘土	clay	
05.371	泥	mud	
05.372	砾屑岩	rudite	
05.373	砂屑岩	arenite	
05.374	泥屑岩	lutite	
05.375	碎屑岩	clastic rock	
05.376	砾岩	conglomerate	
05.377	角砾岩	breccia	
05.378	塌积角砾岩	collapse breccia	曾用名“塌陷角砾岩”、“崩塌角砾岩”。
05.379	溶解角砾岩	solution breccia	
05.380	层内砾岩	intraformational conglomerate	又称“层间砾岩”。
05.381	层内角砾岩	intraformational breccia	又称“层间角砾岩”。
05.382	砂岩	sandstone	
05.383	石英砂岩	quartz sandstone	
05.384	长石砂岩	arkose, feldspar sandstone	
05.385	岩屑砂岩	lithic sandstone	

序 码	汉 文 名	英 文 名	注 释
05.386	杂砂岩	graywacke	曾用名“硬砂岩”、“灰瓦岩”。
05.387	粉砂岩	siltstone	
05.388	泥质岩	argillaceous rock	
05.389	粘土岩	claystone	
05.390	泥岩	mudstone	
05.391	页岩	shale	
05.392	黄土	loess	
05.393	高岭土	kaolin	
05.394	碳质页岩	carbonaceous shale	
05.395	碳酸盐岩	carbonate rock	
05.396	内碎屑	intraclast	
05.397	鲕粒	oolite, ooid	
05.398	团粒	pellet	
05.399	骨屑	skeletal fragment	
05.400	骨粒	skeletal grain	
05.401	团块	lump	
05.402	豆粒	pisolite	
05.403	石灰岩	limestone	
05.404	白云岩	dolomite, dolostone	
05.405	亮晶	spar	
05.406	亮晶灰岩	sparite	
05.407	泥晶灰岩	micrite	曾用名“微晶灰岩”。
05.408	粒泥灰岩	wackestone	曾用名“瓦克灰岩”。
05.409	泥粒灰岩	packstone	
05.410	颗粒灰岩	grainstone	
05.411	障积灰岩	bafflestone	
05.412	粘结灰岩	bindstone, boundstone	
05.413	骨架灰岩	framestone	曾用名“生物构架灰岩”。
05.414	生物层	biostrome	
05.415	生物丘	bioherm	
05.416	生物礁	organic reef	
05.417	生物礁灰岩	biolithite, bioherm limestone	曾用名“原地生物灰岩”。
05.418	层凝灰岩	tuffite	
05.419	生物扰动岩	bioturbite	

序　码	汉 文 名	英 文 名	注　　释
05.420	等深[流沉]积岩	contourite	
05.421	生物堆积灰岩	bioaccumulated limestone	
05.422	生物建造灰岩	bioconstructed limestone	
05.423	生物泥晶灰岩	biomicrite	
05.424	鲕粒亮晶灰岩	oosparite	
05.425	鲕粒泥晶灰岩	oomicrite	
05.426	介壳灰岩	coquina	
05.427	竹叶状灰岩	edgewise conglomerate, Würmkalk (德)	
05.428	白垩	chalk	
05.429	叠层石	stromatolite	
05.430	砾屑灰岩	calcirudite	
05.431	砂屑灰岩	calcarenite	
05.432	粉屑灰岩	calcisiltite	
05.433	泥屑灰岩	calcilutite	
05.434	球粒亮晶灰岩	pelsparite	
05.435	球粒泥晶灰岩	pelmicrite	
05.436	内碎屑亮晶灰岩	intrasparite	
05.437	内碎屑泥晶灰岩	intramicrite	
05.438	铝质岩	aluminous rock	
05.439	铁质岩	ferruginous rock	
05.440	碳质岩	carbonaceous rock, carbonolite	
05.441	锰质岩	manganese rock	
05.442	锰结核	manganese nodule	曾用名“锰团块”。
05.443	硅质岩	siliceous rock	
05.444	燧石[岩]	chert	
05.445	硅藻土	diatomite	
05.446	碧玉岩	jasperite	
05.447	海绵岩	sponge rock	
05.448	放射虫岩	radiolarite	
05.449	磷块岩	phosphorite	
05.450	磷酸盐岩	phosphate rock	
05.451	蒸发岩	evaporite	
05.452	石膏岩	gypsum rock	
05.453	石膏帽	gypsum cap	
05.454	石盐岩	halilith, rock salt	
05.455	滨岸	onshore	

序码	汉文名	英文名	注释
05.456	前滨	foreshore	
05.457	后滨	backshore	
05.458	内滨	inshore	
05.459	外滨	offshore	
05.460	上斜坡	upslope	
05.461	下斜坡	downslope	
05.462	缓坡	ramp	
05.463	广海	open sea	
05.464	碳酸盐台地	carbonate platform	
05.465	开阔台地	open-platform	
05.466	台地边缘	platform margin	
05.467	台地边缘斜坡	platform margin slope	
05.468	辫状河	braided river	
05.469	曲流河	meandering river	
05.470	分流河段	distributary	
05.471	河口湾	estuary	
05.472	天然堤	natural levee	
05.473	泛滥平原	flood plain	

05.03 变质岩

05.474	变质岩	metamorphic rock	
05.475	变质作用	metamorphism	
05.476	区域变质作用	regional metamorphism	
05.477	区域动力变质作用	regional dynamic metamorphism	
05.478	区域热动力变质作用	regional dynamothermal metamorphism	
05.479	局部变质作用	local metamorphism	
05.480	接触变质作用	contact metamorphism	
05.481	热变质作用	thermal metamorphism	
05.482	高热变质作用	pyrometamorphism	
05.483	自变质作用	autometamorphism	
05.484	交代作用	metasomatism	用于变质岩石学。
05.485	接触交代作用	contact metasomatism	
05.486	动力变质作用	dynamic metamorphism, dislocation metamorphism	
05.487	洋底变质作用	ocean-floor metamorphism	

序码	汉文名	英文名	注释
05.488	冲击变质作用	impact metamorphism, shock metamorphism	
05.489	负荷变质作用	load metamorphism	
05.490	埋深变质作用	burial metamorphism	
05.491	深成变质作用	plutonic metamorphism	
05.492	静态变质作用	static metamorphism	
05.493	动态变质作用	kinetic metamorphism	
05.494	递进变质作用	progressive metamorphism	
05.495	退化变质作用	retrogressive metamorphism	
05.496	多期变质作用	polymetamorphism	
05.497	混合岩化作用	migmatization, migmatism	
05.498	区域混合岩化作用	regional migmatization	
05.499	超变质作用	ultrametamorphism	
05.500	岩浆再生作用	palingenesis	
05.501	花岗岩化作用	granitization	
05.502	变质分异作用	metamorphic differentiation	
05.503	变质体制	metamorphic regime	
05.504	变质梯度	metamorphic gradient	
05.505	变质旋回	metamorphic cycle	
05.506	变质期	metamorphic epoch	
05.507	变质事件	metamorphic event	
05.508	变质阶段	metamorphic episode	
05.509	前构造期结晶[作用]	pre-tectonic crystallization	
05.510	同构造期结晶[作用]	syn-tectonic crystallization, paratectonic crystallization	
05.511	后构造期结晶[作用]	post-tectonic crystallization	
05.512	深度带	depth zone	
05.513	深[变质]带	katazone	
05.514	中深[变质]带	mesozone	
05.515	浅深[变质]带	epizone	
05.516	变质级	metamorphic grade	
05.517	变质带	metamorphic zone	
05.518	双变质带	paired metamorphic belt	
05.519	高压变质带	high pressure metamorphic belt	

序码	汉文名	英文名	注释
05.520	等变质级	isograde	
05.521	等变质反应级	isoreaction grade	
05.522	等化学系列	isochemical series	
05.523	等物理系列	isophysical series	
05.524	地质温度计	geothermometer	又称"地球温度计"。
05.525	地质压力计	geobarometer	又称"地球压力计"。
05.526	变质矿物共生	metamorphic mineral paragenesis	
05.527	变质相	metamorphic facies	
05.528	变质亚相	metamorphic subfacies	
05.529	变质相组	metamorphic facies group	
05.530	变质相系	metamorphic facies series	
05.531	高压相系	high-pressure facies series	
05.532	中压相系	medium-pressure facies series	
05.533	低压相系	low-pressure facies series	
05.534	变质作用类型	type of metamorphism	
05.535	变质反应	metamorphic reaction	
05.536	不连续反应	discontinuous reaction	
05.537	连续反应	continuous reaction	
05.538	耦合反应	coupled reaction	
05.539	矿物相律	mineral phase rule	
05.540	ACF 图解	ACF diagram	
05.541	AKF 图解	AKF diagram	
05.542	AMF 图解	AMF diagram	
05.543	钠长石－绿帘石－角岩相	albite-epidote-hornfels facies	
05.544	角闪石－角岩相	hornblende-hornfels facies	
05.545	辉石－角岩相	pyroxene-hornfels facies	
05.546	透长石相	sanidine facies	
05.547	浊沸石相	laumontite facies	
05.548	葡萄石－绿纤石相	prehnite-pumpellyite facies	
05.549	蓝闪石片岩相	glaucophane schist facies	
05.550	蓝闪石－绿片岩相	glaucophane-greenschist facies	
05.551	绿片岩相	greenschist facies	
05.552	绿帘角闪岩相	epidote amphibolite facies	
05.553	角闪岩相	amphibolite facies	

序码	汉文名	英文名	注释
05.554	麻粒岩相	granulite facies	
05.555	榴辉岩相	eclogite facies	
05.556	构造超压	tectonic overpressure	
05.557	流体超压	fluid overpressure	
05.558	变质重结晶[作用]	metamorphic recrystallization	
05.559	变晶系列	crystalloblastic series	
05.560	镶嵌结构	mosaic texture	
05.561	粒状变晶结构	granoblastic texture	又称“花岗变晶结构”。
05.562	柱状变晶结构	nematoblastic texture	又称“纤状变晶结构”。
05.563	鳞片状变晶结构	lepidoblastic texture	
05.564	斑状变晶结构	porphyroblastic texture	曾用名“变斑状结构”。
05.565	变斑晶	porphyroblast	
05.566	变余砾状结构	blastopsephitic texture	
05.567	变余砂状结构	blastopsammitic texture	
05.568	变余斑状结构	blastoporphyritic texture	
05.569	变余火山碎屑状结构	blastopyroclastic texture	
05.570	筛状变晶结构	sieved texture, diablastic texture	
05.571	角岩状结构	hornfels texture	
05.572	碎裂结构	cataclastic texture	
05.573	糜棱结构	mylonitic texture	
05.574	交代结构	metasomatic texture	
05.575	残留构造	relict structure	
05.576	叶理	foliation	
05.577	线理	lineation	
05.578	片理	schistosity	
05.579	片麻理	gneissosity	
05.580	千枚状构造	phyllitic structure	
05.581	片状构造	schistose structure	
05.582	片麻状构造	gneissic structure, gneissose structure	
05.583	斑点状构造	spotted structure	
05.584	条带状构造	banded structure	

序码	汉文名	英文名	注释
05.585	变基性岩	metabasite	
05.586	变泥质岩	metapelite	
05.587	板岩	slate	
05.588	千枚岩	phyllite	
05.589	片岩	schist	
05.590	结晶片岩	crystalline schist	
05.591	云母片岩	mica schist	
05.592	阳起片岩	actinolite schist	
05.593	滑石片岩	talc schist	
05.594	蓝晶石片岩	kyanite schist	
05.595	钙质片岩	calc-schist	
05.596	绿片岩	greenschist	
05.597	蓝[闪石]片岩	glaucophane schist	
05.598	绿岩	greenstone	
05.599	[斜长]角闪岩	amphibolite	
05.600	副[斜长]角闪岩	para-amphibolite	
05.601	正[斜长]角闪岩	ortho-amphibolite	
05.602	变粒岩	leptynite, leptite	
05.603	片麻岩	gneiss	
05.604	副片麻岩	para-gneiss	
05.605	正片麻岩	ortho-gneiss	
05.606	夕线石片麻岩	sillimanite gneiss	
05.607	角闪片麻岩	hornblende gneiss	
05.608	钙质片麻岩	calc-gneiss	
05.609	花岗质片麻岩	granitic gneiss	
05.610	孔兹岩	khondalite	
05.611	麻粒岩	granulite	
05.612	榴辉岩	eclogite	
05.613	钙硅酸盐岩	calc-silicate rock	
05.614	结晶[石]灰岩	crystalline limestone	
05.615	大理岩	marble	
05.616	蛇纹岩	serpentinite	
05.617	变辉长岩	meta-gabbro	
05.618	石英岩	quartzite	
05.619	角岩	hornfels	曾用名“角页岩”。
05.620	夕卡岩	skarn	
05.621	超糜棱岩	ultramylonite	

序码	汉文名	英文名	注释
05.622	初糜岩	protomylonite	
05.623	千糜岩	phyllonite	
05.624	变余糜棱岩	blastomylonite	
05.625	白片岩	white schist	
05.626	冲击岩	impactite	
05.627	混合岩	migmatite	
05.628	眼球状混合岩	augen migmatite	
05.629	角砾状混合岩	agmatite	
05.630	肠状混合岩	ptygmatite	
05.631	条带状混合岩	banded migmatite	
05.632	条痕状混合岩	streaky migmatite	
05.633	雾迷状混合岩	nebulite	又称“阴影状混合岩”。
05.634	注入片麻岩	injection gneiss	
05.635	混合片麻岩	migmatitic gneiss	具有较多残存围岩的缕状片麻结构。
05.636	均质混合岩	homogeneous migmatite	
05.637	混合花岗岩	migmatitic granite	残存的围岩的缕状片麻结构与粒状结构并存，粗粒状结构明显。
05.638	接触[变质]晕	contact metamorphic aureole	
05.639	混合岩浆	migma	
05.640	混合岩浆深成体	migma pluton	
05.641	混合岩化前锋	migmatitic front	
05.642	片麻岩穹窿	gneissic dome	

06. 地球化学

序码	汉文名	英文名	注释
06.001	地球化学	geochemistry	
06.002	元素地球化学	geochemistry of element	
06.003	元素地球化学分类	geochemical classification of element	
06.004	戈尔德施米特规则	Goldschmidt's rule	

序　码	汉　文　名	英　文　名	注　　释
06.005	原子体积	atomic volume	
06.006	亲气元素	atmophile element	
06.007	亲石元素	lithophile element	
06.008	亲铜元素	chalcophile element	
06.009	亲铁元素	siderophile element	
06.010	亲生物元素	biophile element	
06.011	惰性气体	noble gas, inert gas, rare gas	又称"稀有气体"。
06.012	稀有元素	rare element	
06.013	分散元素	dispersed element	
06.014	稀碱金属	rare alkaline metal	
06.015	稀土元素	rare earth element, REE	
06.016	轻稀土元素	light rare earth element, LREE	
06.017	重稀土元素	heavy rare earth element, HREE	
06.018	增田-科里尔图解	Masuda-Coryell diagram	
06.019	铕异常	Eu anomaly	
06.020	铈异常	Ce anomaly	
06.021	稀土元素分布模式	distribution pattern of rare earth element	
06.022	铂系元素	platinum group element	又称"铂族元素"。
06.023	标型元素	typochemical element	
06.024	造岩元素	rock-forming element	
06.025	成矿元素	ore-forming element	
06.026	主元素	major element	又称"常量元素"。
06.027	次元素	minor element	
06.028	痕量元素	trace element	又称"微迹元素"。
06.029	相容元素	compatible element	
06.030	不相容元素	incompatible element	
06.031	化学物种	chemical species	
06.032	偶数规则	even rule	
06.033	壳层规则	shell rule	
06.034	幻数规则	magic number rule	
06.035	元素存在形式	mode of occurrence of element, existing form of element	
06.036	元素迁移	migration of element	
06.037	元素富集	enrichment of element	
06.038	元素分散	dispersion of element	

序　码	汉　文　名	英　文　名	注　　释
06.039	元素置换	element substitution	
06.040	同质多象	polymorphism	
06.041	同质多象转变	polymorphic transformation	
06.042	地球化学输运	geochemical transport	
06.043	扩散作用	diffusion	
06.044	去气作用	degassification	
06.045	比较晶体化学	comparative crystal chemistry	
06.046	地球化学图	geochemical chart	
06.047	分散	dispersion	
06.048	渗滤	infiltration	
06.049	反应速率	reaction rate	
06.050	溶解动力学	dissolution kinetics	
06.051	元素分布	distribution of element	
06.052	元素分布频率	frequency distribution of element	
06.053	元素分布图	distribution diagram of element	
06.054	元素组合	element association	
06.055	元素对	element pair	
06.056	元素比值	element ratio	
06.057	元素比值图	diagram of element ratio	
06.058	pH－Eh 图解	pH-Eh diagram	
06.059	分配系数	partition coefficient, distribution coefficient	
06.060	元素丰度	abundance of element	
06.061	相对丰度	relative abundance	
06.062	绝对丰度	absolute abundance	
06.063	元素丰度变化图	variation diagram of element abundance	
06.064	元素浓度	concentration of element	
06.065	元素亏损	depletion of element	
06.066	原子克拉克值	clarke of atom	
06.067	浓集克拉克值	clarke of concentration	
06.068	浓集系数	concentration coefficient	
06.069	元素地球化学行为	geochemical behaviour of element	
06.070	地球化学演化	geochemical evolution	
06.071	地球化学旋回	geochemical cycle	
06.072	地球化学模型	geochemical model	

序码	汉文名	英文名	注释
06.073	同位素地球化学	isotope geochemistry	
06.074	同位素地质年代学	isotope geochronology	
06.075	稳定同位素地球化学	stable isotope geochemistry	
06.076	宇宙年代学	cosmochronology	
06.077	年龄测定	age determination	
06.078	计时	age dating	又称"定年"。
06.079	表观年龄	apparent age	
06.080	模式年龄	model age	
06.081	等时线年龄	isochron age	
06.082	内部等时线	internal isochron	
06.083	等时线截距	intercept of isochron	
06.084	等时线斜率	slope of isochron	
06.085	矿物等时线	mineral isochron	
06.086	假等时线	pseudoisochron	
06.087	初始比值	initial ratio	
06.088	年龄谱	age spectrum	
06.089	坪年龄	plateau age	
06.090	一致年龄	concordia age	
06.091	不一致年龄	discordia age	
06.092	钾-氩计时	K-Ar dating	又称"钾-氩定年"。
06.093	氩-氩计时	Ar-Ar dating	又称"氩-氩定年"。
06.094	铀-[钍-]铅计时	U-[Th-]Pb dating	又称"铀-[钍-]铅定年"。
06.095	铷-锶计时	Rb-Sr dating	又称"铷-锶定年"。
06.096	钐-钕计时	Sm-Nd dating	又称"钐-钕定年"。
06.097	裂变径迹计时	fission-track dating	又称"裂变径迹定年"。
06.098	放射性碳计时	radiocarbon dating	又称"放射性碳定年"。
06.099	铀系计时	uranium series dating	又称"铀系定年"。
06.100	纹理年代学	varve chronology	
06.101	演化线	development line	
06.102	单阶段体系	single stage system	
06.103	二阶段体系	two stage system	
06.104	多阶段体系	multistage system	

序　码	汉　文　名	英　文　名	注　　释
06.105	原生铅	primordial lead	
06.106	初始铅	initial lead	
06.107	普通铅	common lead	
06.108	异常铅	anomalous lead	
06.109	大气氩	atmospheric argon	
06.110	过剩氩	excess argon	
06.111	继承氩	inherited argon	
06.112	混合模型	mixing model	
06.113	δ值	δ value	与标准的同位素比值相比较，以千分偏差形式表示同位素比值。
06.114	BABI 值	basaltic achondrite best initial	一般将 BABI 值作为地球的初始^{87}Sr 与^{86}Sr 的比值。
06.115	CHUR 值	chondritic uniform reservoir	又称"球粒陨石均一储库"。
06.116	同位素稀释法	isotope dilution method	
06.117	稀释剂	spike	
06.118	阶段加温	stepwise heating	
06.119	同位素分馏	isotopic fractionation	
06.120	分馏曲线	fractionation curve	
06.121	分馏效应	fractionation effect	
06.122	分馏系数	fractionation factor	
06.123	分馏机理	fractionation mechanism	
06.124	交换平衡	exchange equilibrium	
06.125	同位素交换平衡	isotopic exchange equilibrium	
06.126	同位素交换反应	isotopic exchange reaction	
06.127	平衡常数	equilibrium constant	
06.128	瑞利分馏	Rayleigh fractionation	
06.129	扩散分馏	diffusional fractionation	
06.130	同位素平衡	isotopic equilibrium	
06.131	地形同位素分馏效应	topographic isotopic fractionation effect	
06.132	纬度效应	latitude effect	
06.133	高度效应	altitude effect	
06.134	同位素分馏系数	isotope fractionation factor	

序码	汉文名	英文名	注释
06.135	同位素地质温度计	isotope geothermometer	
06.136	锶－氧体系	Sr-O system	
06.137	氢－氧体系	H-O system	
06.138	氢－水体系	H-H_2O system	
06.139	SMOW 标准	standard mean ocean water	氢、氧同位素国际标准。
06.140	V-SMOW 标准	Vienna standard mean ocean water	1985 年维也纳国际会议建立的三个氧同位素参考标准之一。
06.141	PDB 标准	PDB standard, Pee Dee belemnite standard	碳酸盐中的碳、氧同位素的国际标准，现已用尽。
06.142	CDT 标准	CDT standard, Canyon Diablo meteorite troilite standard	Canyon Diablo 陨石中陨硫铁的硫同位素比值，作为硫同位素国际标准。
06.143	SLAP 标准	standard light Antarctic precipitation	1985 年维也纳国际会议建立的三个氧同位素参考标准之一。
06.144	放射性示踪分析	radiotracer analysis	
06.145	环境地球化学	environmental geochemistry	
06.146	生物地球化学	biogeochemistry	
06.147	环境有机地球化学	environmental organic geochemistry	
06.148	环境界面地球化学	environmental interface geochemistry	
06.149	全球环境	global environment	
06.150	海洋环境	marine environment	
06.151	陆地环境	continental environment, land environment, terrestrial environment	
06.152	区域环境	regional environment	
06.153	环境储库	environmental reservoir	
06.154	环境介质	environmental medium	
06.155	环境界面	environmental interface	
06.156	环境因子	environmental factor	

序　码	汉　文　名	英　文　名	注　　释
06.157	生命元素	bioelement	
06.158	散落物	fallout, airborne debris	
06.159	飘尘	dust	
06.160	降尘	dustfall	
06.161	环境物质释放	release of environmental substance	
06.162	自然释放	natural release	
06.163	人为排放	anthropogenic discharge	
06.164	环境物质形态	form of environmental substance	
06.165	环境物质迁移	transport of environmental substance	
06.166	物质流	material flow	
06.167	环境物质转化	transformation of environmental substance	
06.168	降解作用	degradation	
06.169	生物降解	biodegradation	
06.170	细菌作用	bacteria action	
06.171	吸附作用	adsorption	
06.172	硝化作用	nitrification	
06.173	累积作用	accumulative action	
06.174	累积因子	accumulative factor	
06.175	累积系数	accumulation coefficient	
06.176	滞留时间	residence time	
06.177	环境年代学	environmental chronology	
06.178	环境自净	environmental self-purification	
06.179	生物净化	biological purification	
06.180	环境异常	environmental anomaly	
06.181	区域地球化学异常	regional geochemical anomaly, areal geochemical anomaly	
06.182	环境效应	environmental effect	
06.183	苏斯效应	Suess effect	
06.184	健康效应	health effect	
06.185	温室效应	greenhouse effect	
06.186	环境影响	environmental influence	
06.187	污染	pollution	
06.188	沾污	contamination	
06.189	环境污染	environmental pollution	
06.190	污染源	pollution sources	

序　码	汉　文　名	英　文　名	注　　释
06.191	污染类型	pollution type	
06.192	地球化学污染调查	geochemical survey of pollution	
06.193	臭氧耗竭	ozone depletion	
06.194	放射性污染	radioactive pollution	
06.195	光化学烟雾	photochemical smog	
06.196	尘暴	dust storm, dust bowl, dust devil	
06.197	酸雨	acid precipitation, acid rain	
06.198	重金属污染	heavy metal pollution	
06.199	富营养化	eutrophication	
06.200	嫌氧过程	anaerobic process	
06.201	亲氧过程	aerobic process	
06.202	环境化学演化	chemical evolution of environment	
06.203	生物地球化学循环	biogeochemical cycle	
06.204	生态系[统]	ecosystem	
06.205	生态平衡	ecological balance	
06.206	生物累积	bioaccumulation	
06.207	生物富集	biological concentration	
06.208	核燃料废物	nuclear fuel waste	
06.209	临界浓度	critical concentration	
06.210	允许浓度	acceptable concentration	
06.211	允许剂量	acceptable dose	
06.212	允许环境极限	acceptable environment limit	
06.213	地方病	endemic disease	
06.214	水土病	acclimation fever	
06.215	克山病	Keshan disease	
06.216	大骨节病	Kaschin-Beck disease	
06.217	氟中毒	fluoride poisoning, fluorosis	
06.218	水俣病	Minamata disease	
06.219	痛痛病	itai-itai disease	
06.220	环境退化	environmental degradation	
06.221	环境变迁	environmental transition	
06.222	环境质量	environmental quality	
06.223	环境质量变异	environmental quality variation	
06.224	环境背景[值]	environmental background	
06.225	环境地球化学参	environmental geochemistry	

序码	汉文名	英文名	注释
	数	parameter	
06.226	环境质量参数	environmental quality parameter	
06.227	环境质量标准	environmental quality standard	
06.228	环境模拟	environmental simulation	
06.229	环境质量指数	environmental quality index	
06.230	污染指数	pollution index	
06.231	污染剂量	pollution dose	
06.232	干燥指数	aridity index	
06.233	环境质量评价	environmental quality assessment	
06.234	环境影响评价	environmental impact assessment	
06.235	环境质量图	environmental quality atlas	
06.236	环境区划	environmental regionalization	
06.237	环境规划	environmental planning	
06.238	实验地球化学	experimental geochemistry	
06.239	地球化学体系	geochemical system	
06.240	地球化学封闭体系	geochemical closed system	
06.241	地球化学开放体系	geochemical open system	
06.242	化学动力学	chemical kinetics	
06.243	元素活动性	mobility of element	
06.244	模拟实验	simulation experiment	
06.245	地球化学相	geochemical facies	
06.246	平衡相图	equilibrium phase diagram	
06.247	局部平衡	local equilibrium	
06.248	部分平衡	partial equilibrium	
06.249	部分熔融	partial melting	
06.250	液相线	liquidus	
06.251	固相线	solidus	
06.252	间歇熔融	batch melting	又称“批次熔融”。
06.253	熔融曲线	melting curve	
06.254	含水熔融曲线	hydrous melting curve	
06.255	不混熔岩浆	immiscible magma	
06.256	不混熔性	immiscibility	
06.257	混合晶体	mixed crystal	
06.258	类质同象混合物	isomorphic mixture	
06.259	淬火熔体	quench melt	

序码	汉文名	英文名	注释
06.260	聚合模型	polymerization model	
06.261	聚合物	polymer	
06.262	成网阳离子	network-former cation	
06.263	变网阳离子	network-modifier cation	
06.264	水岩作用	water-rock interaction	
06.265	自扩散作用	self-diffusion	
06.266	出溶	exsolution	
06.267	初始熔体	initial melt	
06.268	流体包裹体	fluid inclusion	
06.269	流体动力学	fluid dynamics	
06.270	金刚石压腔	diamond anvil cell	
06.271	高压釜	autoclave	
06.272	水热反应	hydrothermal reaction	
06.273	内加热高压容器	internally heated pressure vessel	
06.274	冷风口高压容器	cold seal pressure vessel	
06.275	活塞-缸筒设备	piston-cylinder apparatus	
06.276	温度梯度	temperature gradient	
06.277	浓度梯度	concentration gradient	
06.278	压力梯度	pressure gradient	
06.279	绝热压缩	adiabatic compression	
06.280	传压介质	pressure transmitting medium	
06.281	压力校正	pressure calibration	
06.282	脱水实验	dehydration experiment	
06.283	矿物合成	mineral synthesis	
06.284	水热系统	hydrothermal system	
06.285	矿物相变	phase transformation of mineral	
06.286	氧逸度	oxygen fugacity	
06.287	矿物化学	mineral chemistry	
06.288	宇宙化学	cosmochemistry	
06.289	天体化学	astrochemistry	
06.290	空间化学	space chemistry	
06.291	宇宙丰度	cosmic abundance	
06.292	元素起源	origin of element	
06.293	宇宙原子核合成	nucleosynthesis in universe	
06.294	恒星原子核合成	nucleosynthesis in star	
06.295	宇宙成因核素	cosmogenic nuclide	
06.296	散裂成因核素	spallogenic nuclide	

序　码	汉　文　名	英　文　名	注　　释
06.297	核年代学	nucleochronology	
06.298	宇宙年龄	age of universe	
06.299	元素年龄	age of element	
06.300	形成年龄	formation age	
06.301	气体保留年龄	gas retention age	
06.302	裂变径迹保留年龄	fission-track retention age	
06.303	宇宙线暴露年龄	cosmic ray exposure age	
06.304	陨石落地年龄	terrestrial age	
06.305	太阳系元素丰度	solar system abundance of element	
06.306	元素凝聚	condensation of elements	
06.307	原始同位素组成异常	primitive isotopic anomaly	
06.308	前生期化学演化	chemical evolution in prebiological period	
06.309	有机分子起源	origin of organic molecules	
06.310	无机起源	inorganic origin	
06.311	米勒－尤里反应	Miller-Urey reation	
06.312	比较行星学	comparative planetology	
06.313	月岩	lunar rock	
06.314	月壤	lunar regolith	
06.315	撞击坑	impact crater	又称“冲击坑”。
06.316	撞击角砾岩	suevite	
06.317	击变玻璃	diaplectic glass	
06.318	铱异常	iridium anomaly	
06.319	奥克洛现象	Oklo phenomenon	
06.320	石陨石	stony meteorite	
06.321	铁陨石	iron meteorite	
06.322	石铁陨石	stony-iron meteorite	
06.323	球粒陨石	chondrite	
06.324	无球粒陨石	achondrite	
06.325	月球陨石	lunar meteorite	
06.326	碳质球粒陨石	carbonaceous chondrite	
06.327	顽辉石球粒陨石	enstatite chondrite	
06.328	普通球粒陨石	ordinary chondrite	
06.329	橄榄紫苏球粒陨石	olivine-hypersthene chondrite	

序　码	汉　文　名	英　文　名	注　　释
06.330	橄榄古铜球粒陨石	olivine-bronzite chondrite	
06.331	贫钙无球粒陨石	calcium-poor achondrite	
06.332	富钙无球粒陨石	calcium-rich achondrite	
06.333	钙长辉长无球粒陨石	eucrite	
06.334	古铜钙长无球粒陨石	howardite	
06.335	橄榄陨铁	pallasite	
06.336	古铜－鳞英石铁陨石	siderophyre	
06.337	古铜－橄榄石铁陨石	bronzite-olivine stony-iron	
06.338	中铁陨石	mesosiderite, pyroxene-plagioclase stony-iron	又称“辉长石铁陨石”。
06.339	方陨铁	hexahedrite	
06.340	八面体铁陨石	octahedrite	
06.341	无结构铁陨石	ataxite	
06.342	熔壳	fusion crust	
06.343	富钙铝包体	calcium-aluminium-rich inclusion	
06.344	合纹石	plessite	
06.345	铁纹石	kamacite	
06.346	镍纹石	taenite	
06.347	陨硫铁	troilite	
06.348	金属镍铁	metal nickel-iron	
06.349	维德曼施泰滕相	Widmannstätten pattern	
06.350	诺依曼线	Neumann line	
06.351	球粒	chondrule	
06.352	陨氯铁	lawrencite	
06.353	熔长石	maskelynite	
06.354	白磷钙石	whitlockite	
06.355	静海石	tranquillityite	
06.356	三斜铁辉石	pyroxferroite	
06.357	行星际尘[埃]	interplanetary dust	
06.358	玻璃陨石	tektite	又称“雷公墨”。
06.359	微玻璃陨石	microtektite	

序码	汉文名	英文名	注释
06.360	有机地球化学	organic geochemistry	
06.361	分子有机地球化学	molecular organic geochemistry	
06.362	生物标志化合物	biomarker, biological marker compound	
06.363	烷烃馏分	aliphatic fraction	
06.364	正烷烃分布	distribution of *n*-alkanes	
06.365	正烷烃奇偶优势	odd-even predominance of *n*-alkanes	
06.366	有机含硫化合物	sulfur-containing organic compound	
06.367	氨基酸类化合物	amino acids	
06.368	氨基酸年代学	amino acids age determination	
06.369	烷基苯系列化合物	alkyl benzenes	
06.370	烷基萘系列化合物	alkyl naphthalenes	
06.371	烷基菲系列化合物	alkyl phenanthrenes	
06.372	烷基联苯化合物	alkyl biphenyls	
06.373	生源物	precursor compound	
06.374	石油地球化学	petroleum geochemistry	
06.375	干酪根	kerogen	
06.376	成熟度	maturity	
06.377	有机质成熟度	maturity of organic matter	
06.378	生油门限	threshold of oil generation	
06.379	生油液态窗	liquid window of oil generation	
06.380	古地温	paleogeotemperature	
06.381	时间温度指数	time temperature index, TTI	
06.382	生油岩评价	source rock evaluation	
06.383	煤地球化学	coal geochemistry	
06.384	天然气地球化学	natural gas geochemistry	
06.385	生物成因气	biogenetic gas	
06.386	热成熟成因气	gas from thermomaturation of organic matter	
06.387	无机成因气	inorganic genetic gas	
06.388	金属有机矿化作	metallo-organic matter	

序码	汉文名	英文名	注释
	用	mineralization	
06.389	金属有机络合物	metallo-organic complex	
06.390	有机质热模拟	thermo-simulation of organic matter	
06.391	碳循环	carbon cycle	
06.392	氮循环	nitrogen cycle	
06.393	硫循环	sulfur cycle	
06.394	微生物地质作用	microbio-geological process	
06.395	矿床地球化学	mineral deposit geochemistry	
06.396	构造地球化学	tectono-geochemistry	
06.397	地层地球化学	stratigraphic geochemistry	
06.398	无机地球化学	inorganic geochemistry	
06.399	核地球化学	nuclear geochemistry	
06.400	地球内部化学	interior chemistry of earth	
06.401	地幔地球化学	mantle geochemistry	
06.402	海洋地球化学	marine geochemistry	
06.403	水文地球化学	hydrogeochemistry	
06.404	地热地球化学	geothermal geochemistry	
06.405	景观地球化学	landscape geochemistry	
06.406	物理地球化学	physical geochemistry	
06.407	低温地球化学	low temperature geochemistry	
06.408	温压地球化学	thermobarogeochemistry	又称“热压地球化学”。
06.409	地球化学自组织	geochemical self-organization	
06.410	应用地球化学	applied geochemistry	
06.411	勘查地球化学	exploration geochemistry	
06.412	地球化学勘查	geochemical exploration	
06.413	地球化学探矿	geochemical prospecting	
06.414	地球化学环境	geochemical environment	
06.415	原生环境	primary environment	
06.416	次生环境	secondary environment	
06.417	酸性环境	acid environment	
06.418	碱性环境	alkaline environment	
06.419	氧化环境	oxidizing environment	
06.420	还原环境	reducing environment	
06.421	地球化学障	geochemical barrier	
06.422	地球化学分散	geochemical dispersion	

序　码	汉　文　名	英　文　名	注　　释
06.423	地球化学活动性	geochemical mobility	
06.424	地球化学背景	geochemical background	
06.425	背景值	background value	
06.426	区域背景	regional background	
06.427	局部背景	local background	
06.428	地球化学异常	geochemical anomaly	
06.429	异常下限	threshold	
06.430	衬度	contrast	
06.431	岩石异常	rock anomaly	
06.432	土壤异常	soil anomaly	
06.433	水系异常	drainage anomaly	
06.434	原生异常	primary anomaly	
06.435	次生异常	secondary anomaly	
06.436	同生异常	syngenetic anomaly	
06.437	后生异常	epigenetic anomaly	
06.438	内生异常	endogenetic anomaly	
06.439	表生异常	hypogene anomaly	
06.440	地球化学省	geochemical province	
06.441	分散场	dispersion field	
06.442	分散流	dispersion train	
06.443	正异常	positive anomaly	
06.444	负异常	negative anomaly	
06.445	假异常	false anomaly	
06.446	叠加异常	superimposed anomaly	
06.447	有意义异常	significant anomaly	
06.448	无意义异常	non-significant anomaly	
06.449	异常强度	anomaly intensity	
06.450	异常衬度	anomaly contrast	
06.451	异常规模	anomaly dimension	
06.452	异常衰减模式	anomaly decay pattern	
06.453	航空化探	airborne geochemical exploration	
06.454	海洋化探	marine geochemical exploration	
06.455	岩石地球化学测量	geochemical rock survey	
06.456	土壤地球化学测量	geochemical soil survey	
06.457	水系沉积物测量	stream sediment survey	

序码	汉文名	英文名	注释
06.458	水地球化学测量	geochemical water survey	
06.459	气体地球化学测量	geochemical gas survey	
06.460	生物地球化学测量	biogeochemical survey	
06.461	地植物方法	geobotanical method	
06.462	原生晕	primary halo	
06.463	渗漏晕	leakage halo	
06.464	分散晕	dispersion halo	
06.465	扩散晕	diffusion halo	
06.466	累加晕	additive halo	
06.467	累乘晕	multiplicative halo	
06.468	分带序列	zoning sequence	
06.469	轴向分带	axial zoning	
06.470	纵向分带	longitudinal zoning	
06.471	横向分带	transversal zoning	
06.472	浓集中心	concentration center	
06.473	生物吸收系数	biological absorption coefficient, BAC	
06.474	相对吸收系数	relative absorption coefficient, RAC	
06.475	季节性吸收系数	temporal absorption coefficient, TAC	
06.476	活动元素吸收系数	mobile element absorption coefficient, MAC	
06.477	器官系数	acropetal coefficient, AC	
06.478	指示植物	indicator plant	
06.479	试点测量	orientation survey	
06.480	试生产测量	pilot survey	
06.481	地球化学填图	geochemical mapping	
06.482	区域地球化学测量	regional geochemical survey	
06.483	地球化学普查	geochemical reconnaissance	
06.484	地球化学详查	geochemical detailed survey	
06.485	靶区优选	target selection	
06.486	质量监控	data quality monitoring	
06.487	最佳估计值	best estimate	

序　码	汉　文　名	英　文　名	注　　释
06.488	偏倚	bias	
06.489	偏提取	partial extraction	
06.490	循序提取	sequential extraction	
06.491	冷提取	cold extraction	
06.492	随机采样	random sampling	
06.493	分域采样	stratigraphical sampling	
06.494	谱系采样	hierarchical sampling	
06.495	格子采样	cell sampling	
06.496	测线采样	profile sampling	
06.497	线金属量	linear productivity	
06.498	面金属量	areal productivity	
06.499	探途元素	pathfinder element	
06.500	指示元素	indicator element	
06.501	地球化学标记	geochemical signature	
06.502	地球化学指纹	geochemical fingerprint	

07. 矿床地质学

序　码	汉　文　名	英　文　名	注　　释
07.001	矿床地质学	mineral deposit geology	
07.002	矿床	mineral deposit	
07.003	成矿学	metallogeny	
07.004	经济地质学	economic geology	
07.005	经济矿床	economic mineral deposit	
07.006	金属矿床	ore deposit	
07.007	矿产经济学	mineral economics	
07.008	矿产普查	mineral prospecting	
07.009	矿产勘查	mineral exploration	
07.010	矿产开发	mineral exploitation	
07.011	勘查地质学	exploration and prospecting geology	
07.012	矿山地质学	mining geology	
07.013	矿床模式	mineral deposit model	
07.014	矿石矿物学	ore mineralogy	
07.015	资源	resources	
07.016	储量	reserve	

序码	汉文名	英文名	注释
07.017	矿石品位	grade of ore	
07.018	边界品位	cutoff grade	
07.019	资源评价	resources assessment	
07.020	矿石	ore	
07.021	脉石	gangue	
07.022	矿点	ore occurrence	
07.023	盲矿	blind ore	
07.024	隐伏矿	buried ore	
07.025	远景区	prospect	
07.026	矿田	ore field	
07.027	矿区	ore district	
07.028	成矿带	metallogenic belt	
07.029	成矿区	metallogenic region	
07.030	成矿省	metallogenic province	
07.031	成矿域	metallogenic domain, metallogenic megaprovince	
07.032	矿化作用	mineralization	
07.033	矿物组合	mineral association, mineral assemblage	
07.034	成矿作用	metallogenesis, minerogenesis	
07.035	成矿预测	metallogenic prediction	
07.036	内生作用	endogenesis	
07.037	外生作用	exogenesis	
07.038	成矿系列	minerogenetic series, metallogenic series	又称“成矿序列”。
07.039	成矿期	metallogenic epoch	
07.040	伴生矿物	associate mineral	
07.041	共生矿物	paragenetic mineral	
07.042	铁帽	gossan	
07.043	容矿岩	host rock	
07.044	围岩	country rock, wall rock	
07.045	富矿体	ore shoot	
07.046	大矿囊	bonanza	
07.047	富金线	pay streak	
07.048	矿源层	source bed	
07.049	矿源岩	source rock	
07.050	矿化流体	mineralizing fluid	

序　码	汉　文　名	英　文　名	注　　释
07.051	矿浆	ore magma	
07.052	矿化剂	mineralizer	
07.053	受变质硅铁建造	metamorphosed cherty iron formation	
07.054	条带状硅铁建造	banded cherty iron formation	
07.055	铁英岩	itabirite, taconite	
07.056	多金属结核	polymetallic nodule	
07.057	石英喷流岩	quartz exhalite	
07.058	热流柱	plume	
07.059	水热喷发	hydrothermal eruption	
07.060	传导热流模拟	conductive heat flow modelling	
07.061	岩浆－大气水水热系统	magmatic-meteoric hydrothermal system	
07.062	海底黑烟柱	black smoker	
07.063	对流循环	convective circulation	
07.064	流体－岩石交互作用	fluid-rock interaction	
07.065	海底喷流作用	submarine exhalative process	
07.066	水热流体	hydrothermal fluid	
07.067	水热通道	hydrothermal channel	曾用名“热液通道”。
07.068	地热系统	geothermal system	
07.069	流体对流	fluid convection	
07.070	热传导作用	heat transfer process	
07.071	海底热泉	submarine hot spring	
07.072	同生水热作用	syngenetic hydrothermal process	
07.073	热卤水库	hot brine reservoir	
07.074	水热对流单元	convective hydrothermal cell	
07.075	火山－构造拗陷	volcano-tectonic depression	
07.076	分散系数	dispersion coefficient	
07.077	富集系数	concentration coefficient	
07.078	残积和机械富集作用	residual and mechanical concentration	
07.079	分凝作用	segregation	
07.080	生物成因作用	biogenic process	
07.081	胶体沉积	colloidal deposition	
07.082	水热蚀变	hydrothermal alteration	曾用名“热液蚀变”。
07.083	围岩蚀变	wallrock alteration	

序码	汉文名	英文名	注释
07.084	褪色作用	decolorization	
07.085	黄铁绢英岩化	beresitization	
07.086	绿泥石化	chloritization	
07.087	碳酸盐岩化	carbonatization	
07.088	方解石化	calcitization	
07.089	青磐岩化	propylitization	
07.090	蛇纹石化	serpentinization	
07.091	泥化	argillization	
07.092	绢云母化	sericitization	
07.093	高岭土化	kaolinization	
07.094	红土化	lateritization	
07.095	绿柱石化	berylitization	
07.096	硅铍石化	bertranditization	
07.097	叶蜡石化	pyrophyllitization	
07.098	钾化带	potassic zone	
07.099	绢英带	phyllic zone	
07.100	云英岩	greisen	
07.101	硫化物矿床氧化带	oxidized zone of sulfide deposit	
07.102	次生富集带	zone of secondary enrichment	
07.103	垂直分带	vertical zoning	
07.104	水平分带	horizontal zoning	
07.105	沉淀分带	precipitation zoning	
07.106	间歇分带	intermittent zoning	
07.107	脉动分带	pulsative zoning	
07.108	顺向分带	normal zoning	
07.109	逆向分带	reverse zoning	
07.110	网脉状矿石带	stockwork ore zone	
07.111	席状矿体	manto	又称“平卧矿体”。
07.112	溶洞充填	solution-cavity filling	
07.113	裂隙脉	fissure vein	
07.114	皮壳状脉	crustified vein	
07.115	网格构造	boxwork	
07.116	梯状脉	ladder vein	
07.117	鞍状脉	saddle reef	
07.118	浸染状构造	disseminated structure	
07.119	脉状构造	vein structure	

序码	汉文名	英文名	注释
07.120	马尾丝状构造	horsetail structure	
07.121	同心环状构造	concentric structure	
07.122	梳状构造	comb structure	
07.123	晶簇构造	drusy structure	
07.124	胶状构造	colloform structure	
07.125	皮壳状构造	crusty structure	
07.126	鲕状构造	oolitic structure	
07.127	豆状构造	pisolitic structrue	
07.128	肾状构造	reniform structure	
07.129	葡萄状构造	botryoidal structure	
07.130	蜂巢状构造	honeycomb structure	
07.131	角砾状构造	brecciated structure	
07.132	叶片状构造	leaf-like structure	
07.133	残余构造	relict structure	
07.134	皱纹构造	plicate structure	
07.135	乳滴状结构	emulsion texture	
07.136	格子状结构	grating texture	
07.137	海绵陨铁结构	sideronitic texture	
07.138	交代残余结构	metasomatic relict texture	
07.139	骸晶结构	skeleton texture	
07.140	黑色金属矿床	ferrous metal deposit	
07.141	有色金属矿床	nonferrous metal deposit	
07.142	贵金属矿床	precious metal deposit	
07.143	稀土金属矿床	rare earth metal deposit	
07.144	正岩浆矿床	orthomagmatic mineral deposit	
07.145	结晶分异矿床	crystallization-differentiation deposit	
07.146	熔离矿床	liquation deposit	
07.147	岩浆矿床	magmatic mineral deposit	
07.148	早期岩浆分凝型矿床	early magmatic segregation-type deposit	
07.149	岩浆贯入型矿床	magmatic injection-type deposit	
07.150	晚期残余岩浆型矿床	late residual magma-type deposit	
07.151	铬铁矿浆	chromite ore magma	
07.152	阿尔卑斯型铬铁矿床	chromite deposit of Alpine-type	

序码	汉文名	英文名	注释
07.153	岩浆晚期分异型矿床	late magmatic differentiation-type mineral deposit	
07.154	高温交代矿床	pyrometasomatic deposit	
07.155	玢岩铁矿床	porphyrite iron deposit	
07.156	矿浆型铁矿床	ore magma iron deposit	
07.157	碳酸岩型稀土矿床	carbonatite-type rare earth deposit	
07.158	亲花岗岩矿床	granophile deposit	
07.159	岩浆期后矿床	post-magmatic mineral deposit	
07.160	水热矿床	hydrothermal deposit	曾用名“热液矿床”。
07.161	高温水热矿床	hypothermal deposit	
07.162	中温水热矿床	mesothermal deposit	
07.163	低温水热矿床	epithermal deposit	
07.164	浅成高温水热矿床	xenothermal deposit	
07.165	叠套矿床	telescoped deposit	又称“叠生矿床”。
07.166	斑岩铜矿床	porphyry copper deposit	
07.167	细脉浸染型钼矿床	stockwork and disseminated molybdenum deposit	
07.168	碳酸盐岩铅锌交代矿床	metasomatic lead-zinc deposit in carbonate rock	
07.169	火山成因矿床	volcanogenic mineral deposit	
07.170	喷流矿床	exhalation deposit	
07.171	沉积喷流矿床	sedimentary exhalative deposit	
07.172	地下热[卤]水型矿床	hot geothermal brine type deposit	
07.173	火山成因块状硫化物矿床	volcanogenic massive sulfide deposit	
07.174	黑矿型矿床	kuroko deposit	
07.175	含铜页岩型矿床	kupferschiefer type deposit	
07.176	远火山活动金属矿床	distal ore deposit	
07.177	近火山活动金属矿床	proximal ore deposit	
07.178	卡林型金矿床	Carlin-type gold deposit	
07.179	火山沉积型矿床	volcano-sedimentary deposit	
07.180	鞍山式铁矿床	Anshan-type of iron deposit	

序　码	汉 文 名	英 文 名	注　　释
07.181	密西西比河谷式铅锌矿床	Mississippi-valley lead-zinc deposit	
07.182	沉积矿床	sedimentary deposit	
07.183	浅海相沉积矿床	neritic sedimentary deposit	
07.184	海陆交替相沉积矿床	paralic sedimentary deposit	
07.185	同生矿床	syngenetic deposit	
07.186	后生矿床	epigenetic deposit	
07.187	变质矿床	metamorphic mineral deposit	
07.188	热泉矿床	hot spring deposit	
07.189	层控矿床	strata-bound mineral deposite	
07.190	层状矿床	stratiform deposit	
07.191	重砂矿床	heavy mineral deposit	
07.192	海滨砂矿	beach placer	
07.193	再生矿床	regenerated deposit	
07.194	风化矿床	mineral deposit by weathering	
07.195	风化壳矿床	weathering crust mineral deposit	
07.196	残积矿床	residual deposit	
07.197	淋积矿床	leaching deposit	
07.198	风化壳离子吸附型稀土矿床	weathering crust ion-adsorbed REE deposit	
07.199	砂矿床	placer	
07.200	铀矿地质学	uranium geology	
07.201	铀矿床	uranium deposit	
07.202	勒辛型铀矿床	Rössing-type uranium deposit	
07.203	微晶石英型铀矿	U-ore of microcrystalline quartz type	
07.204	氢交代作用	hydrogen metasomatism	
07.205	含氧系数	oxygen coefficient	
07.206	铀氧化－还原过渡带	redox transitional zone of uranium	
07.207	氡法测量	radon measurement	
07.208	放射性测量	radioactive measurement	
07.209	活性碳法	absorbent charcoal method	
07.210	矿－岩时差	rock-ore formation time interval	
07.211	矿顶相	facies of ore body top	
07.212	矿根相	facies of ore body root	

序　码	汉　文　名	英　文　名	注　　释
07.213	卷状铀矿体	uranium roll	
07.214	板状铀矿体	tabular U-ore body	
07.215	活性铀	mobile uranium	
07.216	惰性铀	immobile uranium	
07.217	沥青铀矿	pitchblende	
07.218	铀石	coffinite	
07.219	铀黑	uranium black	
07.220	成矿壳层	ore-forming level	
07.221	含铀页岩	uranium-bearing shale	
07.222	含铀硅岩	uranium-bearing silicalite	
07.223	含铀胶磷矿	uraniferous collophane	
07.224	钍铀比	Th/U ratio	
07.225	铀活化	uranium mobilization	
07.226	铀氧化带	uranium oxidized zone	
07.227	铀还原带	uranium reduction zone	
07.228	铀－镭平衡	U-Ra equilibrium	
07.229	放射性衰变	radioactive decay	
07.230	自发裂变	spontaneous fission	
07.231	产铀岩体	uranium productive massif	
07.232	富铀岩体	uranium-rich massif	
07.233	基底成熟度	basement maturity	
07.234	双断裂夹持区	sandwiched area of double fracture zone	
07.235	粗铅法	rough lead method	
07.236	吸附铀	adsorption uranium	
07.237	铀地球化学旋回	geochemical cycle of uranium	
07.238	水云母化	hydromicazation	
07.239	蒙脱石化	montmorillonitization	
07.240	铀－磷型矿化	mineralization of U-P type	
07.241	铀－钛型矿化	mineralization of U-Ti type	
07.242	铀－汞型矿化	mineralization of U-Hg type	
07.243	铀－铁型矿化	mineralization of U-Fe type	
07.244	绿泥石型铀矿	U-ore of chlorite type	
07.245	热改造型铀矿	thermal reworked type uranium deposit	
07.246	碱性岩型铀矿	alkaline rock type uranium deposit	
07.247	伟晶岩型铀矿	pegmatite uranium deposit	

序码	汉文名	英文名	注释
07.248	淋积型铀矿	leaching type uranium deposit	
07.249	爆破角砾岩型铀矿	U-ore of explosion-breccia type	
07.250	钾交代型铀矿	potassic-metasomatism type uranium deposit	
07.251	钠交代型铀矿	sodic-metasomatism type uranium deposit	
07.252	碱交代型铀矿	alkalic-metasomatism type uranium deposit	
07.253	萤石型铀矿	fluorite type U-ore	
07.254	粘土化蚀变型铀矿	argillified type U-ore	
07.255	硅化带型铀矿	silicified zone type U-ore	
07.256	砾岩型铀矿	conglomerate type U-ore	
07.257	砂岩型铀矿	sandstone type U-ore	
07.258	火山岩型铀矿	volcanic type U-ore	
07.259	花岗岩型铀矿	granite type U-ore	
07.260	碳硅泥岩型铀矿	carbonaceous siliceous-pelitic rock type U-ore	
07.261	不整合脉型铀矿	unconformity-vein type uranium deposit	
07.262	非金属矿床学	geology of nonmetallic deposit	
07.263	非金属矿床	nonmetallic deposit	
07.264	工业矿物和岩石	industrial minerals and rocks	
07.265	建筑材料	constructional materials, building materials	
07.266	石材	dimension stone	
07.267	化工和化肥原料	chemical and fertilizer raw materials	
07.268	耐火材料	refractory materials	
07.269	铸造材料	founding materials	
07.270	水泥原料	cement raw materials	
07.271	玻璃原料	glass raw materials	
07.272	陶瓷原料	ceramic raw materials	
07.273	集料	aggregate	
07.274	研磨材料	abrasive materials	
07.275	隔热隔音材料	thermal and sound insulating	

序码	汉文名	英文名	注释
		materials	
07.276	陶粒原料	haydite materials	
07.277	矿棉	mineral wool	
07.278	珍珠岩矿床	perlite deposit	
07.279	石棉矿床	asbestos deposit	
07.280	蓝石棉矿床	crocidolite deposit	又称“青石棉矿床”。
07.281	石墨矿床	graphite deposit	
07.282	高岭土矿床	kaolin deposit	
07.283	球土	ball clay	
07.284	石膏矿床	gypsum deposit	
07.285	滑石矿床	talc deposit	
07.286	硅灰石矿床	wollastonite deposit	
07.287	叶蜡石矿床	pyrophyllite deposit	
07.288	压电石英矿床	piezoquartz deposit	
07.289	熔炼石英矿床	fused quartz deposit	
07.290	光学石英矿床	optical quartz deposit	
07.291	粘土矿床	clay deposit	
07.292	凹凸棒石矿床	attapulgite deposit	
07.293	海泡石矿床	sepiolite deposit	
07.294	膨润土	bentonite	
07.295	漂白土	fuller's earth	
07.296	酸性白土	acid clay	
07.297	水泥石灰岩	cement limestone	
07.298	高铝矿物	high aluminum mineral	
07.299	沸石矿床	zeolite deposit	
07.300	绿松石矿床	turquoise deposit	
07.301	宝石	gemstone	
07.302	玉石	jade	
07.303	金刚石矿床	diamond deposit	
07.304	云母矿床	mica deposit	
07.305	碘矿床	iodine deposit	
07.306	萤石矿床	fluorite deposit	
07.307	重晶石矿床	barite deposit	
07.308	黄铁矿矿床	pyrite deposit	
07.309	自然硫矿床	native sulfur deposit	
07.310	菱镁矿矿床	magnesite deposit	
07.311	磷灰石矿床	apatite deposit	

序码	汉文名	英文名	注释
07.312	磷酸盐矿床	phosphate deposit	
07.313	磷块岩矿床	phosphorite deposit	
07.314	鸟粪石磷矿床	guano-type phosphate deposit	
07.315	硼矿床	boron deposit	
07.316	硼镁石矿床	ascharite deposit, szaibelyite deposit	
07.317	盐类矿床	salt deposit	
07.318	蒸发岩矿床	evaporite deposit	
07.319	光卤石矿床	carnallite deposit	
07.320	杂卤石矿床	polyhalite deposit	
07.321	钾芒硝矿床	glaserite deposit	
07.322	石盐矿床	halite deposit	
07.323	钾盐矿床	sylvite deposit	
07.324	天然碱矿床	trona deposit	
07.325	碱湖	natron lake	又称“苏打湖”。
07.326	钠硝石矿床	soda niter deposit, nitratine deposit	又称“智利硝石矿床”。
07.327	芒硝矿床	mirabilite deposit	
07.328	干盐湖	playa	
07.329	盐滩	salt flat	又称“盐坪”。
07.330	上升洋流磷矿成矿模式	upwelling-current model of phosphate deposit	
07.331	塞卜哈成盐模式	sabkha salt model	
07.332	煤	coal	又称“煤炭”。
07.333	煤田地质学	coal geology	又称“煤地质学”。
07.334	煤岩学	coal petrology, coal petrography	
07.335	煤矿地质	coal mining geology	
07.336	聚煤区	coal accumulating region	
07.337	煤盆地	coal basin	又称“聚煤盆地”。
07.338	煤田	coalfield	
07.339	聚煤作用	coal accumulation	
07.340	聚煤期	coal-forming period	
07.341	含煤岩系	coal-bearing series, coal measures	简称“煤系”。
07.342	近海型含煤岩系	paralic coal-bearing series	
07.343	内陆型含煤岩系	limnic coal-bearing series	
07.344	煤沉积模式	sedimantary model of coal	

序码	汉文名	英文名	注释
07.345	含煤岩系旋回结构	sedimentary cycle in coal-bearing series	
07.346	含煤岩系古地理	paleogeography of coal-bearing series	
07.347	原地生成煤	autochthonous coal	
07.348	异地生成煤	allochthonous coal	
07.349	微异地生成煤	hypautochthonous coal	
07.350	泥炭化作用	peat formation	
07.351	腐泥化作用	putrefaction, saprofication	
07.352	煤化作用	coalification	
07.353	煤变质作用	coal metamorphism	
07.354	煤成岩作用	coal diagenesis	
07.355	煤相	coal facies	
07.356	煤层	coal seam	
07.357	煤层分叉	bifurcation of coal seam	
07.358	夹矸	parting, dirt band	
07.359	煤核	coal ball	
07.360	煤层对比	correlation of coal seam	
07.361	煤级	coal rank	
07.362	等煤级线	isorank	
07.363	等反射率线	isoreflectance line	
07.364	反射率分析法	reflectance analysis	
07.365	希尔特规律	Hilt's rule	
07.366	煤垩	smut	
07.367	煤华	blossom	
07.368	腐植煤	humulite	又称"腐殖煤"。
07.369	腐泥煤	sapropelite	
07.370	腐植腐泥煤	humosapropelic coal	又称"腐殖腐泥煤"。
07.371	残植煤	liptobiolite	又称"残殖煤"。
07.372	褐煤	lignite, brown coal	
07.373	烟煤	bituminous coal	
07.374	长焰煤	long-flame coal	
07.375	气煤	gas coal	
07.376	肥煤	fat coal	
07.377	焦煤	coking coal	
07.378	瘦煤	lean coal	
07.379	贫煤	meagre coal	

序　码	汉 文 名	英 文 名	注　　释
07.380	无烟煤	anthracite	
07.381	天然焦	natural coke	
07.382	腐泥	sapropel	
07.383	硬腐泥	saprocol	
07.384	腐泥褐煤	saprodite	
07.385	腐泥烟煤	sapanthracon	
07.386	腐泥无烟煤	sapanthracite	
07.387	胶泥煤	saprocollite	
07.388	藻煤	boghead coal	
07.389	藻烛煤	torbanite	
07.390	烛煤	cannel coal	
07.391	乐平煤	Loping coal，lopite	
07.392	煤精	jet	
07.393	成煤物质	coal-forming material	
07.394	煤成气	coal gas	
07.395	光亮煤	bright coal	
07.396	半亮煤	semibright coal	
07.397	半暗煤	semidull coal	
07.398	暗淡煤	dull coal	
07.399	凝胶化作用	gelification	
07.400	丝炭化作用	fusinization	
07.401	镜煤	vitrain	
07.402	亮煤	clarain	
07.403	暗煤	durain	
07.404	丝炭	fusain	
07.405	显微组分	maceral	
07.406	镜质组	vitrinite	
07.407	结构镜质体	telinite	
07.408	无结构镜质体	collinite	
07.409	碎屑镜质体	vitrodetrinite	
07.410	壳质组	exinite	又称“稳定组”。
07.411	孢子体	sporinite	
07.412	角质体	cutinite	
07.413	树脂体	resinite	
07.414	藻类体	alginite	
07.415	碎屑壳质体	liptodetrinite	又称“碎屑稳定体”。
07.416	惰质组	inertinite	

序　码	汉　文　名	英　文　名	注　　释
07.417	微粒体	micrinite	
07.418	粗粒体	macrinite	
07.419	半丝质体	semifusinite	
07.420	丝质体	fusinite	
07.421	菌类体	sclerotinite	
07.422	碎屑惰质体	inertodetrinite	
07.423	腐植组	huminite	
07.424	结构腐植体	humotelinite	
07.425	无结构腐植体	humocollinite	
07.426	碎屑腐植体	humodetrinite	
07.427	沥青质体	bituminite	
07.428	叶绿素体	chlorophyllinite	
07.429	木栓质体	suberinite	
07.430	显微煤岩类型	microlithotype	
07.431	微镜煤	vitrite	
07.432	微壳煤	liptite	又称“微稳定煤”。
07.433	微惰煤	inertite	
07.434	微亮煤	clarite	
07.435	微镜惰煤	vitrinertite	
07.436	微暗煤	durite	
07.437	微三合煤	trimacerite	
07.438	石油地质学	petroleum geology	
07.439	油田	oil field	
07.440	气田	gas field	
07.441	油藏	oil pool	
07.442	气藏	gas pool	
07.443	原油	crude oil	
07.444	轻质油	light oil	
07.445	重质油	heavy oil	
07.446	沥青	bitumen, asphalt	
07.447	油砂	oil sand	
07.448	油苗	oil seepage	
07.449	气苗	gas seepage	
07.450	油页岩	oil shale	
07.451	沥青砂	tar sand	
07.452	石蜡	wax, paraffin wax	
07.453	地蜡	ozocerite	

序码	汉文名	英文名	注释
07.454	地沥青	land asphalt	
07.455	天然气	natural gas	
07.456	溶解气	dissolved gas	
07.457	伴生气	associated gas	
07.458	干气	dry gas, lean gas	
07.459	湿气	wet gas, rich gas	
07.460	液化天然气	liquified natural gas, LNG	
07.461	天然气液	natural gas liquid	
07.462	凝析油	condensate oil	
07.463	凝析气田	condensate field	
07.464	储油气层	reservoir formation	
07.465	储层地质学	reservoir geology	
07.466	储层性质	reservoir property	
07.467	孔隙度	porosity	
07.468	含油饱和度	oil saturation	
07.469	含气饱和度	gas saturation	
07.470	含水饱和度	water saturation	
07.471	渗透率	permeability	
07.472	有效渗透率	effective permeability	
07.473	相对渗透率	relative permeability	
07.474	[原油]体积系数	formation volume factor	
07.475	[产层]有效厚度	net pay thickness	
07.476	溶解气驱储油层	depletion drive reservoir	
07.477	气顶气驱储油层	gas cap drive reservoir	
07.478	水驱储油层	water drive reservoir	
07.479	重力泄油储油层	gravity drive reservoir	
07.480	混合驱动储油层	combination drive reservoir	
07.481	基准井	key well, stratigraphic well	又称“参数井(parameter well)”。
07.482	探井	exploratory well	
07.483	预探井	preliminary prospecting well	
07.484	评价井	evaluation well, appraisal well	又称“详探井 (delineation well)”。
07.485	开发井	development well	
07.486	生产[油]井	producing well	
07.487	注水[油]井	water injection well	
07.488	石油初次运移	oil primary migration	

序　码	汉　文　名	英　文　名	注　　释
07.489	石油二次运移	oil secondary migration	
07.490	石油聚集	oil accumulation	
07.491	石油产状	oil occurrence	
07.492	气油比	gas-oil ratio	
07.493	石油产量	oil production rate	
07.494	含油面积	oil-bearing area	
07.495	含油地层	oil-bearing formation	
07.496	烃源岩	source rock, source bed	又称"生油岩"。
07.497	储油构造	oil-bearing structure	
07.498	油柱高度	oil column height	又称"油藏含油高度"。
07.499	油气界面	oil-gas contact	
07.500	油水界面	oil-water contact	
07.501	产油区	oil producing region	
07.502	海上油气田	offshore oil gas field	
07.503	陆上油气田	onshore oil gas field	
07.504	含油气盆地	petroliferous basin	
07.505	含油气省	petroleum province	
07.506	含油气区	petroleum region	
07.507	背斜构造理论	anticline theory	
07.508	含油气构造	oil gas structure	
07.509	含油气圈闭	oil gas trap	
07.510	构造圈闭	structural trap	
07.511	隐蔽圈闭	subtle trap	
07.512	地层圈闭	stratigraphic trap	
07.513	岩性圈闭	lithologic trap	
07.514	不整合圈闭	unconformity trap	
07.515	潜山圈闭[构造]	buried-hill trap [sturcture]	
07.516	断层圈闭	fault trap	
07.517	礁圈闭[构造]	reef trap [structure]	
07.518	盐丘圈闭[构造]	salt dome trap [structure]	
07.519	披覆构造	draping structure	
07.520	滚动背斜构造	rollover anticline structure	

08. 水文地质学

序码	汉文名	英文名	注释
08.001	水文地质学	hydrogeology	
08.002	区域水文地质学	regional hydrogeology	
08.003	同位素水文地质	isotope hydrogeology	
08.004	地下水动力学	groundwater dynamics	
08.005	供水水文地质学	water supply hydrogeology	
08.006	矿床水文地质学	mineral deposit hydrogeology	
08.007	古水文地质学	paleohydrogeology	
08.008	水文地质分区	hydrogeological division	
08.009	水文地质勘查	hydrogeological investigation	
08.010	水文地质条件	hydrogeological condition	
08.011	地下水	groundwater	
08.012	潜水	phreatic water	
08.013	承压水	confined water	
08.014	自流水	artesian water	
08.015	孔隙水	pore water	
08.016	裂隙水	fissure water	
08.017	土壤水	soil water	
08.018	喀斯特水	karst water	又称“岩溶水”。
08.019	毛细管水	capillary water	
08.020	凝结水	condensation water	
08.021	薄膜水	film water, pellicular water	
08.022	结晶水	crystal water, water of crystallization	
08.023	吸着水	hydroscopic water	
08.024	沉积水	sedimental water	
08.025	混合水	admixing water	
08.026	渗流水	seepage water	
08.027	重力水	gravitational water, gravity water	
08.028	再生水	epigenetic water	又称“次生水”。
08.029	上层滞水	perched water	
08.030	原生水	primary water, juvenile water	
08.031	浅层水	shallow seated groundwater	

序码	汉文名	英文名	注释
08.032	包气带	aeration zone	
08.033	包气带水	water of aeration zone	
08.034	饱水带	zone of saturation	
08.035	矿化水	mineralized water	
08.036	回灌水	recharge water	
08.037	放射性水	radioactive water	
08.038	饮用水	drinking water	
08.039	软水	soft water	
08.040	硬水	hard water	
08.041	[水]硬度	hardness of water	
08.042	暂时硬度	temporary hardness	
08.043	永久硬度	permanent hardness	
08.044	总硬度	total hardness	
08.045	封存水	connate water	
08.046	淡水	fresh water	
08.047	咸水	saline water	
08.048	盐水	salt water	
08.049	卤水	brine, salt brine	
08.050	冻结层上水	suprapermafrost water	
08.051	冻结层间水	interpermafrost water	
08.052	冻结层下水	subpermafrost water	
08.053	地下热水	geothermal water	
08.054	矿水	mineral water	
08.055	碳酸水	carbonated water	
08.056	高氟水	high-fluorine water	
08.057	矿坑水	mine water, pit water	
08.058	污染水	polluted water	
08.059	废水	waste water	
08.060	污水	sewage	
08.061	矿坑排水	mine drainage	
08.062	层间水	interstratified water	
08.063	深层水	deep seated water	
08.064	油田水	oil field water	
08.065	泉	spring	
08.066	上升泉	ascending spring	
08.067	下降泉	descending spring	
08.068	矿泉	mineral spring	

序　码	汉　文　名	英　文　名	注　　释
08.069	温泉	thermal spring	
08.070	断层泉	fault spring	
08.071	间歇泉	geyser	
08.072	喷泉	fountain, fount	
08.073	裂隙泉	fissure spring	
08.074	喀斯特泉	karst spring	又称“岩溶泉”。
08.075	酸性泉	acidulous spring	
08.076	碱性泉	alkaline spring	
08.077	沸泉	boiling spring	
08.078	接触泉	contact spring	
08.079	咸泉	saline spring	
08.080	硫磺泉	sulfur spring	
08.081	坎儿井	karez	
08.082	井	well	
08.083	自流井	artesian well	
08.084	完整井	fully penetrating well, complete penetrating well	
08.085	非完整井	partially penetrating well	
08.086	渗水井	absorbing well	
08.087	回灌井	recharge well	
08.088	集水井	collector well	
08.089	抽水井	pumping well	
08.090	地下河	underground river	
08.091	含水层	aquifer	
08.092	潜水含水层	phreatic aquifer	
08.093	承压含水层	confined aquifer	
08.094	非承压含水层	unconfined aquifer	
08.095	喀斯特含水层	karst aquifer	又称“岩溶含水层”。
08.096	透水层	permeable layer	
08.097	多孔介质	porous medium	
08.098	弱透水层	aquitard	
08.099	不透水层	aquifuge, impermeable layer	又称“隔水层”。
08.100	含水层边界	boundary of aquifer	
08.101	含水层系	water-bearing rock system	
08.102	含水岩组	water-bearing formation	
08.103	地下水系统	groundwater system	
08.104	地下水网络	groundwater network	

序码	汉文名	英文名	注释
08.105	地下水盆地	groundwater basin	
08.106	自流水盆地	artesian basin	
08.107	承压水盆地	confined water basin	
08.108	地下水补给区	recharge area of groundwater	
08.109	地下水排泄区	discharge area of groundwater	
08.110	地下水径流	groundwater runoff	
08.111	稳定流	steady flow	
08.112	非稳定流	unsteady flow	
08.113	层流	laminar flow	
08.114	层间越流	leakage	
08.115	均匀流	uniform flow	
08.116	非均匀流	nonuniform flow	
08.117	紊流	turbulent flow	
08.118	混合流	combined flow	
08.119	潜流	underground flow	
08.120	饱和水流	saturated flow	
08.121	非饱和水流	unsaturated flow	
08.122	一维流	one-dimensional flow	
08.123	二维流	two-dimensional flow	
08.124	三维流	three-dimensional flow	
08.125	地下水流速	velocity of groundwater flow	
08.126	富水性	water yield property	
08.127	富水程度	water storage capacity	
08.128	渗透性	permeability	
08.129	透水性	perviousness	
08.130	导水性	transmissivity	
08.131	隔水性	water resisting property	
08.132	地下径流系数	coefficient of groundwater runoff	
08.133	饱和系数	coefficient of water saturation	
08.134	释水系数	storativity, storage coefficient	又称“贮水系数”。
08.135	渗透系数	permeability coefficient	
08.136	导水系数	transmissibility coefficient	
08.137	压力传导系数	coefficient of pressure conductivity	
08.138	弥散系数	coefficient of dispersion	
08.139	水位	water level	
08.140	水头	hydraulic head	
08.141	等势线	equipotential line	

序码	汉文名	英文名	注释
08.142	潜水位	phreatic water level	
08.143	承压水位	confined level, piezometric level	
08.144	静止水位	static level	
08.145	初见水位	initial water level	
08.146	承压水头	confined head, piezometric head	
08.147	潜水面	phreatic water table level	
08.148	等水位线	phreatic water contour	
08.149	等水压线	piezometric contour	
08.150	水力联系	hydraulic connection	
08.151	水循环	water circulation, water cycle	
08.152	水位降深	dropdown	
08.153	水力梯度	hydraulic gradient	
08.154	地下水埋藏深度	depth of groundwater table	
08.155	含水量	water content	
08.156	持水量	moisture capacity	
08.157	涌水量	water yield	
08.158	需水量	water requirement	
08.159	水量平衡	hydraulic budget, water balance	又称“水均衡”。
08.160	地下水回灌	groundwater recharge	
08.161	地下水模型	groundwater model	
08.162	地下水污染	groundwater pollution	
08.163	地下水动态	groundwater regime	
08.164	地下水袭夺	groundwater capture	
08.165	地下水径流模数	modulus of groundwater runoff	
08.166	土壤水分特征曲线	characteristic curve of soil moisture	
08.167	地下水位坡降	gradient of groundwater level	
08.168	地下水类型	groundwater type	
08.169	水化学类型	hydrochemical type	
08.170	地下水水质	groundwater quality	
08.171	水质分析	water quality analysis	
08.172	水质全分析	complete water quality analysis	
08.173	水质评价	water quality evaluation	
08.174	水样	water sample	
08.175	淡咸水界面	interface of fresh-saline water	
08.176	矿井疏干	shaft draining	
08.177	抽水试验	pumping test	

序码	汉文名	英文名	注释
08.178	注水试验	water injection test	
08.179	压水试验	packer permeability test	
08.180	单孔抽水	single-well pumping	
08.181	群孔抽水	pumping of group wells	
08.182	影响半径	radius of influence	
08.183	突水	gush out	
08.184	水跃值	hydraulic jump, pressure jump	
08.185	井涌水量	well yield	
08.186	弥散晕	halo of water diffusion	
08.187	饱和度	saturation	
08.188	容水度	water capacity	
08.189	给水度	specific yield	
08.190	持水度	sustain capacity	
08.191	流网	flow net	
08.192	电模拟法	electrical analogue method	
08.193	R－C网络	R-C network	
08.194	地下水储量	groundwater reserves	
08.195	达西定律	Darcy's law	
08.196	地下水资源	groundwater resources	
08.197	地下水保护	groundwater conservation	
08.198	地下水天然资源	natural resources of groundwater	
08.199	矿化度	mineralization of water, total dissolved solid	
08.200	水化学	hydrochemistry	
08.201	盐度	salinity	
08.202	水迁移系数	coefficient of aqueous migration, water migration coefficient	
08.203	水化学场	hydrochemical field	
08.204	水质标准	water quality standard	
08.205	地热能	geothermal energy	
08.206	干蒸汽田	dry steam field	
08.207	湿蒸汽田	wet steam field	
08.208	对流型水热系统	convective hydrothermal system	
08.209	干热岩	hot dry rock	
08.210	地压型地热资源	geopressure geothermal resources	
08.211	活动地热系统	active geothermal system	
08.212	传导热梯度	conductive thermal gradient	

序　码	汉　文　名	英　文　名	注　　释
08.213	热导率	thermal conductivity	
08.214	地热活动	geothermal activity	
08.215	水热活动	hydrothermal activity	
08.216	地热省	geothermal province	
08.217	地热异常带	geothermal anomalous zone	
08.218	热水区	hydrothermal area	
08.219	水热爆炸	hydrothermal explosion	
08.220	自封闭	self-sealing	
08.221	喷气孔	fumarole	
08.222	放热地面	hot ground surface	
08.223	地下热卤水	underground geothermal brine	
08.224	热流体	geothermal fluid	
08.225	高焓流体	high-enthalpy fluid	
08.226	水汽比	liquid to steam ratio	
08.227	气汽比	gas to steam ratio	
08.228	汽水分离	steam-water separation	
08.229	热储	geothermal reservoir	
08.230	热储工程	geothermal reservoir engineering	
08.231	地热资源评价	geothermal resources assessment	
08.232	积存热量法	stored heat method	
08.233	天然热流量法	natural heat-flux method	
08.234	二氧化硅地热温标	silica geothermometer	
08.235	钾钠地热温标	sodium-potassium geothermometer	
08.236	同位素地热温标	isotopic geothermometer	
08.237	气体地热温标	gas geothermometer	
08.238	浅孔测温	shallow well thermometry	
08.239	温度测井	temperature logging	
08.240	热害	thermal damage, heat damage	
08.241	热污染	thermal pollution	
08.242	热应力	thermal stress	
08.243	地热异常	geothermal anomaly	
08.244	基准温度	base temperature	
08.245	焓氯图解	enthalpy-chloride diagram	
08.246	地热田	geothermal field	
08.247	地热工业	geothermal industry	

09. 工程地质学和环境地质学

序 码	汉 文 名	英 文 名	注 释
09.001	工程地质学	engineering geology	
09.002	区域工程地质学	regional engineering geology	
09.003	区域地壳稳定性	regional crustal stability	
09.004	工程动力地质学	engineering geodynamics	
09.005	岩体工程地质力学	engineering geomechanics of rock mass	
09.006	环境工程地质学	environmental engineering geology	
09.007	土力学	soil mechanics	
09.008	岩体力学	rock mechanics	
09.009	岩土工程	geotechnical engineering	
09.010	工程地质调查	engineering geological survey	
09.011	工程地质勘察	engineering geological investigation	
09.012	工程地质测绘	engineering geological mapping	
09.013	地下工程	underground engineering	
09.014	土质改良	soil improvement	
09.015	地基	foundation	
09.016	破坏变形	failure deformation	
09.017	残余变形	residual deformation	
09.018	压密变形	compaction deformation	
09.019	总变形	total deformation	
09.020	残余强度	residual strength	
09.021	容重	unit weight, bulk density	
09.022	最大分子含水量	maximum hydroscopic moisture, maximum molecular moisture capacity	
09.023	压密	soil compaction	
09.024	压密系数	coefficient of compaction	
09.025	固结系数	coefficient of consolidation	
09.026	固结试验	consolidation test	
09.027	自然坡角	nature angle of repose	
09.028	孔隙比	void ratio	

序　码	汉 文 名	英 文 名	注　　释
09.029	初始应力	primary stress, initial stress	
09.030	不均匀沉陷	differential settlement	
09.031	超固结土	overconsolidated soil	
09.032	预应力	prestress	
09.033	牵引式滑动	retrogressive slide	
09.034	载荷	load	
09.035	有效载荷	effective load	
09.036	松散结构	loosen texture	
09.037	砂质粘土	sandy clay	
09.038	粘质砂土	clayly sand	
09.039	敏感粘土	sensitive clay	
09.040	敏感系数	sensitivity ratio	
09.041	稳定系数	coefficient of stability	
09.042	悬浮液	suspension liquid, suspensoid	
09.043	附着力	adhesive force	
09.044	承载力	bearing capacity	
09.045	内聚力	cohesive force	
09.046	软化系数	coefficient of softing	
09.047	液限	liquid limit	又称“流限”。
09.048	塑限	plastic limit	
09.049	孔隙水压力	pore water pressure	
09.050	松散沉积物	loose sediment	
09.051	渗透溶液	percolating solution	
09.052	粘着力	adhesion	
09.053	持力层	bearing stratum	
09.054	孔洞	pore space	
09.055	孔隙溶液	pore solution	
09.056	孔隙压力	pore pressure	
09.057	孔隙体积	pore volume	
09.058	压缩试验	compression test	
09.059	压缩层	compression layer	
09.060	压密土	compact soil	
09.061	压缩性	compressibility	
09.062	压缩	compression	
09.063	压缩指数	compression index	
09.064	压缩曲线	compression curve	
09.065	压缩带	compression zone	

序　码	汉　文　名	英　文　名	注　　释
09.066	压缩应力	compressive stress	
09.067	集中载荷	concentrated load	
09.068	固结仪	consolidometer	
09.069	稠度	consistency	
09.070	稠度指数	consistency index	
09.071	黄土湿陷性	collapsibility of loess	
09.072	细沟	rill	
09.073	沟蚀	gulley erosion	
09.074	管涌	piping	
09.075	潜蚀	suffosion, pipe erosion	
09.076	沉降	subsidence	
09.077	滑坡	landslide	
09.078	滑动	slip, slide	
09.079	滑动面	slip surface, plane of sliding	
09.080	古滑坡	ancient landslide	
09.081	层间喀斯特	interstratal karst	又称“层间岩溶”。
09.082	喀斯特塌陷	karst collapse	
09.083	喀斯特柱	karst pillar	又称“岩溶柱”。
09.084	砾质土	gravelly soil	
09.085	红土	lateritic soil	
09.086	古土壤	paleosol, fossil soil	
09.087	筛分析	sieve analysis	
09.088	土骨架	soil skeleton	
09.089	土壤微结构	soil microstructure	
09.090	土壤胶体	soil colloid	
09.091	基岩	bedrock	
09.092	边坡	slope	
09.093	坡积物	deluvial	
09.094	融冻作用	congeliturbation	
09.095	冻土	frozen ground, frozen earth	
09.096	永久冻土	permafrost	
09.097	季节冻土	seasonal frozen soil	
09.098	多年冻土	perenial frozen soil	
09.099	膨胀土	swelling clay	
09.100	泥石流	debris flow	
09.101	泥流	mud flow	
09.102	崩塌	avalanche	

序码	汉文名	英文名	注释
09.103	岩崩	rockfall	
09.104	雪崩	snow avalanche, avalanche	
09.105	山崩	avalanche	
09.106	塌岸	bank slump	
09.107	粘土粒级	clay fraction	
09.108	灌浆	grouting, cement injection	
09.109	锚桩	anchor pile	
09.110	岩土锚杆	rock soil anchor	
09.111	劈裂试验	Brazilian test	又称“巴西试验”。
09.112	深基础	deep foundation	
09.113	膨胀压力	swelling pressure	
09.114	浅基础	shallow foundation	
09.115	静力触探	static sounding	
09.116	帷幕灌浆	curtain grouting	
09.117	岩石粘滞效应	viscous effect of rock	
09.118	多块滑动	multi-block slide	
09.119	环境地质学	environmental geology	
09.120	地质环境	geologic environment	
09.121	环境水文地质	environmental hydrogeology	
09.122	环境评价	environmental evaluation	
09.123	环境容量	environmental capacity	
09.124	环境要素	environmental element	
09.125	环境监测	environmental monitoring	
09.126	城市地质	urban geology	
09.127	地面沉降	land subsidence	
09.128	地质灾害	geologic hazard	
09.129	相对稳定地块	relatively stable groundmass	
09.130	安全岛	safety island	
09.131	地震构造带	seismic-tectonic zone	
09.132	地震地质学	seismogeology, earthquake geology	
09.133	地震线	earthquake line	
09.134	板内地震	intraplate earthquake	
09.135	板间地震	interplate earthquake	
09.136	大陆地震	continental earthquake	
09.137	破坏性地震	damage earthquake	
09.138	古地震	paleoearthquake	
09.139	诱发地震	induced earthquake	

序　码	汉　文　名	英　文　名	注　　释
09.140	工程地震	engineering seismology	
09.141	重现间隔	recurrence interval	又称“复发间隔”。
09.142	断层陡坎	fault escarpment	
09.143	人工地震	artificial earthquake	
09.144	原有断层	preexisting fault	
09.145	能动断层	capable fault	

英 汉 索 引

A

Aalenian Age 阿伦期 02.370
Aalenian Stage 阿伦阶 02.371
Abbe refractometer 阿贝折射计 04.255
abrasion 磨蚀[作用] 01.052
abrasive materials 研磨材料 07.274
absolute abundance 绝对丰度 06.062
absorbent charcoal method 活性碳法 07.209
absorbing well 渗水井 08.086
absorption 吸收[性] 04.196, 吸收[作用] 05.228
absorption index 吸收指数 04.197
absorptivity 吸收[性] 04.196
abundance of element 元素丰度 06.060
abyssal facies 深海相 05.279
AC 器官系数 06.477
acceptable concentration 允许浓度 06.210
acceptable dose 允许剂量 06.211
acceptable environment limit 允许环境极限 06.212
accessory mineral 副矿物 04.015
acclimation fever 水土病 06.214
accretion 增生 03.286
accretionary prism 增生楔, *增生棱柱 03.287
accretionary widge 增生楔, *增生棱柱 03.287
accumulation 堆积[作用] 01.066
accumulation coefficient 累积系数 06.175
accumulative action 累积作用 06.173
accumulative factor 累积因子 06.174
ACF diagram ACF 图解 05.540
achondrite 无球粒陨石 06.324
acid clay 酸性白土 07.296
acid environment 酸性环境 06.417
acidic rock 酸性岩 05.151
acid precipitation 酸雨 06.197
acid rain 酸雨 06.197
acidulous spring 酸性泉 08.075
acme zone 顶峰带 02.031
acropetal coefficient 器官系数 06.477
actinolite 阳起石 04.486
actinolite schist 阳起片岩 05.592
activation 活化 03.386
active continental margin 活动大陆边缘, *主动大陆边缘 03.284
active fault 活动断层 03.408
active fold 活动褶皱 03.409
active geothermal system 活动地热系统 08.211
active tectonic belt 活动构造带 01.136
active tectonics 活动构造 03.406
active volcano 活火山 05.050
active zone 活动带 03.407
adamantine luster 金刚光泽 04.228
adamite 羟砷锌石 04.400
additive halo 累加晕 06.466
adhesion 粘着力 09.052
adhesive force 附着力 09.043
adiabatic compression 绝热压缩 06.279
admixing water 混合水 08.025
adsorption 吸附作用 06.171
adsorption uranium 吸附铀 07.236
adular 冰长石 04.545
adularia 冰长石 04.545
aegirine 霓石 04.467
aeration zone 包气带 08.032
aerobic process 亲氧过程 06.201
age 期 02.026
age dating 计时, *定年 06.078
age determination 年龄测定 06.077
age of element 元素年龄 06.299
age of universe 宇宙年龄 06.298
age spectrum 年龄谱 06.088
aggradation 加积[作用] 01.054
aggregate 集料 07.273

agmatite 角砾状混合岩 05.629
Aikuanian Age 岩关期 02.316
Aikuanian Stage 岩关阶 02.317
airborne debris 散落物 06.158
airborne geochemical exploration 航空化探 06.453
AKF diagram AKF 图解 05.541
alaskite 白岗岩 05.190
Albian Age 阿尔必期 02.396
Albian Stage 阿尔必阶 02.397
albite 钠长石 04.548
albite-epidote-hornfels facies 钠长石－绿帘石－角岩相 05.543
alginite 藻类体 07.414
aliphatic fraction 烷烃馏分 06.363
alkali basalt 碱性玄武岩 05.171
alkalic-metasomatism type uranium deposit 碱交代型铀矿 07.252
alkaline environment 碱性环境 06.418
alkaline rock type uranium deposit 碱性岩型铀矿 07.246
alkaline series 碱性系列 05.019
alkaline spring 碱性泉 08.076
alkali rock 碱性岩 05.153
alkyl benzenes 烷基苯系列化合物 06.369
alkyl biphenyls 烷基联苯化合物 06.372
alkyl naphthalenes 烷基萘系列化合物 06.370
alkyl phenanthrenes 烷基菲系列化合物 06.371
allanite 褐帘石 04.421
allochthon 外来岩体 03.225
allochthone 外来岩体 03.225
allochthonous coal 异地生成煤 07.348
allomerism 类质同象 04.049
allotriomorphic granular 他形粒状 05.080
allotype 他型，＊异型 04.043
alluvial facies 冲积相 05.269
almandine 铁铝榴石 04.439
almandite 铁铝榴石 04.439
Alpine 阿尔卑斯期 03.374
Alpine stage 阿尔卑斯阶段 02.122
Alpinotype tectonics 阿尔卑斯型构造 03.360
altitude effect 高度效应 06.133
aluminous rock 铝质岩 05.438
alunite 明矾石 04.378
amalgamation 聚合作用 03.326
amazonite 天河石 04.544
AMF diagram AMF 图解 05.542
amino acids 氨基酸类化合物 06.367
amino acids age determination 氨基酸年代学 06.368
amorphous 非晶质 04.029
amphibole 闪石[类] 04.489
amphibolite [斜长]角闪岩 05.599
amphibolite facies 角闪岩相 05.553
Amushan Formation 阿木山组 02.542
amygdaloidal structure 杏仁构造 05.121
anadiagenesis 后生成岩[作用] 05.239
anaerobic process 嫌氧过程 06.200
analcime 方沸石 04.573
anatexis 深熔作用 05.010
anchor pile 锚桩 09.109
ancient landslide 古滑坡 09.080
andalusite 红柱石 04.425
andesine 中长石 04.550
andesite 安山岩 05.178
Anding Formation 安定组 02.581
andradite 钙铁榴石 04.444
anduoite 安多矿 04.607
Angara flora 安加拉植物群 02.097
angle of polarization 偏振角 04.181
anhydrite 硬石膏，＊无水石膏 04.379
Anisian Age 安尼期 02.352
Anisian Stage 安尼阶 02.353
anisodesmic structure 非均键结构 04.176
anisotropic 非均质 04.206
ankangite 安康矿 04.636
ankerite 铁白云石 04.361
anomalous lead 异常铅 06.108
anomaly contrast 异常衬度 06.450
anomaly decay pattern 异常衰减模式 06.452
anomaly dimension 异常规模 06.451
anomaly intensity 异常强度 06.449
anorthite 钙长石 04.551
anorthoclase 歪长石 04.552
anorthosite 斜长岩 05.166
Anshan Group Complex 鞍山岩群 02.445
Anshan-type of iron deposit 鞍山式铁矿床 07.180

antecedent river 先成河 01.088
anteclise 台背斜 03.354
anthophyllite 直闪石 04.490
anthracite 无烟煤 07.380
anthropogenic discharge 人为排放 06.163
anticline theory 背斜构造理论 07.507
anticlinorium 复背斜 03.098
anticlise 台背斜 03.354
antiform 背形 03.100
antiformal syncline 背形向斜 03.102
antigorite 叶蛇纹石 04.506
antimagnetism 反磁性 04.245
antistress mineral 反应力矿物 04.021
apatite 磷灰石 04.390
apatite deposit 磷灰石矿床 07.311
aplite 细晶岩 05.219
aplitic texture 细晶结构 05.086
apophyllite 鱼眼石 04.508
apophysis 岩枝 05.046
apparent age 表观年龄 06.079
apparent dip 视倾角 03.065
applied geochemistry 应用地球化学 06.410
applied mineralogy 应用矿物学 04.005
appraisal well 评价井 07.484
Aptian Age 阿普特期 02.394
Aptian Stage 阿普特阶 02.395
aquatolysis 陆解[作用] 05.242
aquifer 含水层 08.091
aquifuge 不透水层, *隔水层 08.099
Aquitanian Age 阿基坦期 02.428
Aquitanian Stage 阿基坦阶 02.429
aquitard 弱透水层 08.098
aragonite 文石, *霰石 04.362
Ar-Ar dating 氩-氩计时, *氩-氩定年 06.093
Archean Eon 太古宙 02.126
Archean Eonothem 太古宇 02.127
areal geochemical anomaly 区域地球化学异常 06.181
areal productivity 面金属量 06.498
Arenigian Age 阿雷尼格期 02.236
Arenigian Stage 阿雷尼格阶 02.237
arenite 砂屑岩 05.373
arfvedsonite 钠铁闪石, *亚铁钠闪石 04.491
argentite 辉银矿 04.298
argillaceous rock 泥质岩 05.388
argillified type U-ore 粘土化蚀变型铀矿 07.254
argillization 泥化 07.091
aridity index 干燥指数 06.232
arkose 长石砂岩 05.384
arsenate 砷酸盐 04.398
arsenopyrite 毒砂 04.299
artesian basin 自流水盆地 08.106
artesian water 自流水 08.014
artesian well 自流井 08.083
artificial earthquake 人工地震 09.143
artificial mineral 人造矿物, *合成矿物 04.016
Artinskian Age 亚丁斯克期 02.332
Artinskian Stage 亚丁斯克阶 02.333
asbestos deposit 石棉矿床 07.279
ascending spring 上升泉 08.066
ascharite deposit 硼镁石矿床 07.316
Ashantou Formation 阿山头组 02.611
ash flow 火山碎屑流 05.065
Ashgillian Age 阿什及尔期 02.244
Ashgillian Stage 阿什及尔阶 02.245
ash texture 凝灰结构, *火山灰结构 05.110
asphalt 沥青 07.446
Asselian Age 阿瑟尔期 02.328
Asselian Stage 阿瑟尔阶 02.329
assemblage zone 组合带 02.029
assimilation 同化作用 05.009
associated gas 伴生气 07.457
associate mineral 伴生矿物 07.040
asthenosphere 软流圈 01.014
ASTM diffraction data card *ASTM 粉晶卡片 04.149
astrobleme 古陨击坑 01.164
astrochemistry 天体化学 06.289
astrogeology 天体地质学 01.154
A-subduction A型俯冲 03.312
asymmetrical fold 不对称褶皱 03.075
asymmetry 不对称 04.058
ataxite 无结构铁陨石 06.341
atmophile element 亲气元素 06.006
atmosphere 大气圈 01.023
atmospheric argon 大气氩 06.109

Atodabanian Age 阿特达班期 02.210
Atodabanian Stage 阿特达班阶 02.211
atomic volume 原子体积 06.005
attapulgite deposit 凹凸棒石矿床 07.292
attitude 产状[要素] 03.061
augen migmatite 眼球状混合岩 05.628
augite 普通辉石 04.479
aulacogen 拗拉槽 03.307
authigenic mineral 自生矿物 04.017
autochthon 原地岩体 03.224
autochthone 原地岩体 03.224
autochthonous coal 原地生成煤 07.347
autoclave 高压釜 06.271
autometamorphism 自变质作用 05.483
automorphic 自形 04.044
avalanche 崩塌 09.102, 雪崩 09.104, 山崩 09.105
axial angle 轴角 04.055
axial plane 轴面 04.056
axial-plane cleavage 轴面劈理 03.152
axial plane of fold 褶皱轴面 03.070
axial ratio 轴率 04.092
axial surface of fold 褶皱轴面 03.070
axial trace of fold 褶皱轴迹 03.136
axial zoning 轴向分带 06.469
axinite 斧石 04.458
azurite 蓝铜矿 04.363

B

Babinet compensator 巴比涅补偿器 04.274
BAC 生物吸收系数 06.473
back-arc basin 弧后盆地 03.300
back-arc spreading 弧后扩张 03.301
backbone 脊柱 03.440
background value 背景值 06.425
backshore 后滨 05.457
back thrust 后冲断层 03.189
bacteria action 细菌作用 06.170
Badong Formation 巴东组 02.574
bafertisite 钡铁钛石 04.584
bafflestone 障积灰岩 05.411
Bahe Formation 灞河组 02.631
Baisha Formation 白沙组 02.518
Baishan Age 白沙期 02.250
Baishan Stage 白沙阶 02.251
Baiyanghe Formation 白杨河组 02.621
baiyuneboite 白云鄂博矿 04.638
Baizuo Formation 摆佐组 02.549
Bajocian Age 巴柔期 02.372
Bajocian Stage 巴柔阶 02.373
balanced cross section 平衡剖面 03.230
balipholite 纤钡锂石 04.601
ball clay 球土 07.283
banded cherty iron formation 条带状硅铁建造 07.054
banded migmatite 条带状混合岩 05.631
banded structure 条带状构造 05.584
bank slump 塌岸 09.106
Banxi Group 板溪群 02.465
Baota Formation 宝塔组 02.503
baotite 包头矿 04.585
barite 重晶石 04.380
barite deposit 重晶石矿床 07.307
Barremian Age 巴列姆期 02.392
Barremian Stage 巴列姆阶 02.393
barrier island 障壁岛, *沙坝岛 05.282
barroisite 冻蓝闪石 04.492
Bartonian Age 巴顿期 02.420
Bartonian Stage 巴顿阶 02.421
barytolamprophyllite 钡闪叶石 04.596
basal cement 基底胶结 05.306
basal conglomerate 底砾岩 02.071
basal pinacoid 底面 04.093
basalt 玄武岩 05.168
basaltic achondrite best initial BABI 值 06.114
basaltic andesite 玄武安山岩 05.179
basanite 碧玄岩 05.209
basement 基底 01.019
basement maturity 基底成熟度 07.233
base temperature 基准温度 08.244
Bashkirian Age 巴什基尔期 02.308

Bashkirian Stage 巴什基尔阶 02.309
basic rock 基性岩 05.149
basin 盆地 01.081
basin-and-range province 盆岭区，* 盆岭省 03.310
bastnaesite 氟碳铈矿 04.370
batch melting 间歇熔融，* 批次熔融 06.252
batholith 岩基 05.041
Bathonian Age 巴通期 02.374
Bathonian Stage 巴通阶 02.375
bathyal facies 半深海相 05.278
Baveno twin 巴韦诺双晶，* 巴温诺双晶 04.080
beach placer 海滨砂矿 07.192
bearing capacity 承载力 09.044
bearing stratum 持力层 09.053
Becke line 贝克线 04.201
bed 层 02.039
bedding 层理 05.313
bedding plane 层面 05.340
bedding surface 层面 05.340
bedrock 基岩 09.091
Beipiao Formation 北票组 02.585
Belt Supergroup 贝尔特超群 02.458
Benioff zone 贝尼奥夫带 03.275
bentonite 膨润土 07.294
Benxi Formation 本溪组 02.543
Berek compensator 贝雷克补偿器，* 贝瑞克补色器 04.273
beresitization 黄铁绢英岩化 07.085
Bernal chart 贝尔纳图 04.159
Berriasian Age 贝里阿斯期 02.386
Berriasian Stage 贝里阿斯阶 02.387
bertranditization 硅铍石化 07.096
beryl 绿柱石 04.460
berylitization 绿柱石化 07.095
berzeliite 黄砷榴石 04.401
best estimate 最佳估计值 06.487
bias 偏倚 06.488
biaxial crystal 二轴晶，* 双轴晶体 04.199
bifurcation of coal seam 煤层分叉 07.357
Bihou Group 碧侯群 02.615
Bikou Group 碧口群 02.463
bindstone 粘结灰岩 05.412
bioaccumulated limestone 生物堆积灰岩 05.421
bioaccumulation 生物累积 06.206
bioconstructed limestone 生物建造灰岩 05.422
biodegradation 生物降解 06.169
bioelement 生命元素 06.157
biofacies 生物相 02.085
biogenetic gas 生物成因气 06.385
biogenic process 生物成因作用 07.080
biogeochemical cycle 生物地球化学循环 06.203
biogeochemical survey 生物地球化学测量 06.460
biogeochemistry 生物地球化学 06.146
biogeographic province 生物地理区 02.091
biogeographic realm 生物地理大区 02.089
biogeographic region 生物地理域 02.090
biogeographic subprovince 生物地理亚区 02.092
bioherm 生物丘 05.415
bioherm limestone 生物礁灰岩，* 原地生物灰岩 05.417
biolithite 生物礁灰岩，* 原地生物灰岩 05.417
biological absorption coefficient 生物吸收系数 06.473
biological concentration 生物富集 06.207
biological marker compound 生物标志化合物 06.362
biological purification 生物净化 06.179
biomarker 生物标志化合物 06.362
biomicrite 生物泥晶灰岩 05.423
biophile element 亲生物元素 06.010
biosphere 生物圈 01.022
biostratigraphic unit 生物地层单位 02.013
biostratigraphy 生物地层学 02.004
biostrome 生物层 05.414
biota 生物群 02.095
biotite 黑云母 04.509
bioturbation structure 生物扰动构造 05.354
bioturbite 生物扰动岩 05.419
biozone 生物带 02.028
biprism 复柱 04.097
bipyramid 双锥 04.091
bird's-eye structure 鸟眼构造 05.355
bireflection 双反射 04.193
birefringence 双折射 04.200
bisectrix 等分线 04.203

bismuthinite 辉铋矿 04.300
bitumen 沥青 07.446
bituminite 沥青质体 07.427
bituminous coal 烟煤 07.373
black smoker 海底黑烟柱 07.062
blastomylonite 变余糜棱岩 05.624
blastoporphyritic texture 变余斑状结构 05.568
blastopsammitic texture 变余砂状结构 05.567
blastopsephitic texture 变余砾状结构 05.566
blastopyroclastic texture 变余火山碎屑状结构 05.569
blind ore 盲矿 07.023
block faulting 块断作用 03.235
block faulting tectonics 断块构造说 03.391
blossom 煤华 07.367
body-centered lattice I格子，＊体心格子 04.142
bog 沼泽 01.102
boghead coal 藻煤 07.388
boiling spring 沸泉 08.077
bonanza 大矿囊 07.046
boracite 方硼石 04.374
borate 硼酸盐 04.372
borax 硼砂 04.373
boring by organism 生物钻孔 05.350
bornite 斑铜矿 04.301
boron deposit 硼矿床 07.315
botryoidal structure 葡萄状构造 07.129
boudin 布丁，＊石香肠 03.158
boudinage 布丁构造作用 03.159
boulder 巨砾 05.364
boulder-clay 泥砾 01.121
boundary clay 界线粘土 02.107
boundary of aquifer 含水层边界 08.100
boundary stratotype 界线层型 02.045
boundstone 粘结灰岩 05.412
boxwork 网格构造 07.115
Bragg's law 布拉格定律 04.139
braided river 辫状河 05.468
Bravais indices 布拉维指数 04.076
Bravais lattice 布拉维晶格 04.138
Brazilian test 劈裂试验，＊巴西试验 09.111
Brazil twin 巴西双晶 04.082
breccia 角砾岩 05.377
brecciated structure 角砾状构造 07.131
Brewster's law 布儒斯特定律，＊布鲁斯特定律 04.204
bright coal 光亮煤 07.395
brine 卤水 08.049
brittle deformation 脆性变形 03.037
bronzite 古铜辉石 04.469
bronzite-olivine stony-iron 古铜－橄榄石铁陨石 06.337
brown coal 褐煤 07.372
brucite 水镁石 04.341
brush cast 刷铸型，＊刷模 05.336
brush structure 帚状构造 03.443
B-subduction B型俯冲 03.276
buckle fold 弯曲褶皱 03.094
building materials 建筑材料 07.265
bulk density 容重 09.021
Bumbat Formation 本巴图组 02.541
Burdigalian Age 布尔迪加尔期 02.430
Burdigalian Stage 布尔迪加尔阶 02.431
Burgers vector 伯格斯矢量 03.261
burial metamorphism 埋深变质作用 05.490
buried-hill trap [sturcture] 潜山圈闭[构造] 07.515
buried ore 隐伏矿 07.024
buried terrace 埋藏阶地 01.098
burrow 虫孔，＊潜穴 05.349
bytownite 培长石 04.553

C

calc-alkali index 钙碱指数 05.023
calc-alkaline series 钙碱性系列 05.018
calcarenite 砂屑灰岩 05.431
calc-gneiss 钙质片麻岩 05.608
calcilutite 泥屑灰岩 05.433
calcirudite 砾屑灰岩 05.430
calcisiltite 粉屑灰岩 05.432
calcite 方解石 04.359

calcitization 方解石化 07.088
calcium-aluminium-rich inclusion 富钙铝包体 06.343
calcium-poor achondrite 贫钙无球粒陨石 06.331
calcium-rich achondrite 富钙无球粒陨石 06.332
calc-schist 钙质片岩 05.595
calc-silicate rock 钙硅酸盐岩 05.613
caldera 破火山口 01.132
Caledonian 加里东期 03.378
Caledonian stage 加里东阶段 02.117
Callovian Age 卡洛维期 02.376
Callovian Stage 卡洛维阶 02.377
Cambrian Period 寒武纪 02.150
Cambrian System 寒武系 02.151
Campanian Age 坎潘期 02.408
Campanian Stage 坎潘阶 02.409
Canada balsam 加拿大树胶 04.281
cancrinite 钙霞石 04.569
Canglangpuan Age 沧浪铺期 02.194
Canglangpuan Stage 沧浪铺阶 02.195
Canglangpu Formation 沧浪铺组 02.485
cannel coal 烛煤 07.390
Canyon Diablo meteorite troilite standard CDT 标准 06.142
capable fault 能动断层 09.145
capillary 毛细管[作用] 05.249
capillary water 毛细管水 08.019
Caradocian Age 卡拉多克期 02.242
Caradocian Stage 卡拉多克阶 02.243
carboborite 水碳硼石 04.593
carbonaceous chondrite 碳质球粒陨石 06.326
carbonaceous rock 碳质岩 05.440
carbonaceous shale 碳质页岩 05.394
carbonaceous siliceous-pelitic rock type U-ore 碳硅泥岩型铀矿 07.260
carbonate 碳酸盐 04.358
carbonated water 碳酸水 08.055
carbonate platform 碳酸盐台地 05.464
carbonate rock 碳酸盐岩 05.395
carbonatite 碳酸岩 05.213
carbonatite-type rare earth deposit 碳酸岩型稀土矿床 07.157
carbonatization 碳酸盐岩化 07.087
carbon cycle 碳循环 06.391
Carboniferous Period 石炭纪 02.158
Carboniferous System 石炭系 02.159
carbonolite 碳质岩 05.440
Carlin-type gold deposit 卡林型金矿床 07.178
Carlsbad twin 卡斯巴双晶 04.084
carnallite 光卤石 04.318
carnallite deposit 光卤石矿床 07.319
Carnian Age 卡尼期 02.356
Carnian Stage 卡尼阶 02.357
cassiterite 锡石 04.325
cast 铸型 05.331
cataclasis 碎裂作用 03.205
cataclasite 碎裂岩 03.206
cataclastic texture 碎裂结构 05.572
catastrophism 灾变论 01.028
Cathaysia 华夏古大陆 01.042
Cathaysian flora 华夏植物群 02.096
Cathaysian structural system 华夏构造体系 03.434
CDT standard CDT 标准 06.142
Ce anomaly 铈异常 06.020
celestite 天青石 04.381
cell sampling 格子采样 06.495
celsian 钡长石 04.555
cement 胶结物 05.299
cementation 胶结[作用] 01.069
cement injection 灌浆 09.108
cement limestone 水泥石灰岩 07.297
cement raw materials 水泥原料 07.270
Cenomanian Age 塞诺曼期 02.398
Cenomanian Stage 塞诺曼阶 02.399
Cenozoic Era 新生代 02.140
Cenozoic Erathem 新生界 02.141
center of symmetry 对称心 04.067
central eruption 中心式喷发 05.020
ceramic raw materials 陶瓷原料 07.272
cerussite 白铅矿 04.364
cervantite 黄锑矿 04.326
chabazite 菱沸石 04.577
chaidamuite 柴达木石 04.628
chain silicate 链状硅酸盐 04.465
chalcedony 玉髓 04.327

chalcocite 辉铜矿 04.302
chalcophile element 亲铜元素 06.008
chalcopyrite 黄铜矿 04.303
chalk 白垩 05.428
chamosite 鲕绿泥石 04.511
Changcheng Group 长城群 02.454
Changchengian Period 长城纪 02.142
Changchengian System 长城系 02.143
Changhsian Age 张夏期 02.200
Changhsian Stage 张夏阶 02.201
Changhsing Formation 长兴组 02.561
Changhsingian Age 长兴期 02.340
Changhsingian Stage 长兴阶 02.341
Changshan Formation 长山组 02.491
Changshanian Age 长山期 02.204
Changshanian Stage 长山阶 02.205
Changxing Formation 长兴组 02.561
Changxingian Age 长兴期 02.340
Changxingian Stage 长兴阶 02.341
Changzhougou Formation 常州沟组 02.467
characteristic curve of soil moisture 土壤水分特征曲线 08.166
charnockite 紫苏花岗岩 05.187
Chattian Age 夏特期 02.426
Chattian Stage 夏特阶 02.427
chelogenic cycle 成陆巨旋回 03.363
chemical and fertilizer raw materials 化工和化肥原料 07.267
chemical evolution in prebiological period 前生期化学演化 06.308
chemical evolution of environment 环境化学演化 06.202
chemical kinetics 化学动力学 06.242
chemical species 化学物种 06.031
chert 燧石[岩] 05.444
chess-board structure 棋盘格式构造 03.448
chevron fold 对称尖棱褶皱 03.109
Chialingkiang Formation 嘉陵江组 02.573
chiastolite 空晶石 04.428
Chihsia Formation 栖霞组 02.555
Chihsian Age 栖霞期 02.334
Chihsian Stage 栖霞阶 02.335
chiluite 赤路矿 04.640
Chiungchussuan Age 筇竹寺期 02.192
Chiungchussuan Stage 筇竹寺阶 02.193
Chiussu Formation 旧司组 02.547
chlorargyrite 角银矿 04.319
chlorite 绿泥石 04.510
chloritization 绿泥石化 07.086
chloritoid 硬绿泥石 04.514
chlorophyllinite 叶绿素体 07.428
chondrite 球粒陨石 06.323
chondritic uniform reservoir CHUR 值，*球粒陨石均一储库 06.115
chondrodite 粒硅镁石 04.431
chondrule 球粒 06.351
Choukoutian Formation 周口店组 02.636
Chouniugou Formation 臭牛沟组 02.539
chromate 铬酸盐 04.405
chromite 铬铁矿 04.328
chromite deposit of Alpine-type 阿尔卑斯型铬铁矿床 07.152
chromite ore magma 铬铁矿浆 07.151
chron 时 02.027
chronostratigraphic unit 年代地层单位 02.012
chronostratigraphy 年代地层学 02.003
chronozone 时带 02.021
chrysocolla 硅孔雀石 04.518
chrysolite 贵橄榄石 04.437
chrysotile 纤蛇纹石 04.507
Chuanlinggou Formation 串岭沟组 02.468
Chuanshan Formation 船山组 02.552
cinder 火山渣 05.128
cinder cone 火山渣锥，*岩渣锥 05.056
cinnabar 辰砂 04.304
clarain 亮煤 07.402
clarite 微亮煤 07.434
clarke of atom 原子克拉克值 06.066
clarke of concentration 浓集克拉克值 06.067
clast 碎屑 05.284
clastic dike 碎屑岩墙 03.164
clastic dyke 碎屑岩墙 03.164
clastic rock 碎屑岩 05.375
clastic texture 碎屑结构 05.285
C-lattice C 格子 04.140
clay 粘土 05.370

clay deposit 粘土矿床 07.291
clay fraction 粘土粒级 09.107
clayly sand 粘质砂土 09.038
clay mineral 粘土矿物 04.018
claystone 粘土岩 05.389
cleavage 劈理 03.147, 解理 04.233
Clerici's solution 克列里奇液 04.256
climb of dislocation 位错攀移 03.260
clinochlore 斜绿泥石 04.517
clinoptilolite 斜发沸石 04.578
clinopyroxene 单斜辉石 04.470
clinozoisite 斜黝帘石 04.424
closure 闭合 03.314
coal 煤, *煤炭 07.332
coal accumulating region 聚煤区 07.336
coal accumulation 聚煤作用 07.339
coal ball 煤核 07.359
coal basin 煤盆地, *聚煤盆地 07.337
coal-bearing series 含煤岩系, *煤系 07.341
coal diagenesis 煤成岩作用 07.354
coal facies 煤相 07.355
coalfield 煤田 07.338
coal-forming material 成煤物质 07.393
coal-forming period 聚煤期 07.340
coal gas 煤成气 07.394
coal geochemistry 煤地球化学 06.383
coal geology 煤田地质学, *煤地质学 07.333
coalification 煤化作用 07.352
coal measures 含煤岩系, *煤系 07.341
coal metamorphism 煤变质作用 07.353
coal mining geology 煤矿地质 07.335
coal petrography 煤岩学 07.334
coal petrology 煤岩学 07.334
coal rank 煤级 07.361
coal seam 煤层 07.356
co-axial 共轴 03.132
cobaltite 辉砷钴矿 04.305
cobble 粗砾 05.365
coefficient of aqueous migration 水迁移系数 08.202
coefficient of compaction 压密系数 09.024
coefficient of consolidation 固结系数 09.025
coefficient of dispersion 弥散系数 08.138
coefficient of groundwater runoff 地下径流系数 08.132
coefficient of pressure conductivity 压力传导系数 08.137
coefficient of softing 软化系数 09.046
coefficient of stability 稳定系数 09.041
coefficient of water saturation 饱和系数 08.133
coesite 柯石英 04.348
coffinite 铀石 07.218
cohesive force 内聚力 09.045
coking coal 焦煤 07.377
cold extraction 冷提取 06.491
cold seal pressure vessel 冷风口高压容器 06.274
cold water fauna 冷水动物群 02.101
collage 拼贴 03.325
collapse breccia 塌积角砾岩, *塌陷角砾岩, *崩塌角砾岩 05.378
collapse earthquake 陷落地震 01.139
collapsibility of loess 黄土湿陷性 09.071
collector well 集水井 08.088
collinite 无结构镜质体 07.408
collision 碰撞 03.288
colloform structure 胶状构造 07.124
colloidal deposition 胶体沉积 07.081
collophane 胶磷矿 04.391
color index 颜色指数, *暗色指数 05.028
columnar jointing 柱状节理 05.124
combination drive reservoir 混合驱动储油层 07.480
combined flow 混合流 08.118
comb structure 梳状构造 07.122
common lead 普通铅 06.107
compaction 压实[作用] 05.234
compaction deformation 压密变形 09.018
compact soil 压密土 09.060
comparative crystal chemistry 比较晶体化学 06.045
comparative planetology 比较行星学 06.312
compatible element 相容元素 06.029
compensation 补偿 03.393
competent 强干 03.053
complete penetrating well 完整井 08.084
complete water quality analysis 水质全分析

08.172
component maturity 成分成熟度 05.308
composite stratotype 复合层型 02.046
composition plane 接合面 04.085
compounding of structure 构造复合 03.452
compound volcano 复合火山 05.058
comprehensive textural coefficient 综合结构系数 05.310
compressibility 压缩性 09.061
compression 压缩 09.062
compression curve 压缩曲线 09.064
compression index 压缩指数 09.063
compression layer 压缩层 09.059
compression test 压缩试验 09.058
compression zone 压缩带 09.065
compressive stress 压缩应力 09.066
concavo-convex contact 凹凸接触 05.297
concentrated load 集中载荷 09.067
concentration center 浓集中心 06.472
concentration coefficient 浓集系数 06.068, 富集系数 07.077
concentration gradient 浓度梯度 06.277
concentration of element 元素浓度 06.064
concentrical fold 同心褶皱 03.092
concentric structure 同心环状构造 07.121
concordant intrusion 整合侵入体 05.039
concordia age 一致年龄 06.090
concretion 结核 05.347
condensate field 凝析气田 07.463
condensate oil 凝析油 07.462
condensation of elements 元素凝聚 06.306
condensation water 凝结水 08.020
conductive heat flow modelling 传导热流模拟 07.060
conductive thermal gradient 传导热梯度 08.212
conduit 火山通道 01.130
cone-in-cone 叠锥 05.346
confined aquifer 承压含水层 08.093
confined head 承压水头 08.146
confined level 承压水位 08.143
confined water 承压水 08.013
confined water basin 承压水盆地 08.107
conformity 整合 02.068
congeliturbation 融冻作用 09.094
conglomerate 砾岩 05.376
conglomerate type U-ore 砾岩型铀矿 07.256
Coniacian Age 科尼亚克期 02.404
Coniacian Stage 科尼亚克阶 02.405
conical fold 锥状褶皱 03.078
conjoin 交接 03.454
conjugate faults 共轭断层 03.176
conjugate joints 共轭节理 03.146
conjunct arc 联合弧 03.451
conjunction of structure 构造联合 03.450
connate water 封存水 08.045
conservative boundary *恒定边界 03.282
consistency 稠度 09.069
consistency index 稠度指数 09.070
consolidation 固结作用 03.337
consolidation test 固结试验 09.026
consolidometer 固结仪 09.068
constructional materials 建筑材料 07.265
constructional terrace 堆积阶地 01.097
constructive boundary *增长边界 03.280
contactal cement 接触胶结 05.304
contact metamorphic aureole 接触[变质]晕 05.638
contact metamorphism 接触变质作用 05.480
contact metasomatism 接触交代作用 05.485
contact spring 接触泉 08.078
containment 包容 03.455
contamination 沾污 06.188
contemporaneous deformation 同生变形 05.330
contemporaneous diagenesis 同生作用 05.236
continent 大陆 01.072
continental crust 陆壳 03.320
continental drift 大陆漂移 01.035
continental drift theory 大陆漂移说 01.034
continental earthquake 大陆地震 09.136
continental environment 陆地环境 06.151
continental facies 陆相 05.258
continental glacier 大陆[性]冰川 01.114
continental margin 大陆边缘 03.283
continuous reaction 连续反应 05.537
contourite 等深[流沉]积岩 05.420
contraction theory 收缩说 01.029

contrast 衬度 06.430
convective circulation 对流循环 07.063
convective hydrothermal cell 水热对流单元 07.074
convective hydrothermal system 对流型水热系统 08.208
convergent boundary 会聚边界 03.281
convolute bedding 包卷层理 05.324
convolute fold 翻卷褶皱 03.085
coordinate polyhedron 配位多面体 04.160
coordination number 配位数 04.156
coquina 介壳灰岩 05.426
cordierite 堇青石 04.459
corona texture 反应边结构 05.100
correlation of coal seam 煤层对比 07.360
corundum 刚玉 04.329
cosmic abundance 宇宙丰度 06.291
cosmic dust 宇宙尘 01.156
cosmic geology 宇宙地质学 01.153
cosmic mineralogy 宇宙矿物学 04.006
cosmic ray exposure age 宇宙线暴露年龄 06.303
cosmic spherule 宇宙颗粒 01.157
cosmochemistry 宇宙化学 06.288
cosmochronology 宇宙年代学 06.076
cosmogenic nuclide 宇宙成因核素 06.295
cosmos 宇宙 01.155
cotype 共型 04.036
country rock 围岩 07.044
coupled reaction 耦合反应 05.538
covellite 铜蓝 04.306
cover strata 盖层 01.020
crater 火山口 01.131
crater lake 火山口湖 01.101
craton 克拉通 03.335
cratonization 克拉通化 03.336
creep 蠕变 03.052
crenulation cleavage 褶劈 03.153
Cretaceous Period 白垩纪 02.166
Cretaceous System 白垩系 02.167
cristobalite 方石英 04.350
critical concentration 临界浓度 06.209
crocidolite deposit 蓝石棉矿床，*青石棉矿床 07.280
crocoite 铬铅矿 04.406
cross-bedding 交错层理 05.319
crossite 青铝闪石 04.493
cross-stratification 交错层理 05.319
crude oil 原油 07.443
crust 地壳 01.016
crust-derived 壳源[的] 05.004
crustified vein 皮壳状脉 07.114
crusty structure 皮壳状构造 07.125
cryolite 冰晶石 04.320
cryptocrystalline 隐晶质 05.073
Cryptozoic Eon 隐生宙 02.188
crystal 晶体 04.013
crystal defect 晶体缺陷 04.169
crystal face 晶面 04.073
crystal fragment 晶屑 05.287
crystal goniometry 晶体测角 04.253
crystal habit 晶体习性 04.060
crystal imprint 晶体印痕 05.345
crystalline 晶质 04.028
crystalline basement 结晶基底 03.357
crystalline limestone 结晶[石]灰岩 05.614
crystalline schist 结晶片岩 05.590
crystallinity 结晶度 04.033
crystallite 雏晶 05.082
crystallization 结晶[作用] 04.034
crystallization-differentiation deposit 结晶分异矿床 07.145
crystallization index 结晶指数 05.026
crystalloblastic series 变晶系列 05.559
crystallographic axis 结晶轴 04.061
crystallography 结晶学，*晶体学 04.054
crystal optics 晶体光学 04.178
crystal orientation 晶体取向 04.170
crystal pyroclast [火山]晶屑 05.125
crystal structure 晶体结构 04.171
crystal symmetry 晶体对称 04.062
crystal water 结晶水 08.022
crystal zone 晶带 04.088
C-surface C面 03.138
cube 立方体 04.106
Cuifengshan Group 翠峰山群 02.535
cummingtonite 镁铁闪石 04.494

cuprite　赤铜矿　04.330
Curie point　居里点　04.246
curtain grouting　帷幕灌浆　09.116
cutinite　角质体　07.412
cutoff grade　边界品位　07.018
cycle of sedimentation　沉积旋回　05.252
cyclosilicate　环状硅酸盐　04.457
cyclothem　旋回层　02.063
cylindrical fold　筒状褶皱　03.076

D

Dabie Group Complex　大别岩群　02.447
dacite　英安岩　05.194
Dahongyu Formation　大红峪组　02.470
Daihua Formation　代化组　02.532
Dala Formation　达拉组　02.551
Dalan Age　达拉期　02.324
Dalan Stage　达拉阶　02.325
damage earthquake　破坏性地震　09.137
danbaite　丹巴矿　04.616
Danian Age　丹尼期　02.412
Danian Stage　丹尼阶　02.413
daomanite　道马矿　04.600
Daqiaodi Formation　大荞地组　02.575
daqingshanite　大青山矿　04.614
Darcy's law　达西定律　08.195
dark-colored mineral　暗色矿物　05.129
Datangian Age　大塘期　02.318
Datangian Stage　大塘阶　02.319
data quality monitoring　质量监控　06.486
datolite　硅硼钙石　04.456
Dauphiné twin　多菲内双晶，＊道芬双晶　04.081
Dawan Formation　大湾组　02.500
Daye Formation　大冶组　02.572
debris flow　泥石流　09.100
Debye-Scherrer method　德拜－谢勒法，＊德拜－舍耳法　04.147
decollement　滑脱[构造]　03.212
decolorization　褪色作用　07.084
decoupling　拆离　03.211
dedolomitization　去白云石化[作用]　05.244
deep burialism　深埋[作用]　05.232
deep foundation　深基础　09.112
deep-seated fault　深断裂，＊深大断裂　03.234
deep seated water　深层水　08.063
deformation　变形　03.036
deformation band　变形条带　03.252
deformation lamella　变形纹　03.253
deformation path　变形路径　03.041
deformation twinning　变形双晶[作用]　03.251
deformed boulder　变形砾石　01.109
degassification　去气作用　06.044
degradation　陵夷[作用]，＊陵削[作用]　01.053，降解作用　06.168
degypsification　去石膏化[作用]　05.247
dehydration　脱水[作用]　05.223
dehydration experiment　脱水实验　06.282
delamination　分层作用　03.237
delineation well　＊详探井　07.484
delta　三角洲　01.099
delta facies　三角洲相　05.274
deltohedron　偏方十二面体　04.109
deltoid　偏方形　04.110
deluvial　坡积物　09.093
Denglouku Formation　登楼库组　02.603
Dengying Formation　灯影组　02.481
denudation　剥蚀[作用]　01.050
depletion drive reservoir　溶解气驱储油层　07.476
depletion of element　元素亏损　06.065
deposition　沉积[作用]　01.067
depth of groundwater table　地下水埋藏深度　08.154
depth zone　深度带　05.512
descending spring　下降泉　08.067
descloizite　羟钒锌铅石　04.409
desert facies　沙漠相　05.263
destructive boundary　＊消减边界　03.281
detachment　滑脱[构造]　03.212
determinative mineralogy　鉴定矿物学　04.007
development line　演化线　06.101
development well　开发井　07.485

devitrification 脱玻化[作用] 05.075
Devonian Period 泥盆纪 02.156
Devonian System 泥盆系 02.157
Dewuan Age 德坞期 02.320
Dewuan Stage 德坞阶 02.321
dextral slip 右旋走滑 03.057
DI 分异指数 05.025
diabase 辉绿岩 05.167
diabasic texture 辉绿结构 05.098
diablastic texture 筛状变晶结构 05.570
diachronism 穿时性 02.052
diagenesis [沉积]成岩作用 01.071
π-diagram π图 03.139
β-diagram β图 03.140
diagram of element ratio 元素比值图 06.057
diakisdodecahedron 偏方复十二面体 04.111
diamond 金刚石 04.289
diamond anvil cell 金刚石压腔 06.270
diamond deposit 金刚石矿床 07.303
diaoyudaoite 钓鱼岛石 04.630
diapir 底辟 03.106
diapirism 底辟作用 03.107
diaplectic glass 击变玻璃 06.317
diaspore 硬水铝石 04.331
diastem 小间断 02.066
diastrophism 构造变动 03.010
diatomite 硅藻土 05.445
dichroism 二[向]色性 04.217
dickite 迪开石 04.519
dielectric constant 介电常量 04.236
differential settlement 不均匀沉陷 09.030
differential stress 差异应力 03.033
differential thermal analysis 差热分析 04.258
differential weathering 差异风化 01.048
differentiation index 分异指数 05.025
diffraction 衍射 04.154
diffraction lattice 衍射晶格[架] 04.148
diffusion 扩散作用 06.043
diffusional fractionation 扩散分馏 06.129
diffusion halo 扩散晕 06.465
dihexagonal bipyramid 复六方双锥 04.112
dihexahedron 双六面体 04.113
dike 岩脉，* 岩墙 05.047
dimension stone 石材 07.266
dimorphism 同质二象 04.047
diopside 透辉石 04.472
diorite 闪长岩 05.175
dip 倾向 03.063
dip angle 倾角 03.064
dip isogon 等倾线 03.103
dip-slip component 倾滑分量 03.198
direction of extinction 消光位，* 消光方向 04.210
dirt band 夹矸 07.358
discharge area of groundwater 地下水排泄区 08.109
disconformity 假整合，* 平行不整合 02.069
discontinuity 不连续 02.065
discontinuous reaction 不连续反应 05.536
discordant intrusion 不整合侵入体 05.040
discordia age 不一致年龄 06.091
disharmonic fold 不谐调褶皱 03.124
dislocation 位错 03.257
dislocation metamorphism 动力变质作用 05.486
dislocation wall 位错壁 03.258
disorder 无序 04.158
dispersed element 分散元素 06.013
dispersion 色散 04.183，分散 06.047
dispersion coefficient 分散系数 07.076
dispersion field 分散场 06.441
dispersion halo 分散晕 06.464
dispersion of element 元素分散 06.038
dispersion train 分散流 06.442
disseminated structure 浸染状构造 07.118
dissolution kinetics 溶解动力学 06.050
dissolved gas 溶解气 07.456
distal ore deposit 远火山活动金属矿床 07.176
disthene 蓝晶石 04.429
distributary 分流河段 05.470
distribution coefficient 分配系数 06.059
distribution diagram of element 元素分布图 06.053
distribution of element 元素分布 06.051
distribution of *n*-alkanes 正烷烃分布 06.364
distribution pattern of rare earth element 稀土元素分布模式 06.021

ditrigonal bipyramid 复三方双锥 04.114
divergent boundary 离散边界 03.280
dodecahedron 菱形十二面体 04.108
Dolgellian Age 多尔格期 02.220
Dolgellian Stage 多尔格阶 02.221
dolomite 白云石 04.360, 白云岩 05.404
dolomitization 白云石化[作用] 05.243
dolostone 白云岩 05.404
domain 晶畴 04.172
dome 穹窿 03.105, 坡面 04.094
Donggangling Formation 东岗岭组 02.530
Dongganglingian Age 东岗岭期 02.276
Dongganglingian Stage 东岗岭阶 02.277
dorag dolomitization 混合白云石化[作用] 05.245
dormant fault 休眠断层 03.413
dormant volcano 休眠火山 05.052
double band silicate 双链硅酸盐 04.485
double chain silicate 双链硅酸盐 04.485
Doushantuo Formation 陡山沱组 02.480
down-cutting 下切[作用] 01.057
downslope 下斜坡 05.461
drainage anomaly 水系异常 06.433
draping structure 披覆构造 07.519
dravite 镁电气石 04.462
drinking water 饮用水 08.038
dropdown 水位降深 08.152
drusy structure 晶簇构造 07.123
dry gas 干气 07.458
dry steam field 干蒸汽田 08.206
DTA 差热分析 04.258
ductile deformation 韧性变形 03.038
ductile shear deformation 韧性剪切变形 03.184
ductile shear zone 韧性剪切带 03.183
dull coal 暗淡煤 07.398
dull luster 乌光泽 04.231
dumortierite 蓝线石 04.432
dune facies 沙丘相 05.264
dunite 纯橄榄岩 05.157
duplex 双重构造 03.223
durain 暗煤 07.403
durite 微暗煤 07.436
Dushanzi Formation 独山子组 02.628
dust 飘尘 06.159
dust bowl 尘暴 06.196
dust devil 尘暴 06.196
dustfall 降尘 06.160
dust storm 尘暴 06.196
d-value [粉晶]d值 04.150
dyke 岩脉, *岩墙 05.047
dyke swarm 岩墙群 03.162
dynamic metamorphism 动力变质作用 05.486

E

early magmatic segregation-type deposit 早期岩浆分凝型矿床 07.148
Earth 地球 01.003
earth axis 地轴 01.009
earth core 地核 01.008
earth crust 地壳 01.016
earth luster 土光泽 04.232
earth pole 地极 01.010
earthquake 地震 01.135
earthquake geology 地震地质学 09.132
earthquake line 地震线 09.133
earth science 地球科学 01.004
Earth tide 固体潮, *陆潮 01.146
eclogite 榴辉岩 05.612
eclogite facies 榴辉岩相 05.555
ecological balance 生态平衡 06.205
economic geology 经济地质学 07.004
economic mineral deposit 经济矿床 07.005
ecostratigraphy 生态地层学 02.007
ecosystem 生态系[统] 06.204
edenite 浅闪石 04.495
edgewise conglomerate 竹叶状灰岩 05.427
Ediacara fauna 埃迪卡拉动物群 02.098
effective load 有效载荷 09.035
effective permeability 有效渗透率 07.472
effusive rock 喷出岩 05.139
Eifelian Age 艾费尔期 02.288

Eifelian Stage 艾费尔阶 02.289
elbaite 锂电气石 04.463
electrical analogue method 电模拟法 08.192
electron diffraction 电子衍射 04.259
electron microprobe 电子探针 04.260
electron microscope 电子显微镜 04.268
electron probe 电子探针 04.260
electrum 银金矿 04.295
element 元素 04.288
element association 元素组合 06.054
element pair 元素对 06.055
element ratio 元素比值 06.056
element substitution 元素置换 06.039
elliptical polarization 椭圆偏振 04.182
elongation 延长[性] 04.214
Emsian Age 埃姆斯期 02.286
Emsian Stage 埃姆斯阶 02.287
emulsion texture 乳滴状结构 07.135
endemic disease 地方病 06.213
endogenesis 内生作用 07.036
endogenetic anomaly 内生异常 06.438
endogenetic force 内营力，*内动力 01.045
en echelon 雁列，*斜列 03.055
engineering geodynamics 工程动力地质学 09.004
engineering geological investigation 工程地质勘察 09.011
engineering geological mapping 工程地质测绘 09.012
engineering geological survey 工程地质调查 09.010
engineering geology 工程地质学 09.001
engineering geomechanics of rock mass 岩体工程地质力学 09.005
engineering seismology 工程地震 09.140
enrichment of element 元素富集 06.037
ensialic 硅铝层上[的] 03.398
ensimatic 硅镁层上[的] 03.399
enstatite 顽辉石，*顽火辉石 04.473
enstatite chondrite 顽辉石球粒陨石 06.327
enthalpy-chloride diagram 焓氯图解 08.245
enveloping surface 包络面 03.104
environmental anomaly 环境异常 06.180
environmental background 环境背景[值] 06.224
environmental capacity 环境容量 09.123
environmental chronology 环境年代学 06.177
environmental degradation 环境退化 06.220
environmental effect 环境效应 06.182
environmental element 环境要素 09.124
environmental engineering geology 环境工程地质学 09.006
environmental evaluation 环境评价 09.122
environmental factor 环境因子 06.156
environmental geochemistry 环境地球化学 06.145
environmental geochemistry parameter 环境地球化学参数 06.225
environmental geology 环境地质学 09.119
environmental hydrogeology 环境水文地质 09.121
environmental impact assessment 环境影响评价 06.234
environmental influence 环境影响 06.186
environmental interface 环境界面 06.155
environmental interface geochemistry 环境界面地球化学 06.148
environmental medium 环境介质 06.154
environmental monitoring 环境监测 09.125
environmental organic geochemistry 环境有机地球化学 06.147
environmental planning 环境规划 06.237
environmental pollution 环境污染 06.189
environmental quality 环境质量 06.222
environmental quality assessment 环境质量评价 06.233
environmental quality atlas 环境质量图 06.235
environmental quality index 环境质量指数 06.229
environmental quality parameter 环境质量参数 06.226
environmental quality standard 环境质量标准 06.227
environmental quality variation 环境质量变异 06.223
environmental regionalization 环境区划 06.236
environmental reservoir 环境储库 06.153
environmental self-purification 环境自净 06.178
environmental simulation 环境模拟 06.228
environmental transition 环境变迁 06.221

Eocene Epoch 始新世 02.176
Eocene Series 始新统 02.177
Eogene Period *老第三纪 02.168
Eogene System *老第三系 02.169
eolianite 风成岩 05.360
eon 宙 02.022
eonothem 宇 02.016
epeiric sea 陆表海 05.280
epeirogenesis 造陆作用 03.341
epeirogeny 造陆运动 03.340
epicontinental sea 陆表海 05.280
epidiagenesis 表生成岩[作用] 05.241
epidote 绿帘石 04.420
epidote amphibolite facies 绿帘角闪岩相 05.552
epigenesis 后生作用 05.238
epigenetic anomaly 后生异常 06.437
epigenetic deposit 后生矿床 07.186
epigenetic water 再生水，*次生水 08.028
epithermal deposit 低温水热矿床 07.163
epizone 浅深[变质]带 05.515
epoch 世 02.025
epsilon-type structural system 山字型构造体系 03.437
epsomite 泻利盐 04.382
equigranular 等粒状 05.076
equilibrium constant 平衡常数 06.127
equilibrium phase diagram 平衡相图 06.246
equiposition 等效应点系 04.155
equipotential line 等势线 08.141
era 代 02.023
erathem 界 02.017
erlianite 二连石 04.632
Ermaying Formation 二马营组 02.568
erosion 侵蚀[作用] 01.051
erosional terrace 侵蚀阶地 01.096
erosion base level 侵蚀基面 01.090
ertixiite 额尔齐斯石 04.629
essexite 碱性辉长岩，*霞辉二长岩 05.206
estuary 河口湾 05.471
estuary facies 河口湾相 05.275
eta-type structure 歹字型构造 03.447
etch figure 蚀象 04.051
Eu anomaly 铕异常 06.019
eucrite 钙长辉长无球粒陨石 06.333
eugeosyncline 优地槽 03.330
Eular pole 欧拉极 03.267
eustasy 海平面升降 03.402
eustatic event 海平面升降事件 02.103
eutrophication 富营养化 06.199
euxinic basin 滞流盆地 02.104
evaluation well 评价井 07.484
evaporative pumping 蒸发泵作用 05.250
evaporite 蒸发岩 05.451
evaporite deposit 蒸发岩矿床 07.318
even rule 偶数规则 06.032
event stratigraphy 事件地层学 02.008
excess argon 过剩氩 06.110
exchange equilibrium 交换平衡 06.124
exhalation deposit 喷流矿床 07.170
exinite 壳质组，*稳定组 07.410
existing form of element 元素存在形式 06.035
exogenesis 外生作用 07.037
exogenetic force 外营力，*外动力 01.046
exotic block 外来岩块 03.222
expansion theory 膨胀说 01.030
experimental geochemistry 实验地球化学 06.238
experimental mineralogy 实验矿物学 04.008
experimental petrology 实验岩石学 05.012
exploration and prospecting geology 勘查地质学 07.011
exploration geochemistry 勘查地球化学 06.411
exploratory well 探井 07.482
explosive index 爆发指数 05.029
exsolution 出溶 06.266
extensional tectonics 伸展构造 03.232
extinction 消光 04.207
extinction angle 消光角 04.211
extinct volcano 死火山 05.051
extraordinary ray 非[寻]常光 04.180
extrusion tectonics 挤出构造 03.410
extrusive facies 喷出相 05.038

F

fabric 组构 03.242
face-centered lattice F格子，*面心格子 04.141
facies of ore body root 矿根相 07.212
facies of ore body top 矿顶相 07.211
failure deformation 破坏变形 09.016
fallout 散落物 06.158
false anomaly 假异常 06.445
Famennian Age 法门期 02.294
Famennian Stage 法门阶 02.295
fat coal 肥煤 07.376
fault 断层 03.166
fault block 断块 03.349
fault breccia 断层角砾岩 03.207
fault displacement 断距 03.192
fault drag 断层拖曳 03.202
fault earthquake 断层地震 01.138
fault escarpment 断层陡坎 09.142
fault gouge 断层泥 03.208
fault scarp 断层崖 03.415
fault slip 断层滑移 03.193
fault spring 断层泉 08.070
fault trap 断层圈闭 07.516
fault valley 断层谷 03.416
fauna 动物群 02.093
fayalite 铁橄榄石 04.434
Fedorov stage 弗氏旋转台 04.286
Feihsienkuan Formation 飞仙关组 02.571
Feixianguan Formation 飞仙关组 02.571
feldspar 长石 04.543
feldspar sandstone 长石砂岩 05.384
feldspathoid 似长石 04.559
felsitic texture 霏细结构 05.088
fenestral structure 窗格构造 05.356
Fengshan Formation 凤山组 02.492
Fengshanian Age 凤山期 02.206
Fengshanian Stage 凤山阶 02.207
Fenxiang Formation 分乡组 02.498
ferromagnesian index 铁镁指数 05.027
ferromagnetism 铁磁性 04.243
ferrous metal deposit 黑色金属矿床 07.140
ferruginous rock 铁质岩 05.439
film water 薄膜水 08.021
finite strain 有限应变 03.044
fission-track dating 裂变径迹计时，*裂变径迹定年 06.097
fission-track retention age 裂变径迹保留年龄 06.302
fissure eruption 裂隙式喷发 05.021
fissure spring 裂隙泉 08.073
fissure vein 裂隙脉 07.113
fissure water 裂隙水 08.016
fixism 固定论 01.026
flame structure 火焰状构造 05.338
flaser bedding 压扁层理 05.323
flat 断坪 03.217
flattened fold 压扁褶皱 03.090
F-lattice F格子，*面心格子 04.141
flexural flow folding 弯流褶皱[作用] 03.096
flexural slip folding 弯滑褶皱[作用] 03.095
flexure 挠曲 03.087
flocculation 聚凝[作用]，*凝聚作用 05.229
flood plain 泛滥平原 05.473
floor thrust 底板冲断层 03.188
flora 植物群 02.094
flowage structure 流动构造 03.115
flow cleavage 流劈理 03.151
flow net 流网 08.191
flow structure 流动构造 03.115， 05.116
fluidal structure 流动构造 05.116
fluid convection 流体对流 07.069
fluid dynamics 流体动力学 06.269
fluid inclusion 流体包裹体 06.268
fluid overpressure 流体超压 05.557
fluid-rock interaction 流体－岩石交互作用 07.064
fluorescence 荧光 04.248
fluoride poisoning 氟中毒 06.217
fluorite 萤石 04.321

fluorite deposit 萤石矿床 07.306
fluorite type U-ore 萤石型铀矿 07.253
fluorosis 氟中毒 06.217
fluorspar 萤石 04.321
flute cast 槽铸型，*槽模 05.334
fluvial facies 河流相 05.268
flysch 复理石 03.395
fold 褶皱 03.066
fold axis 褶皱轴 03.069
fold basement 褶皱基底 03.356
fold belt 褶皱带 03.346
folded mountain 褶皱山 01.086
fold limb 褶皱翼 03.067
foliation 叶理 05.576
footwall 下盘 03.169
fore-arc basin 弧前盆地 03.302
foredeep 前凹，*前渊 03.352
foreland 前陆 03.350
foreland basin 前陆台地 03.303
foreshore 前滨 05.456
formation 组 02.037
formation age 形成年龄 06.300
formation volume factor [原油]体积系数 07.474
form of environmental substance 环境物质形态 06.164
forsterite 镁橄榄石 04.435
fossil soil 古土壤 09.086
foundation 地基 09.015
founding materials 铸造材料 07.269
fount 喷泉 08.072
fountain 喷泉 08.072
Fourier synthesis 傅里叶合成 04.161
fractional crystallization 分离结晶作用 05.008
fractionation curve 分馏曲线 06.120
fractionation effect 分馏效应 06.121
fractionation factor 分馏系数 06.122
fractionation mechanism 分馏机理 06.123
fracture 断裂 03.167，断口 04.235
fracture cleavage 破劈理 03.149
framestone 骨架灰岩，*生物构架灰岩 05.413
framework silicate 架状硅酸盐 04.542
Frasnian Age 弗拉斯期 02.292
Frasnian Stage 弗拉斯阶 02.293
frequency distribution of element 元素分布频率 06.052
fresh water 淡水 08.046
frontal arc 前弧 03.438
frontal ramp 前缘断坡 03.219
frozen earth 冻土 09.095
frozen ground 冻土 09.095
fuller's earth 漂白土 07.295
fully penetrating well 完整井 08.084
fumarole 喷气孔 08.221
Fungshanian Age 凤山期 02.206
Fungshanian Stage 凤山阶 02.207
Fuping Group Complex 阜平岩群 02.444
Fupingian stage 阜平阶段 02.113
furongite 芙蓉铀矿 04.602
fusain 丝炭 07.404
fused quartz deposit 熔炼石英矿床 07.289
Fushun Group 抚顺群 02.618
fusinite 丝质体 07.420
fusinization 丝炭化作用 07.400
fusion crust 熔壳 06.342
Fuxin Group 阜新群 02.589

G

gabbro 辉长岩 05.164
gabbro texture 辉长结构 05.083
galena 方铅矿 04.307
galenite 方铅矿 04.307
Gamba Group 岗巴群 02.595
gananite 赣南矿 04.622
gangue 脉石 07.021
Gaoyuzhuang Formation 高于庄组 02.471
gap 间断 02.067
garnet 石榴子石 04.438
gas cap drive reservoir 气顶气驱储油层 07.477
gas coal 气煤 07.375
gas field 气田 07.440
gas from thermomaturation of organic matter 热成熟

成因气 06.386
gas geothermometer 气体地热温标 08.237
Gashanto Formation 阿山头组 02.611
gas-oil ratio 气油比 07.492
gas pool 气藏 07.442
gas retention age 气体保留年龄 06.301
gas saturation 含气饱和度 07.469
gas seepage 气苗 07.449
gas to steam ratio 气汽比 08.227
geanticline 地背斜 03.343
gehlenite 钙铝黄长石 04.449
Gelaohe Formation 革老河组 02.545
gelification 凝胶化作用 07.399
gem mineralogy 宝石矿物学 04.009
gemology 宝石学 04.010
gemstone 宝石 07.301
general inversion 普遍回返 03.371
genetic mineralogy 成因矿物学 04.002
geobarometer 地质压力计；*地球压力计 05.525
geobotanical method 地植物方法 06.461
geochemical anomaly 地球化学异常 06.428
geochemical background 地球化学背景 06.424
geochemical barrier 地球化学障 06.421
geochemical behaviour of element 元素地球化学行为 06.069
geochemical chart 地球化学图 06.046
geochemical classification of element 元素地球化学分类 06.003
geochemical closed system 地球化学封闭体系 06.240
geochemical cycle 地球化学旋回 06.071
geochemical cycle of uranium 铀地球化学旋回 07.237
geochemical detailed survey 地球化学详查 06.484
geochemical dispersion 地球化学分散 06.422
geochemical environment 地球化学环境 06.414
geochemical evolution 地球化学演化 06.070
geochemical exploration 地球化学勘查 06.412
geochemical facies 地球化学相 06.245
geochemical fingerprint 地球化学指纹 06.502
geochemical gas survey 气体地球化学测量 06.459
geochemical mapping 地球化学填图 06.481
geochemical mobility 地球化学活动性 06.423
geochemical model 地球化学模型 06.072
geochemical open system 地球化学开放体系 06.241
geochemical prospecting 地球化学探矿 06.413
geochemical province 地球化学省 06.440
geochemical reconnaissance 地球化学普查 06.483
geochemical rock survey 岩石地球化学测量 06.455
geochemical self-organization 地球化学自组织 06.409
geochemical signature 地球化学标记 06.501
geochemical soil survey 土壤地球化学测量 06.456
geochemical survey of pollution 地球化学污染调查 06.192
geochemical system 地球化学体系 06.239
geochemical transport 地球化学输运 06.042
geochemical water survey 水地球化学测量 06.458
geochemistry 地球化学 06.001
geochemistry of element 元素地球化学 06.002
geochronology 地质年代学 02.055
geocosmogony 地球成因学 03.004
geodynamics 地球动力学 03.005
geological structure 地质构造 03.011
geological time table 地质年表 02.054
geologic environment 地质环境 09.120
geologic event 地质事件 01.024
geologic hazard 地质灾害 09.128
geologic process 地质作用[过程] 01.044
geologic time 地质时期 02.124
geologic time scale 地质年表 02.054
geology 地质 01.001，地质学 01.002
geology of nonmetallic deposit 非金属矿床学 07.262
geomagnetic pole 地磁极 01.149
geomagnetic reversal 地磁极性倒转 01.150
geomagnetism 地球磁性 01.142
geomechanics 地质力学 03.419
geopetal structure 示底构造 05.357
geopressure geothermal resources 地压型地热资源 08.210
geoscience 地学 01.005
geosuture 地缝合线 03.289

geosyncline 地槽，＊地向斜 03.327
geotechnical engineering 岩土工程 09.009
geotectonics ＊大地构造学 03.003
geotemperature 地温 01.144
geotherm 地热 01.143
geothermal activity 地热活动 08.214
geothermal anomalous zone 地热异常带 08.217
geothermal anomaly 地热异常 08.243
geothermal energy 地热能 08.205
geothermal field 地热田 08.246
geothermal fluid 热流体 08.224
geothermal geochemistry 地热地球化学 06.404
geothermal gradient 地热梯度 01.145
geothermal industry 地热工业 08.247
geothermal province 地热省 08.216
geothermal reservoir 热储 08.229
geothermal reservoir engineering 热储工程 08.230
geothermal resources assessment 地热资源评价 08.231
geothermal system 地热系统 07.068
geothermal water 地下热水 08.053
geothermometer 地质温度计，＊地球温度计 05.524
Germanotype tectonics 日尔曼型构造 03.359
geyser 间歇泉 08.071
gibbsite 三水铝石 04.332
girdle 环带 03.246
girdle axis 环带轴 03.248
girdle fabric 环带组构 03.247
Givetian Age 吉维期 02.290
Givetian Stage 吉维阶 02.291
glacial erosion 冰蚀作用 01.107
glacial erratic boulder 冰川漂砾 01.122
glacial facies 冰川相 05.265
glacial stage 冰期 01.110
glacial stria 冰川擦痕 01.108
glaciation 冰川作用 01.106
glacier 冰川 01.105
glaserite deposit 钾芒硝矿床 07.321
glass raw materials 玻璃原料 07.271
glauconite 海绿石 04.520
glaucophane 蓝闪石 04.496
glaucophane-greenschist facies 蓝闪石－绿片岩相 05.550
glaucophane schist 蓝[闪石]片岩 05.597
glaucophane schist facies 蓝闪石片岩相 05.549
glide 滑移[作用] 01.060
glide symmetrical plane 滑移对称面 04.153
global environment 全球环境 06.149
gneiss 片麻岩 05.603
gneissic dome 片麻岩穹窿 05.642
gneissic structure 片麻状构造 05.582
gneissose structure 片麻状构造 05.582
gneissosity 片麻理 05.579
gnomonic projection 心射极平投影 04.254
goethite 针铁矿 04.334
Goldschmidt's rule 戈尔德施米特规则 06.004
Gondwanaland 冈瓦纳古大陆 01.038
goniometer 测角仪 04.269
gossan 铁帽 07.042
graben 地堑 03.190
gradation 均夷[作用] 01.055
graded bedding 递变层理，＊粒序层理 05.322
graded surface 夷平面 01.091
grade of ore 矿石品位 07.017
gradient of groundwater level 地下水位坡降 08.167
grain fabric 颗粒组构 05.292
grain shape 颗粒形状 05.290
grainstone 颗粒灰岩 05.410
grain-supported fabric 颗粒支撑组构 05.293
grain surface texture 颗粒表面结构 05.291
granite 花岗岩 05.185
granite-gneiss terrain 花岗片麻岩区 03.397
granite-greenstone terrain 花岗绿岩区 03.396
granite type U-ore 花岗岩型铀矿 07.259
granitic gneiss 花岗质片麻岩 05.609
granitic texture 花岗结构 05.085
granitization 花岗岩化作用 05.501
granoblastic texture 粒状变晶结构，＊花岗变晶结构 05.561
granodiorite 花岗闪长岩 05.188
granophile deposit 亲花岗岩矿床 07.158
granophyre 花斑岩，＊文象斑岩 05.192
granule 细砾 05.367
granulite 麻粒岩 05.611

granulite facies　麻粒岩相　05.554
graphic texture　文象结构　05.087
graphite　石墨　04.290
graphite deposit　石墨矿床　07.281
graptolite facies　笔石相　02.087
grating texture　格子状结构　07.136
gravelly soil　砾质土　09.084
gravitational gliding　重力滑动　03.231
gravitational process　重力[地质]作用　01.064
gravitational thermal analysis　热重分析　04.262
gravitational water　重力水　08.027
gravity drive reservoir　重力泄油储油层　07.479
gravity water　重力水　08.027
graywacke　杂砂岩，*硬砂岩，*灰瓦岩　05.386
greasy luster　油脂光泽　04.226
greenhouse effect　温室效应　06.185
greenschist　绿片岩　05.596
greenschist facies　绿片岩相　05.551
greenstone　绿岩　05.598
greenstone belt　绿岩带　01.043
greisen　云英岩　07.100
Grenvillian　格伦维尔期　03.382
groove cast　沟铸型，*沟模　05.335
grossular　钙铝榴石　04.440
grossularite　钙铝榴石　04.440
ground fissure　地裂缝　03.414
groundmass　基质　05.092
ground motion　地面运动　03.418
groundwater　地下水　08.011
groundwater basin　地下水盆地　08.105
groundwater capture　地下水袭夺　08.164
groundwater conservation　地下水保护　08.197
groundwater dynamics　地下水动力学　08.004
groundwater model　地下水模型　08.161
groundwater network　地下水网络　08.104
groundwater pollution　地下水污染　08.162
groundwater quality　地下水水质　08.170
groundwater recharge　地下水回灌　08.160
groundwater regime　地下水动态　08.163
groundwater reserves　地下水储量　08.194
groundwater resources　地下水资源　08.196
groundwater runoff　地下水径流　08.110
groundwater system　地下水系统　08.103
groundwater type　地下水类型　08.168
group　群　02.035
group complex　岩群　02.036
grouting　灌浆　09.108
growth fault　生长断层　03.236
grunerite　铁闪石　04.497
GTA　热重分析　04.262
Guandian Age　关底期　02.254
Guandian Stage　关底阶　02.255
Guandi Formation　关底组　02.520
guano-type phosphate deposit　鸟粪石磷矿床　07.314
Guantao Formation　馆陶组　02.623
Guanyinqiao Formation　观音桥组　02.506
Guchengzi Formation　古城子组　02.614
Gufeng Formation　孤峰组　02.560
gugiaite　顾家石　04.587
gulley erosion　沟蚀　09.073
Guniutan Formation　牯牛潭组　02.501
gupaiite　古北矿　04.623
Gushan Formation　崮山组　02.490
Gushanian Age　崮山期　02.202
Gushanian Stage　崮山阶　02.203
gush out　突水　08.183
gypsification　石膏化[作用]　05.246
gypsum　石膏　04.383
gypsum cap　石膏帽　05.453
gypsum deposit　石膏矿床　07.284
gypsum plate　石膏试板　04.283
gypsum rock　石膏岩　05.452
Gzhelian Age　格舍尔期　02.314
Gzhelian Stage　格舍尔阶　02.315

H

halilith　石盐岩　05.454
halite　石盐　04.322
halite deposit　石盐矿床　07.322
halloysite　埃洛石　04.521

halmyrolysis 海解[作用] 05.240
halogenide 卤化物 04.317
halo of water diffusion 弥散晕 08.186
hangingwall 上盘 03.168
Hanjiang Formation 瀞江组 02.511
Hanjiangian Age 瀞江期 02.228
Hanjiangian Stage 瀞江阶 02.229
hardground 硬底[质] 05.359
hardness 硬度 04.237
hardness of water [水]硬度 08.041
hard water 硬水 08.040
harmonic fold 谐调褶皱 03.123
harmotome 交沸石 04.579
harzburgite 斜方辉橄岩，*方辉橄榄岩 05.160
hastingsite 绿钙闪石 04.499
Hauterivian Age 欧特里沃期 02.390
Hauterivian Stage 欧特里沃阶 02.391
hauyne 蓝方石 04.560
haydite materials 陶粒原料 07.276
health effect 健康效应 06.184
heat damage 热害 08.240
heat transfer process 热传导作用 07.070
heave 平错 03.196
heavy metal pollution 重金属污染 06.198
heavy mineral 重矿物 04.024
heavy mineral deposit 重砂矿床 07.191
heavy oil 重质油 07.445
heavy rare earth element 重稀土元素 06.017
hedenbergite 钙铁辉石 04.474
helvite 日光榴石 04.561
hematite 赤铁矿 04.335
hemicrystalline 半晶质 05.072
hemidome 半坡面 04.095
hemihedron 半面体 04.115
hemimorphism 异极象 04.050
hemimorphite 异极矿 04.430
Hercynian 海西期 03.376
Hercynian stage 海西阶段 02.118
Hermann-Mauguin's symbol 赫－莫空间群符号 04.144
herringbone cross-bedding 鱼骨状交错层理 05.327
Heshanggou Formation 和尚沟组 02.567
heterodesmic structure 多型键结构 04.175
heterogeneous strain 非均匀应变 03.043
Hettangian Age 埃唐日期 02.362
Hettangian Stage 埃唐日阶 02.363
heulandite 片沸石 04.580
hexagonal hemimorphic class 六方异极晶类 04.118
hexagonal system 六方晶系 04.101
hexagonal trapezohedron 六方偏方面体 04.119
hexahedrite 方陨铁 06.339
hexahedron 六面体 04.116
hexakisoctahedral class 六八面体晶类 04.120
Hexi structural system 河西构造体系 03.435
hexoctahedron 六八面体 04.117
H-H_2O system 氢－水体系 06.138
hiatus 间断 02.067
hierarchical sampling 谱系采样 06.494
high-alumina basalt 高铝玄武岩 05.172
high aluminum mineral 高铝矿物 07.298
high-enthalpy fluid 高焓流体 08.225
high-fluorine water 高氟水 08.056
high-pressure facies series 高压相系 05.531
high pressure metamorphic belt 高压变质带 05.519
hill 丘陵 01.076
Hilt's rule 希尔特规律 07.365
Himalayan 喜马拉雅期 03.372
Himalayan stage 喜马拉雅阶段 02.121
hinge line of fold 褶皱枢纽 03.068
hingganite 兴安石 04.610
hinterland 后陆 03.351
historical geology 地史学 02.123
Holocene Epoch 全新世 02.186
Holocene Series 全新统 02.187
holocrystalline 全晶质 05.071
holohedral form 全形，*全形对称 04.063
holohedrism 全面象，*全对称性 04.065
holohedron 全面体 04.064
holotype 全型 04.037
homogeneous migmatite 均质混合岩 05.636
homogeneous strain 均匀应变 03.042
homotype 同型 04.040
honeycomb structure 蜂巢状构造 07.130

Honghuayuan Formation 红花园组 02.499
hongshiite 红石矿 04.599
Hongshuizhuang Formation 洪水庄组 02.474
horizon 层位 02.040
horizontal bedding 水平层理 05.316
horizontal displacement 水平断距 03.199
horizontal movement 水平运动 03.016
horizontal zoning 水平分带 07.104
hornblende 普通角闪石 04.500
hornblende gneiss 角闪片麻岩 05.607
hornblende-hornfels facies 角闪石－角岩相 05.544
hornblendite 角闪石岩 05.162
hornfels 角岩，* 角页岩 05.619
hornfels texture 角岩状结构 05.571
horseshoe shaped betwixtoland 马蹄形盾地 03.441
horsetail structure 马尾丝状构造 07.120
horst 地垒 03.191
host rock 容矿岩 07.043
H-O system 氢－氧体系 06.137
hot brine reservoir 热卤水库 07.073
hot dry rock 干热岩 08.209
hot geothermal brine type deposit 地下热[卤]水型矿床 07.172
hot ground surface 放热地面 08.222
hot spot 热点 03.318
hot spring deposit 热泉矿床 07.188
howardite 古铜钙长无球粒陨石 06.334
HREE 重稀土元素 06.017
hsianghualite 香花石 04.583
Hsikuangshanian Age 锡矿山期 02.280
Hsikuangshanian Stage 锡矿山阶 02.281
Hsuchuangian Age 徐庄期 02.198
Hsuchuangian Stage 徐庄阶 02.199
Huangchiateng Formation 黄家磴组 02.537
huanghoite 黄河矿 04.586
Huangjiadeng Formation 黄家磴组 02.537
Huashiban Formation 滑石板组 02.550
Huashibanian Age 滑石板期 02.322
Huashibanian Stage 滑石板阶 02.323
Hudsonian 哈得孙期 03.380
Hulean Age 胡乐期 02.226
Hulean Stage 胡乐阶 02.227
Hule Formation 胡乐组 02.510
huminite 腐植组 07.423
humite 硅镁石 04.445
hummocky bedding 丘状层理 05.328
humocollinite 无结构腐植体 07.425
humodetrinite 碎屑腐植体 07.426
humosapropelic coal 腐植腐泥煤，* 腐殖腐泥煤 07.370
humotelinite 结构腐植体 07.424
humulite 腐植煤，* 腐殖煤 07.368
hungchaoite 章氏硼镁石 04.592
Hutuo Group 滹沱群 02.452
hyalopilitic texture 玻晶交织结构 05.105
hydration 水化[作用] 05.226
hydraulic budget 水量平衡，* 水均衡 08.159
hydraulic connection 水力联系 08.150
hydraulic gradient 水力梯度 08.153
hydraulic head 水头 08.140
hydraulic jump 水跃值 08.184
hydroastrophyllite 水星叶石 04.598
hydrochemical field 水化学场 08.203
hydrochemical type 水化学类型 08.169
hydrochemistry 水化学 08.200
hydrochloborite 多水氯硼钙石 04.595
hydrogen metasomatism 氢交代作用 07.204
hydrogeochemistry 水文地球化学 06.403
hydrogeological condition 水文地质条件 08.010
hydrogeological division 水文地质分区 08.008
hydrogeological investigation 水文地质勘查 08.009
hydrogeology 水文地质学 08.001
hydrolysis 水解[作用] 05.227
hydromicazation 水云母化 07.238
hydroscopic water 吸着水 08.023
hydrosphere 水圈 01.021
hydrothermal activity 水热活动 08.215
hydrothermal alteration 水热蚀变，* 热液蚀变 07.082
hydrothermal area 热水区 08.218
hydrothermal channel 水热通道，* 热液通道 07.067
hydrothermal deposit 水热矿床，* 热液矿床

07.160
hydrothermal eruption 水热喷发 07.059
hydrothermal explosion 水热爆炸 08.219
hydrothermal fluid 水热流体 07.066
hydrothermal reaction 水热反应 06.272
hydrothermal system 水热系统 06.284
hydrous melting curve 含水熔融曲线 06.254
hypabyssal intrusive facies 浅成侵入相 05.036
hypabyssal rock 浅成岩 05.141
hypautochthonous coal 微异地生成煤 07.349
hypersthene 紫苏辉石 04.475
hypersthene granite 紫苏花岗岩 05.187
hypidiomorphic granular 半自形粒状 05.079
hypogene anomaly 表生异常 06.439
hypothermal deposit 高温水热矿床 07.161

I

icosahedron 二十面体 04.121
identity period 等同周期 04.151
idocrase 符山石 04.453
igneous rock 火成岩 05.137
ijolite 霓霞岩 05.210
I-lattice I格子，*体心格子 04.142
illite 伊利石 04.522
ilmenite 钛铁矿 04.336
imbricated structure 叠瓦构造 03.216
immersion method 油浸法 04.263
immiscibility 不混熔性 06.256
immiscible magma 不混熔岩浆 06.255
immobile uranium 惰性铀 07.216
impact crater 撞击坑，*冲击坑 06.315
impactite 冲击岩 05.626
impact metamorphism 冲击变质作用 05.488
impact structure 撞击构造 01.162
impermeable layer 不透水层，*隔水层 08.099
inclined fold 歪斜褶皱 03.080
incompatible element 不相容元素 06.030
incompetent 非强干 03.054
incorporation 归并 03.453
incremental strain 增量应变 03.045
index fossil 标志化石，*标准化石 02.049
index mineral 指示矿物 04.019
index of crystal face 晶面指数 04.074
indicator element 指示元素 06.500
indicator plant 指示植物 06.478
indicatrix 光率体 04.202
Indosinian 印支期 03.375
Indosinian stage 印支阶段 02.119
Induan Age 印度期 02.348
Induan Stage 印度阶 02.349
induced earthquake 诱发地震 09.139
industrial minerals and rocks 工业矿物和岩石 07.264
inequigranular 不等粒状 05.077
inequigranular porphyritic texture 不等粒斑状结构 05.094
inert gas 惰性气体，*稀有气体 06.011
inertinite 惰质组 07.416
inertite 微惰煤 07.433
inertodetrinite 碎屑惰质体 07.422
infiltration 渗滤 06.048
infrared spectrum 红外光谱 04.264
inherited argon 继承氩 06.111
inhomogeneous strain 非均匀应变 03.043
initial lead 初始铅 06.106
initial melt 初始熔体 06.267
initial ratio 初始比值 06.087
initial stress 初始应力 09.029
initial water level 初见水位 08.145
injection gneiss 注入片麻岩 05.634
inland basin 内陆盆地 01.083
inner core 内核 01.011
inorganic genetic gas 无机成因气 06.387
inorganic geochemistry 无机地球化学 06.398
inorganic origin 无机起源 06.310
inshore 内滨 05.458
intercept of isochron 等时线截距 06.083
interface of fresh-saline water 淡咸水界面 08.175
interference color 干涉色 04.215
interference figure 干涉图 04.216
interference pattern of fold 褶皱干涉图象 03.131

interglacial stage 间冰期 01.111
intergranular texture 间粒结构 05.101
interior basin 内陆盆地 01.083
interior chemistry of earth 地球内部化学 06.400
intermediate rock 中性岩 05.150
intermittent zoning 间歇分带 07.106
intermontane basin 山间盆地 01.082
intermountain basin 山间盆地 01.082
internal isochron 内部等时线 06.082
internally heated pressure vessel 内加热高压容器 06.273
internal reflection 内反射 04.192
interpermafrost water 冻结层间水 08.051
interplanetary dust 行星际尘[埃] 06.357
interplate earthquake 板间地震 09.135
intersertal texture 间隐结构 05.102
interstratal karst 层间喀斯特，*层间岩溶 09.081
interstratified water 层间水 08.062
interval zone 间隔带 02.032
intraclast 内碎屑 05.396
intracontinental collision 陆内碰撞 03.311
intrafolial fold 叶内褶皱 03.118
intraformational breccia 层内角砾岩，*层间角砾岩 05.381
intraformational conglomerate 层内砾岩，*层间砾岩 05.380
intramicrite 内碎屑泥晶灰岩 05.437
intraplate earthquake 板内地震 09.134
intrasparite 内碎屑亮晶灰岩 05.436
intrusive contact 侵入接触 02.072
intrusive rock 侵入岩 05.138
inversion 回返，*反演 03.370
inversion center 反伸中心 04.068
iodine deposit 碘矿床 07.305
ion exchange 离子交换 04.177
ionic probe 离子探针 04.261
IR 红外光谱 04.264
iridium anomaly 铱异常 06.318
iron meteorite 铁陨石 06.321
island arc 岛弧 03.295
isochemical series 等化学系列 05.522
isochron age 等时线年龄 06.081
isochrone 等时线 02.051
isoclinal fold 等斜褶皱 03.081
isodesmic structure 均键结构，*等键结构 04.173
isograde 等变质级 05.520
isometric system 等轴晶系 04.098
isomorphic mixture 类质同象混合物 06.258
isomorphism 类质同象 04.049
isopach map 等厚线图 03.404
isophysical series 等物理系列 05.523
isorank 等煤级线 07.362
isoreaction grade 等变质反应级 05.521
isoreflectance line 等反射率线 07.363
isostasy theory 均衡说 01.033
isotope dilution method 同位素稀释法 06.116
isotope fractionation factor 同位素分馏系数 06.134
isotope geochemistry 同位素地球化学 06.073
isotope geochronology 同位素地质年代学 06.074
isotope geothermometer 同位素地质温度计 06.135
isotope hydrogeology 同位素水文地质 08.003
isotopic age 同位素年龄 02.056
isotopic equilibrium 同位素平衡 06.130
isotopic exchange equilibrium 同位素交换平衡 06.125
isotopic exchange reaction 同位素交换反应 06.126
isotopic fractionation 同位素分馏 06.119
isotopic geothermometer 同位素地热温标 08.236
isotopic thermometry 同位素测温法 02.102
isotropic 均质 04.205
isotype 等型 04.041
itabirite 铁英岩 07.055
itai-itai disease 痛痛病 06.219

J

jade 玉石 07.302

jadeite 硬玉 04.487

jarosite 黄钾铁矾 04.384

jasperite 碧玉岩 05.446

JCPDS card JCPDS卡片 04.149

Jehol Group 热河群 02.588

jet 煤精 07.392

Jialingjiang Formation 嘉陵江组 02.573

Jiande Group 建德群 02.600

Jidula Formation 基堵拉组 02.597

Jingeryu Formation 景儿峪组 02.477

Jingyuan Formation 靖远组 02.540

Jinningian 晋宁期 03.379

Jinningian stage 晋宁阶段 02.116

jinshajiangite 金沙江石 04.608

Jisu Formation 哲斯组 02.554

Jiufutang Formation 九佛堂组 02.591

Jiulongshan Formation 九龙山组 02.583

Jiusi Formation 旧司组 02.547

Jixian Group 蓟县群 02.455

Jixianian Period 蓟县纪 02.144

Jixianian System 蓟县系 02.145

jixianite 蓟县矿 04.605

joint 节理 03.144

joint set 节理组 03.145

Jurassic Period 侏罗纪 02.164

Jurassic System 侏罗系 02.165

juvenile water 原生水 08.030

K

kamacite 铁纹石 06.345

Kangding Group Complex 康定岩群 02.448

kaolin 高岭土 05.393

kaolin deposit 高岭土矿床 07.282

kaolinite 高岭石 04.523

kaolinization 高岭土化 07.093

K-Ar dating 钾-氩计时，*钾-氩定年 06.092

karez 坎儿井 08.081

karst 喀斯特，*岩溶 01.068

karst aquifer 喀斯特含水层，*岩溶含水层 08.095

karst collapse 喀斯特塌陷 09.082

karst facies 喀斯特相，*岩溶相 05.267

karst pillar 喀斯特柱，*岩溶柱 09.083

karst spring 喀斯特泉，*岩溶泉 08.074

karst water 喀斯特水，*岩溶水 08.018

Kaschin-Beck disease 大骨节病 06.216

Kasimovian Age 卡西莫夫期 02.312

Kasimovian Stage 卡西莫夫阶 02.313

katazone 深[变质]带 05.513

Kazanian Age 卡赞期 02.344

Kazanian Stage 卡赞阶 02.345

kelyphitic texture 反应边结构 05.100

Kenoran 凯诺拉期 03.384

keratophyre 角斑岩 05.202

kerogen 干酪根 06.375

kersantite 云斜煌岩 05.216

Keshan disease 克山病 06.215

Keweenaw Group 基威诺群 02.459

key well 基准井 07.481

khondalite 孔兹岩 05.610

kimberlite 金伯利岩 05.163

Kimmeridgian Age 基默里奇期 02.380

Kimmeridgian Stage 基默里奇阶 02.381

kinetic metamorphism 动态变质作用 05.493

kink 膝折 03.110

kink band 膝折带 03.112

kink fold 膝折褶皱 03.111

klippe 飞来峰 03.226

Kolaoho Formation 革老河组 02.545

komatiite 科马提岩 05.145

Kongdian Formation 孔店组 02.619

Koujiacun Formation 寇家村组 02.630

Kungurian Age 空谷期 02.342

Kungurian Stage 空谷阶 02.343
Kunyang Group 昆阳群 02.457
kupferschiefer type deposit 含铜页岩型矿床 07.175
kuroko deposit 黑矿型矿床 07.174
Kushanian Age 崮山期 02.202
Kushanian Stage 崮山阶 02.203
kyanite 蓝晶石 04.429
kyanite schist 蓝晶石片岩 05.594

L

labradorite 拉长石 04.554
laccolith 岩盖 05.043
lacustrine facies 湖泊相 05.271
ladder vein 梯状脉 07.116
Ladinian Age 拉丁期 02.354
Ladinian Stage 拉丁阶 02.355
lagoon 潟湖，*泻湖 01.104
lagoon facies 潟湖相 05.273
lahar 火山泥[石]流 05.066
laihunite 莱河矿 04.603
lambda-type structure 入字型构造 03.449
lamina 纹层，*细层 05.314
laminar flow 层流 08.113
lamination 纹理 05.315
lamprophyre 煌斑岩 05.214
lamprophyric texture 煌斑结构 05.097
land asphalt 地沥青 07.454
land environment 陆地环境 06.151
landscape geochemistry 景观地球化学 06.405
landslide 滑坡 09.077
land subsidence 地面沉降 09.127
Langhian Age 兰海期 02.432
Langhian Stage 兰海阶 02.433
Lanqi Formation 蓝旗组 02.586
Lantian Formation 蓝田组 02.632
Laohutai Formation 老虎台组 02.612
lapilli 火山砾 05.134
late magmatic differentiation-type mineral deposit 岩浆晚期分异型矿床 07.153
late residual magma-type deposit 晚期残余岩浆型矿床 07.150
lateritic soil 红土 09.085
lateritization 红土化 07.094
latitude effect 纬度效应 06.132
latitudinal structural system 纬向构造体系 03.427
latitudinal tectonic belt 东西构造带 03.428
lattice 晶格 04.137
Laue group 劳厄群，*劳埃群 04.146
laumontite 浊沸石 04.581
laumontite facies 浊沸石相 05.547
Laurasia 劳亚古大陆 01.039
Laurentia 劳伦古大陆 01.041
lava flow 熔岩流 05.061
lava lake 熔岩湖 05.060
lava tunnel 熔岩隧道 05.064
law of constancy of angle 面角守恒定律 04.070
law of rational indices 有理指数定律 04.071
lawrencite 陨氯铁 06.352
lawsonite 硬柱石 04.446
lazulite 天蓝石 04.392
lazurite 青金石 04.562
leaching deposit 淋积矿床 07.197
leaching type uranium deposit 淋积型铀矿 07.248
leadamalgam 汞铅矿 04.609
leaf-like structure 叶片状构造 07.132
leakage 层间越流 08.114
leakage halo 渗漏晕 06.463
lean coal 瘦煤 07.378
lean gas 干气 07.458
left-handed crystal 左旋晶体 04.030
left-lateral slip 左旋走滑 03.056
left-stepping 左步，*左阶 03.058
Leitz-Jelley refractor 莱茨-杰利折射计 04.272
Lengshuigou Formation 冷水沟组 02.629
length fast 负延长 04.212
length slow 正延长 04.213
Lenian Age 勒拿期 02.212
Lenian Stage 勒拿阶 02.213
lenticular bedding 透镜状层理 05.320
lepidoblastic texture 鳞片状变晶结构 05.563

lepidolite 锂云母 04.526
Leping Formation 乐平组 02.558
leptite 变粒岩 05.602
leptynite 变粒岩 05.602
leucite 白榴石 04.563
leucitite 白榴岩 05.205
leucocrate 浅色岩 05.156
lherzolite 二辉橄榄岩 05.159
Liangjiashan Formation 亮甲山组 02.494
Lianhuashan Formation 莲花山组 02.524
Lianhuashanian Age 莲花山期 02.268
Lianhuashanian Stage 莲花山阶 02.269
Liantan Formation 连滩组 02.513
Liantuo Formation 莲沱组 02.478
Liaohe Group 辽河群 02.453
liberite 锂铍石 04.591
light-colored mineral 浅色矿物 05.130
light oil 轻质油 07.444
light rare earth element 轻稀土元素 06.016
lignite 褐煤 07.372
limestone 石灰岩 05.403
limnic coal-bearing series 内陆型含煤岩系 07.343
lineament 线状行迹 01.084, 线性构造 01.085
linear flowage structure 流线构造 03.117
linear flow structure 流线构造 03.117, 05.117
linear productivity 线金属量 06.497
linear structure 线性构造 01.085, 线状构造 03.114
lineation 线理 05.577
Linxiang Formation 临湘组 02.504
liptite 微壳煤, *微稳定煤 07.432
liptobiolite 残植煤, *残殖煤 07.371
liptodetrinite 碎屑壳质体, *碎屑稳定体 07.415
liquation deposit 熔离矿床 07.146
liquid immiscibility 液态不混溶作用 05.007
liquid limit 液限, *流限 09.047
liquid to steam ratio 水汽比 08.226
liquidus 液相线 06.250
liquid window of oil generation 生油液态窗 06.379
liquified natural gas 液化天然气 07.460
listric fault 铲形断层, *犁形断层 03.213
lithic pyroclast [火山]岩屑 05.127
lithic sandstone 岩屑砂岩 05.385
lithification 石化[作用] 01.070
lithofacies 岩相 05.254
lithologic trap 岩性圈闭 07.513
lithophile element 亲石元素 06.007
lithophysa structure 石泡构造 05.122
lithosphere 岩石圈 01.015
lithostratigraphic unit 岩石地层单位 02.014
lithostratigraphy 岩石地层学 02.005
littoral facies 滨海相 05.276
Liujiagou Formation 刘家沟组 02.566
Lizigou Formation 栗子沟组 02.613
Llandeilian Age 兰代洛期 02.240
Llandeilian Stage 兰代洛阶 02.241
Llandoverian Epoch 兰多弗里世 02.258
Llandoverian Series 兰多弗里统 02.259
Llanvirnian Age 兰维恩期 02.238
Llanvirnian Stage 兰维恩阶 02.239
LNG 液化天然气 07.460
load 载荷 09.034
load cast 负荷铸型, *负荷模 05.333
load metamorphism 负荷变质作用 05.489
load structure 负荷铸型, *负荷模 05.333
local background 局部背景 06.427
local equilibrium 局部平衡 06.247
local metamorphism 局部变质作用 05.479
Lochkovian Age 洛赫科夫期 02.282
Lochkovian Stage 洛赫科夫阶 02.283
loess 黄土 05.392
long-flame coal 长焰煤 07.374
Longhuashan Formation 龙华山组 02.536
longitudinal zoning 纵向分带 06.470
Longmaxian Age 龙马溪期 02.246
Longmaxian Stage 龙马溪阶 02.247
Longmaxi Formation 龙马溪组 02.514
Longtan Formation 龙潭组 02.557
Longwangmiaoan Age 龙王庙期 02.196
Longwangmiaoan Stage 龙王庙阶 02.197
Longwangmiao Formation 龙王庙组 02.486
loosen texture 松散结构 09.036
loose sediment 松散沉积物 09.050
lopezite 铬钾矿 04.407

Loping coal 乐平煤 07.391
Loping Formation 乐平组 02.558
lopite 乐平煤 07.391
lopolith 岩盆 05.042
lotus-form structure 莲花状构造 03.444
low angle normal fault 低角度正断层 03.171
Lower Majiagou Formation 下马家沟组 02.495
Lower Shihezi Formation 下石盒子组 02.563
Lower Shihhotse Formation 下石盒子组 02.563
low-pressure facies series 低压相系 05.533
low temperature geochemistry 低温地球化学 06.407
LREE 轻稀土元素 06.016
luanheite 滦河矿 04.620
Ludlovian Epoch 拉德洛世 02.262
Ludlovian Series 拉德洛统 02.263
ludwigite 硼镁铁矿 04.375
Lufeng Formation 禄丰组 02.580
luminescence 发光[性] 04.247
lump 团块 05.401
lunar core 月核 01.167
lunar crust 月壳 01.170
lunar geology 月球地质学 01.166
lunar lithosphere 月球岩石圈 01.169
lunar mantle 月幔 01.168
lunar meteorite 月球陨石 06.325
lunar regolith 月壤 06.314
lunar rock 月岩 06.313
lunar tectonics 月壳构造 01.171
Lunpola Group 伦坡拉群 02.625
Luofu Formation 罗富组 02.529
Luojoping Formation 罗惹坪组 02.516
Luoquan Formation 罗圈组 02.482
Luoreping Formation 罗惹坪组 02.516
luster 光泽 04.225
Lutetian Age 路特期 02.418
Lutetian Stage 路特阶 02.419
lutite 泥屑岩 05.374
Lüliang Group 吕梁群 02.451
Lüliangian 吕梁期 03.381
Lüliangian stage 吕梁阶段 02.115

M

Maastrichtian Age 马斯特里赫特期 02.410
Maastrichtian Stage 马斯特里赫特阶 02.411
MAC 活动元素吸收系数 06.476
maceral 显微组分 07.405
macrinite 粗粒体 07.418
Maentwrogian Age 梅特罗吉期 02.218
Maentwrogian Stage 梅特罗吉阶 02.219
mafic mineral 铁镁矿物 05.131
mafic rock 镁铁质岩 05.147
maghemite 磁赤铁矿 04.337
magic number rule 幻数规则 06.034
magma 岩浆 05.002
magma chamber 岩浆房 05.033
magma conduit 岩浆通道 05.034
magma reservoir 岩浆房 05.033
magmatic differentiation 岩浆分异作用 05.006
magmatic injection-type deposit 岩浆贯入型矿床 07.149
magmatic-meteoric hydrothermal system 岩浆－大气水水热系统 07.061
magmatic mineral deposit 岩浆矿床 07.147
magmatic rock *岩浆岩 05.137
magmatism 岩浆作用 05.005
magnesioastrophyllite 镁星叶石 04.588
magnesiohulsite 黑硼锡镁矿 04.625
magnesioriebekite 镁钠闪石 04.498
magnesite 菱镁矿 04.365
magnesite deposit 菱镁矿矿床 07.310
magnetic 磁性 04.242
magnetic separator 磁力分选仪 04.257
magnetism 磁性 04.242
magnetite 磁铁矿 04.338
magnetostratigraphy 磁性地层学 02.006
major element 主元素，*常量元素 06.026
malachite 孔雀石 04.366
Malan Formation 马兰组 02.637
manganese nodule 锰结核，*锰团块 05.442
manganese rock 锰质岩 05.441

mantle 地幔 01.013
mantle bulge 地幔隆起 03.316
mantle-derived 幔源[的] 05.003
mantle geochemistry 地幔地球化学 06.401
mantle plume 地幔柱 03.317
manto 席状矿体，*平卧矿体 07.111
Maokouan Age 茅口期 02.336
Maokouan Stage 茅口阶 02.337
Maokou Formation 茅口组 02.556
Maozhuang Formation 毛庄组 02.487
Maping Formation 马平组 02.553
Mapingian Age 马平期 02.326
Mapingian Stage 马平阶 02.327
marble 大理岩 05.615
margarite 珍珠云母 04.528
marginal basin 边缘盆地 03.297
marginal sea 边缘海 03.296
marialite 钠柱石 04.565
marine environment 海洋环境 06.150
marine facies 海相 05.259
marine geochemical exploration 海洋化探 06.454
marine geochemistry 海洋地球化学 06.402
marsh 沼泽 01.102
maskelynite 熔长石 06.353
mass extinction 集群绝灭 02.106
massif 地块 03.348
massive structure 块状构造 05.113
mass movement 块体运动 01.065
Masuda-Coryell diagram 增田－科里尔图解 06.018
material flow 物质流 06.166
matrix 基质 05.092， 杂基 05.300
matrix-supported fabric 杂基支撑组构 05.294
maturity 成熟度 06.376
maturity of organic matter 有机质成熟度 06.377
maximum hydroscopic moisture 最大分子含水量 09.022
maximum molecular moisture capacity 最大分子含水量 09.022
mazzite 针沸石 04.582
meagre coal 贫煤 07.379
meandering river 曲流河 05.469
medium-pressure facies series 中压相系 05.532
megacycle 巨旋回 03.362
meionite 钙柱石 04.567
Meishucun Formation 梅树村组 02.483
Meishucunian Age 梅树村期 02.190
Meishucunian Stage 梅树村阶 02.191
Meitan Formation 湄潭组 02.507
melange 混杂堆积 03.290
melanocrate 暗色岩 05.154
melilite 黄长石 04.447
meliphanite 蜜黄长石 04.448
melting curve 熔融曲线 06.253
member 段 02.038
Menevian Age 梅内夫期 02.216
Menevian Stage 梅内夫阶 02.217
Menkadun Formation 门卡墩组 02.594
meridional structural system 经向构造体系 03.429
meridional tectonic belt 南北向构造带 03.430
mesocratic rock 中色岩 05.155
mesodesmic structure 中键结构 04.174
Mesoproterozoic Era 中元古代 02.132
Mesoproterozoic Erathem 中元古界 02.133
mesosiderite 中铁陨石，*辉长石铁陨石 06.338
mesothermal deposit 中温水热矿床 07.162
Mesozoic Era 中生代 02.138
Mesozoic Erathem 中生界 02.139
mesozone 中深[变质]带 05.514
Messinian Age 墨西拿期 02.438
Messinian Stage 墨西拿阶 02.439
metabasite 变基性岩 05.585
meta-gabbro 变辉长岩 05.617
metallic luster 金属光泽 04.227
metallic mineral 金属矿物 04.023
metallogenesis 成矿作用 07.034
metallogenic belt 成矿带 07.028
metallogenic domain 成矿域 07.031
metallogenic epoch 成矿期 07.039
metallogenic megaprovince 成矿域 07.031
metallogenic prediction 成矿预测 07.035
metallogenic province 成矿省 07.030
metallogenic region 成矿区 07.029
metallogenic series 成矿系列，*成矿序列 07.038
metallogeny 成矿学 07.003

metallo-organic complex　金属有机络合物　06.389
metallo-organic matter mineralization　金属有机矿化作用　06.388
metal nickel-iron　金属镍铁　06.348
metamict　蜕晶，*变晶　04.032
metamorphic cycle　变质旋回　05.505
metamorphic differentiation　变质分异作用　05.502
metamorphic episode　变质阶段　05.508
metamorphic epoch　变质期　05.506
metamorphic event　变质事件　05.507
metamorphic facies　变质相　05.527
metamorphic facies group　变质相组　05.529
metamorphic facies series　变质相系　05.530
metamorphic grade　变质级　05.516
metamorphic gradient　变质梯度　05.504
metamorphic mineral deposit　变质矿床　07.187
metamorphic mineral paragenesis　变质矿物共生　05.526
metamorphic reaction　变质反应　05.535
metamorphic recrystallization　变质重结晶[作用]　05.558
metamorphic regime　变质体制　05.503
metamorphic rock　变质岩　05.474
metamorphic subfacies　变质亚相　05.528
metamorphic zone　变质带　05.517
metamorphism　变质作用　05.475
metamorphosed cherty iron formation　受变质硅铁建造　07.053
metapelite　变泥质岩　05.586
metasomatic lead-zinc deposit in carbonate rock　碳酸盐岩铅锌交代矿床　07.168
metasomatic relict texture　交代残余结构　07.138
metasomatic texture　交代结构　05.574
metasomatism　交代作用　05.484
meteorite　陨石　01.158
meteorite crater　陨[石撞]击坑　01.163
meteorite impact　陨[石撞]击作用　01.161
meteorite shower　陨石雨　01.160
meteoritics　陨石学　01.159
Miaogaoan Age　妙高期　02.256
Miaogaoan Stage　妙高阶　02.257
Miaogao Formation　妙高组　02.521
Miaopo Formation　庙坡组　02.502
miarolitic structure　晶洞构造　05.119
mica　云母　04.525
mica deposit　云母矿床　07.304
mica plate　云母试板　04.284
mica schist　云母片岩　05.591
micrinite　微粒体　07.417
micrite　泥晶灰岩，*微晶灰岩　05.407
microbio-geological process　微生物地质作用　06.394
microcline　微斜长石　04.547
microfabric　显微组构　03.243
microlite　细晶石　04.356，　微晶　05.081
microlithotype　显微煤岩类型　07.430
microphotometer　显微光度计　04.275
microplate　微板块　03.313
microstructure　显微构造　03.241
microtektite　微玻璃陨石　06.359
mid-ocean ridge　洋中脊　03.271
mid-ocean rise　洋中隆　03.272
migma　混合岩浆　05.639
migma pluton　混合岩浆深成体　05.640
migmatism　混合岩化作用　05.497
migmatite　混合岩　05.627
migmatitic front　混合岩化前锋　05.641
migmatitic gneiss　混合片麻岩　05.635
migmatitic granite　混合花岗岩　05.637
migmatization　混合岩化作用　05.497
migration of element　元素迁移　06.036
Miller indices　米勒指数　04.072
Miller-Urey reation　米勒－尤里反应　06.311
Minamata disease　水俣病　06.218
mine drainage　矿坑排水　08.061
mineral　矿物　04.012
mineral assemblage　矿物组合　07.033
mineral association　矿物组合　07.033
mineral chemistry　矿物化学　06.287
mineral deposit　矿床　07.002
mineral deposit by weathering　风化矿床　07.194
mineral deposit geochemistry　矿床地球化学　06.395
mineral deposit geology　矿床地质学　07.001
mineral deposit hydrogeology　矿床水文地质学　08.006

mineral deposit model 矿床模式 07.013
mineral economics 矿产经济学 07.007
mineral exploitation 矿产开发 07.010
mineral exploration 矿产勘查 07.009
mineral isochron 矿物等时线 06.085
mineralization 矿化作用 07.032
mineralization of U-Fe type 铀-铁型矿化 07.243
mineralization of U-Hg type 铀-汞型矿化 07.242
mineralization of U-P type 铀-磷型矿化 07.240
mineralization of U-Ti type 铀-钛型矿化 07.241
mineralization of water 矿化度 08.199
mineralized water 矿化水 08.035
mineralizer 矿化剂 07.052
mineralizing fluid 矿化流体 07.050
mineralogy 矿物学 04.001
mineral phase rule 矿物相律 05.539
mineral physics 矿物物理学 04.004
mineral prospecting 矿产普查 07.008
mineral species 矿物种 04.287
mineral spring 矿泉 08.068
mineral synthesis 矿物合成 06.283
mineral water 矿水 08.054
mineral wool 矿棉 07.277
minerogenesis 成矿作用 07.034
minerogenetic series 成矿系列，* 成矿序列 07.038
minette 云煌岩，* 云正煌斑岩 05.215
mine water 矿坑水 08.057
Minghuazhen Formation 明化镇组 02.624
Mingshui Formation 明水组 02.609
mining geology 矿山地质学 07.012
minor element 次元素 06.027
Miocene Epoch 中新世 02.180
Miocene Series 中新统 02.181
miogeocline 冒地斜 03.332
miogeosyncline 冒地槽 03.331
mirabilite 芒硝 04.386
mirabilite deposit 芒硝矿床 07.327
Mississippi-valley lead-zinc deposit 密西西比河谷式铅锌矿床 07.181
mixed crystal 混合晶体 06.257
mixing model 混合模型 06.112
mizzonite 中柱石 04.564
mobile element absorption coefficient 活动元素吸收系数 06.476
mobile uranium 活性铀 07.215
mobilism 活动论 01.025
mobility of element 元素活动性 06.243
model age 模式年龄 06.080
mode of occurrence of element 元素存在形式 06.035
modulus of groundwater runoff 地下水径流模数 08.165
Moessbauer effect 穆斯堡尔效应 04.266
Moessbauer spectrum 穆斯堡尔谱 04.265
Mohr diagram 莫尔图 03.028
Mohr failure envelope 莫尔包络线 03.030
Mohr stress circle 莫尔应力圆 03.029
Moh's hardness 莫氏硬度 04.238
moisture capacity 持水量 08.156
molasse 磨拉石 03.394
mold 模 05.332
molecular organic geochemistry 分子有机地球化学 06.361
molybdenate 钼酸盐 04.416
molybdenite 辉钼矿 04.308
monazite 独居石 04.393
monocline 单斜 03.086
monoclinic system 单斜晶系 04.102
monticellite 钙镁橄榄石 04.436
montmorillonite 蒙脱石 04.524
montmorillonitization 蒙脱石化 07.239
monzonite 二长岩 05.181
monzonitic granite 二长花岗岩 05.189
monzonitic texture 二长结构 05.084
moon 月球 01.165
moonquake 月震 01.172
moraine fan 冰碛扇 01.119
moraine terrace 冰碛阶地 01.120
mordenite 丝光沸石 04.576
mosaic texture 镶嵌结构 05.560
Moscovian Age 莫斯科期 02.310
Moscovian Stage 莫斯科阶 02.311
mountain 山 01.075
mountain building 造山运动 03.338

mountain chain 山链 03.344
mountain range 山脉 01.074
mountain system 山系 01.073
mud 泥 05.371
mud crack 泥裂，*干裂 05.342
mud flow 泥流 09.101
mudstone 泥岩 05.390
mud volcano 泥火山 05.059
mullion 窗棂构造 03.157
mullite 莫来石 04.427
multi-block slide 多块滑动 09.118
multiple twin 聚片双晶 04.083
multiplicative halo 累乘晕 06.467
multistage system 多阶段体系 06.104
muscovite 白云母 04.529
mylonite 糜棱岩 03.209
mylonitic texture 糜棱结构 05.573
mylonitization 糜棱岩化 03.255
myrmekitic texture 蠕虫结构 05.089

N

Nabiao Formation 纳标组 02.528
Nagaoling Formation 那高岭组 02.525
Nagaolingian Age 那高岭期 02.270
Nagaolingian Stage 那高岭阶 02.271
Nakaoling Formation 那高岭组 02.525
Namurian Age 纳缪尔期 02.302
Namurian Stage 纳缪尔阶 02.303
Nanjinguan Formation 南津关组 02.497
nanpingite 南平石 04.635
Nantuo Formation 南沱组 02.479
Nanxiong Formation 南雄组 02.598
nappe 推覆体 03.210
native chromium 自然铬 04.611
native copper 自然铜 04.291
native gold 自然金 04.293
native silver 自然银 04.294
native sulfur 自然硫 04.292
native sulfur deposit 自然硫矿床 07.309
natron lake 碱湖，*苏打湖 07.325
natural coke 天然焦 07.381
natural gas 天然气 07.455
natural gas geochemistry 天然气地球化学 06.384
natural gas liquid 天然气液 07.461
natural heat-flux method 天然热流量法 08.233
natural levee 天然堤 05.472
natural release 自然释放 06.162
natural resources of groundwater 地下水天然资源 08.198
nature angle of repose 自然坡角 09.027
nebulite 雾迷状混合岩，*阴影状混合岩 05.633
neck 岩颈 05.048
negative anomaly 负异常 06.444
negative elongation 负延长 04.212
nematoblastic texture 柱状变晶结构，*纤状变晶结构 05.562
Nenjiang Formation 嫩江组 02.607
Neocathaysian structural system 新华夏构造体系 03.433
Neocomian Age 尼欧可木期 02.384
Neocomian Stage 尼欧可木阶 02.385
Neogene Period 新近纪，*新第三纪 02.170
Neogene System 新近系，*新第三系 02.171
neomorphism 新生变形[作用] 05.233
Neoproterozoic Era 新元古代 02.134
Neoproterozoic Erathem 新元古界 02.135
neotectonic movement 新构造运动 03.405
neotectonics 新构造学 03.006
neotype 补型 04.039
nepheline 霞石 04.568
nepheline syenite 霞石正长岩 05.203
nephelinite 霞石岩 05.211
nephrite 软玉 04.488
neritic sedimentary deposit 浅海相沉积矿床 07.183
nesosilicate 单岛硅酸盐 04.419
net pay thickness [产层]有效厚度 07.475
net slip 总滑距 03.194
network-former cation 成网阳离子 06.262
network-modifier cation 变网阳离子 06.263
Neumann line 诺依曼线 06.350

neutron diffraction 中子衍射 04.267
Nihewan Formation 泥河湾组 02.635
Ningguoan Age 宁国期 02.224
Ningguoan Stage 宁国阶 02.225
Ningguo Formation 宁国组 02.509
niter 钾硝石 04.387
nitrate 硝酸盐 04.385
nitratine 钠硝石，*智利硝石 04.388
nitratine deposit 钠硝石矿床，*智利硝石矿床 07.326
nitrification 硝化作用 06.172
nitrogen cycle 氮循环 06.392
nitronatrite 钠硝石，*智利硝石 04.388
noble gas 惰性气体，*稀有气体 06.011
nodular structure 瘤状构造 05.348
non-co-axial 非共轴 03.133
noncrystalline 非晶质 04.029
noncylindrical fold 非筒状褶皱 03.077
nonferrous metal deposit 有色金属矿床 07.141
nonmetallic deposit 非金属矿床 07.263
nonmetallic mineral 非金属矿物 04.022
non-significant anomaly 无意义异常 06.448
nontronite 绿脱石 04.535
nonuniform flow 非均匀流 08.116
Norian Age 诺利期 02.358
Norian Stage 诺利阶 02.359
norite 苏长岩 05.165
normal fault 正断层 03.170
normal zoning 顺向分带 07.108
nosean 黝方石 04.570
nuclear fuel waste 核燃料废物 06.208
nuclear geochemistry 核地球化学 06.399
nucleochronology 核年代学 06.297
nucleosynthesis in star 恒星原子核合成 06.294
nucleosynthesis in universe 宇宙原子核合成 06.293
Nyalam Group 聂拉木群 02.461

O

OA 光轴 04.221
obduction 仰冲 03.279
oblique extinction 斜消光 04.209
oblique shear 斜向剪切 03.051
obsidian 黑曜岩 05.195
occurrence 产状 03.060
ocean-floor metamorphism 洋底变质作用 05.487
oceanic anoxic event 大洋缺氧事件 02.105
oceanic crust 洋壳 03.319
octahedrite 八面体铁陨石 06.340
octahedron 八面体 04.107
odd-even predominance of n-alkanes 正烷烃奇偶优势 06.365
offlap 退覆 02.062
offshore 外滨 05.459
offshore oil gas field 海上油气田 07.502
oil accumulation 石油聚集 07.490
oil-bearing area 含油面积 07.494
oil-bearing formation 含油地层 07.495
oil-bearing structure 储油构造 07.497
oil column height 油柱高度，*油藏含油高度 07.498
oil field 油田 07.439
oil field water 油田水 08.064
oil-gas contact 油气界面 07.499
oil gas structure 含油气构造 07.508
oil gas trap 含油气圈闭 07.509
oil occurrence 石油产状 07.491
oil pool 油藏 07.441
oil primary migration 石油初次运移 07.488
oil producing region 产油区 07.501
oil production rate 石油产量 07.493
oil sand 油砂 07.447
oil saturation 含油饱和度 07.468
oil secondary migration 石油二次运移 07.489
oil seepage 油苗 07.448
oil shale 油页岩 07.450
oil-water contact 油水界面 07.500
Oklo phenomenon 奥克洛现象 06.319
Old Red Sandstone 老红砂岩 02.099
Olenekian Age 奥列尼奥克期 02.350
Olenekian Stage 奥列尼奥克阶 02.351

Oligocene Epoch 渐新世 02.178
Oligocene Series 渐新统 02.179
oligoclase 奥长石，＊更长石 04.549
olivenite 橄榄铜矿 04.402
olivine 橄榄石 04.433
olivine-bronzite chondrite 橄榄古铜球粒陨石 06.330
olivine-hypersthene chondrite 橄榄紫苏球粒陨石 06.329
omphacite 绿辉石 04.476
one circle goniometer 单圈测角仪 04.270
one-dimensional flow 一维流 08.122
onshore 滨岸 05.455
onshore oil gas field 陆上油气田 07.503
ooid 鲕粒 05.397
oolite 鲕粒 05.397
oolitic structure 鲕状构造 07.126
oomicrite 鲕粒泥晶灰岩 05.425
oosparite 鲕粒亮晶灰岩 05.424
opal 蛋白石 04.351
opaque 不透明 04.187
open fold 开阔褶皱 03.088
open-platform 开阔台地 05.465
open sea 广海 05.463
ophiolite suite 蛇绿岩套 03.291
ophiolitic melange 蛇绿混杂堆积 03.292
optical angle 光轴角 04.223
optical anormaly 光性异常 04.219
optical axial plane 光轴面 04.222
optical axis 光轴 04.221
optical orientation 光性方位 04.220
optical quartz deposit 光学石英矿床 07.290
orbicular structure 球状构造 05.115
order 有序 04.157
ordinary chondrite 普通球粒陨石 06.328
ordinary ray [寻]常光 04.179
Ordovician Period 奥陶纪 02.152
Ordovician System 奥陶系 02.153
ore 矿石 07.020
ore deposit 金属矿床 07.006
ore district 矿区 07.027
ore field 矿田 07.026
ore-forming element 成矿元素 06.025
ore-forming level 成矿壳层 07.220
ore magma 矿浆 07.051
ore magma iron deposit 矿浆型铁矿床 07.156
ore microscope 矿相显微镜 04.276
ore microscopy 矿相学 04.011
ore mineralogy 矿石矿物学 07.014
ore occurrence 矿点 07.022
ore shoot 富矿体 07.045
organic geochemistry 有机地球化学 06.360
organic reef 生物礁 05.416
orientation survey 试点测量 06.479
origin of element 元素起源 06.292
origin of organic molecules 有机分子起源 06.309
orogen 造山带 03.342
orogene 造山带 03.342
orogenesis 造山作用 03.339
orogenic belt 造山带 03.342
orogenic cycle 造山旋回 03.364
orogenic phase 造山幕 03.365
orogeny 造山运动 03.338
orpiment 雌黄 04.309
orthite 褐帘石 04.421
ortho-amphibolite 正[斜长]角闪岩 05.601
orthoclase 正长石 04.556
orthogeosyncline 正地槽 03.328
ortho-gneiss 正片麻岩 05.605
ortholamprophyllite 斜方闪叶石 04.597
orthomagmatic mineral deposit 正岩浆矿床 07.144
orthopyroxene 斜方辉石 04.471
orthorhombic system 斜方晶系，＊正交晶系 04.103
outer core 外核 01.012
overburden 盖层 01.020
overconsolidated soil 超固结土 09.031
overlap 超覆 02.061
overlaying 重叠 03.456
overstep thrust sequence 后撤冲断层序列 03.228
overthrust 上冲断层，＊逆冲断层 03.186
overturned fold 倒转褶皱 03.082
Oxfordian Age 牛津期 02.378
Oxfordian Stage 牛津阶 02.379
oxide 氧化物 04.324

oxidized zone of sulfide deposit 硫化物矿床氧化带 07.101
oxidizing environment 氧化环境 06.419
oxygen coefficient 含氧系数 07.205
oxygen fugacity 氧逸度 06.286
ozocerite 地蜡 07.453
ozone depletion 臭氧耗竭 06.193

P

packer permeability test 压水试验 08.179
packing 填积[作用] 05.295
packstone 泥粒灰岩 05.409
paired metamorphic belt 双变质带 05.518
palagonite 橙玄玻璃 05.174
paleobiogeography 古生物地理学，*生物古地理学 02.082
Paleocene Epoch 古新世 02.174
Paleocene Series 古新统 02.175
paleoclimatology 古气候学 02.084
paleocontinental reconstruction [map] 古大陆再造[图] 02.108
paleoearthquake 古地震 09.138
paleoecology 古生态学 02.083
Paleogene Period 古近纪 02.168
Paleogene System 古近系 02.169
paleogeographic map 古地理图 02.081
paleogeography 古地理学 02.080
paleogeography of coal-bearing series 含煤岩系古地理 07.346
paleogeotemperature 古地温 06.380
paleohydrogeology 古水文地质学 08.007
paleolatitude 古纬度 02.109
paleomagnetic field 古地磁场 01.152
paleomagnetic pole 古地磁极 01.151
paleomagnetism 古地磁 01.147，古地磁学 01.148
Paleoproterozoic Era 古元古代 02.130
Paleoproterozoic Erathem 古元古界 02.131
paleosol 古土壤 09.086
Paleozoic Era 古生代 02.136
Paleozoic Erathem 古生界 02.137
palingenesis 岩浆再生作用 05.500
palinspastic map 复原图 03.403
pallasite 橄榄陨铁 06.335
palygorskite 坡缕石 04.538
Pangea 泛大陆 01.036
pan-geosyncline 泛地槽 03.400
panidiomorphic granular 全自形粒状 05.078
pan-platform 泛地台 03.401
Panthalassa 泛大洋 01.037
para-amphibolite 副[斜长]角闪岩 05.600
paraffin wax 石蜡 07.452
paragenetic mineral 共生矿物 07.041
parageosyncline 准地槽 03.329
para-gneiss 副片麻岩 05.604
paragonite 钠云母 04.531
paralic coal-bearing series 近海型含煤岩系 07.342
paralic sedimentary deposit 海陆交替相沉积矿床 07.184
parallel bedding 平行层理 05.317
parallel extinction 平行消光 04.208
parallel fold 平行褶皱 03.091
paramagnetism 顺磁性 04.244
parameter well *参数井 07.481
paraplatform 准地台 03.334
parasitic cone 寄生火山锥 05.057
parasitic fold 寄生褶皱 03.119
paratectonic crystallization 同构造期结晶[作用] 05.510
partial equilibrium 部分平衡 06.248
partial extraction 偏提取 06.489
partially penetrating well 非完整井 08.085
partial melting 部分熔融 06.249
parting 裂理 04.234，夹矸 07.358
partition coefficient 分配系数 06.059
passive continental margin 被动大陆边缘 03.285
pathfinder element 探途元素 06.499
Patterson diagram 帕特森图 04.162
pay streak 富金线 07.047
PDB standard PDB 标准 06.141

peat formation 泥炭化作用 07.350
pebble 中砾 05.366
pectolite 针钠钙石 04.477
pedion 单面，*端面 04.066
Pee Dee belemnite standard PDB 标准 06.141
pegmatite 伟晶岩 05.220
pegmatite uranium deposit 伟晶岩型铀矿 07.247
pellet 团粒 05.398
pellicular water 薄膜水 08.021
pelmicrite 球粒泥晶灰岩 05.435
pelsparite 球粒亮晶灰岩 05.434
Penchi Formation 本溪组 02.543
penecontemporaneous diagenesis 准同生作用 05.237
peneplain 准平原 01.092
peneplanation 准平原化作用 01.093
penesyndiagenesis 准同生作用 05.237
penetration 透入性 03.154
pengzhizhongite 彭志忠石 04.639
pennine 叶绿泥石 04.512
penninite 叶绿泥石 04.512
pentagonal icositetrahedron 五角三八面体 04.122
pentagonal trioctahedron 五角三八面体 04.122
pentlandite 镍黄铁矿 04.313
perched water 上层滞水 08.029
percolating solution 渗透溶液 09.051
perenial frozen soil 多年冻土 09.098
periclase 方镁石 04.340
peridotite 橄榄岩 05.158
period 纪 02.024
perlite 珍珠岩 05.197
perlite deposit 珍珠岩矿床 07.278
permafrost 永久冻土 09.096
permanent hardness 永久硬度 08.043
permeability 渗透率 07.471, 渗透性 08.128
permeability coefficient 渗透系数 08.135
permeable layer 透水层 08.096
Permian Period 二叠纪 02.160
Permian System 二叠系 02.161
perovskite 钙钛矿 04.339
perthite 条纹长石 04.557
perthitic texture 条纹结构 05.090
perviousness 透水性 08.129
petrochemistry 岩石化学 05.014
petrofabric 岩石组构，*岩组 03.244
petrofabrics 岩组学 03.245
petrogenesis 岩石成因论 05.001
petroleum geochemistry 石油地球化学 06.374
petroleum geology 石油地质学 07.438
petroleum province 含油气省 07.505
petroleum region 含油气区 07.506
petroliferous basin 含油气盆地 07.504
Phanerozoic Eon 显生宙 02.189
phase transformation of mineral 矿物相变 06.285
pH-Eh diagram pH－Eh 图解 06.058
phengite 多硅白云母 04.530
phenocryst 斑晶 05.091
phlogopite 金云母 04.532
phonolite 响岩 05.204
phonolitic texture 响岩结构 05.107
phosphate 磷酸盐 04.389
phosphate deposit 磷酸盐矿床 07.312
phosphate rock 磷酸盐岩 05.450
phosphorescence 磷光 04.249
phosphorite 磷块岩 05.449
phosphorite deposit 磷块岩矿床 07.313
photochemical smog 光化学烟雾 06.195
phreatic aquifer 潜水含水层 08.092
phreatic water 潜水 08.012
phreatic water contour 等水位线 08.148
phreatic water level 潜水位 08.142
phreatic water table level 潜水面 08.147
phyllic zone 绢英带 07.099
phyllite 千枚岩 05.588
phyllitic structure 千枚状构造 05.580
phyllonite 千糜岩 05.623
phyllo-silicate 层状硅酸盐 04.503
physical geochemistry 物理地球化学 06.406
physical geology 普通地质学 01.006
physical property 矿物物性 04.224
Piacenzian Age 皮亚琴察期 02.442
Piacenzian Stage 皮亚琴察阶 02.443
picotite 铬铁尖晶石 04.342
piedmont facies 山麓相 05.261
piedmont glacier 山麓冰川 01.115
piedmontite 红帘石 04.423

piezoelectricity 压电性 04.250
piezometric contour 等水压线 08.149
piezometric head 承压水头 08.146
piezometric level 承压水位 08.143
piezoquartz deposit 压电石英矿床 07.288
pigeonite 易变辉石 04.478
piggyback thrust sequence 前进冲断层序列 03.229
pillow lava 枕状熔岩 05.062
pillow structure 枕状构造 05.123
pilotaxitic texture 交织结构 05.104
pilot survey 试生产测量 06.480
pinacoid 轴面 04.056
pinch 尖灭 02.064
pinch-and-swell structure 串珠状构造 03.121
pipe erosion 潜蚀 09.075
piping 管涌 09.074
pisolite 豆粒 05.402
pisolitic structrue 豆状构造 07.127
piston-cylinder apparatus 活塞－缸筒设备 06.275
pitch 侧伏，＊侧伏角 03.073
pitchblende 沥青铀矿 07.217
pitchstone 松脂岩 05.196
pit water 矿坑水 08.057
placer 砂矿床 07.199
plagioclase 斜长石 04.546
plagioclasite 斜长岩 05.166
plain 平原 01.078
plain of accumulation 堆积平原 01.080
plain of denudation 剥蚀平原 01.079
planar cross-bedding 板状交错层理 05.325
planar flow structure 流面构造 05.118
planar structure 面状构造 03.113
planation 夷平[作用] 01.056
planation surface 夷平面 01.091
plane of sliding 滑动面 09.079
plane polarization 平面偏振 04.184
planetary geology 行星地质学 01.173
plastic deformation 塑性变形 03.039
plastic limit 塑限 09.048
plate 板块 03.263
plateau 高原 01.077
plateau age 坪年龄 06.089
plateau facies 高原相 05.262
plateau glacier 高原冰川 01.116
plate boundary 板块边界 03.277
plate motion 板块运动 03.270
plate tectonics 板块构造学 03.262
platform 地台 03.333
platform margin 台地边缘 05.466
platform margin slope 台地边缘斜坡 05.467
platinum group element 铂系元素，＊铂族元素 06.022
platy flowage structure 流面构造 03.116
platy flow structure 流面构造 03.116
playa 干盐湖 07.328
playa facies 干盐湖相 05.270
Pleistocene Epoch 更新世 02.184
Pleistocene Series 更新统 02.185
pleochroism 多色性 04.218
plessite 合纹石 06.344
plicate structure 皱纹构造 07.134
Pliensbachian Age 普林斯巴赫期 02.366
Pliensbachian Stage 普林斯巴赫阶 02.367
Pliocene Epoch 上新世 02.182
Pliocene Series 上新统 02.183
plug 岩塞 05.049
plume 热流柱 07.058
plume structure 羽痕构造，＊羽饰构造 03.161
plumose structure 羽痕构造，＊羽饰构造 03.161
plunge 倾伏，＊倾伏角 03.072
plutonic intrusive facies 深成侵入相 05.035
plutonic metamorphism 深成变质作用 05.491
plutonic rock 深成岩 05.140
plutonite 深成岩 05.140
poikilitic texture 包含结构 05.099
point contact 点接触 05.296
point group 点群 04.059
polarized light 偏[振]光 04.185
polarizing microscope 偏光显微镜 04.277
pole of rotation ＊转动极 03.266
pole of spreading 扩张极 03.266
polished section 光片 04.045
polluted water 污染水 08.058
pollution 污染 06.187
pollution dose 污染剂量 06.231

pollution index 污染指数 06.230
pollution sources 污染源 06.190
pollution type 污染类型 06.191
polycrase 复稀金矿 04.343
polycycle 多旋回 03.369
polycyclic tectonics 多旋回构造说 03.390
polyhalite deposit 杂卤石矿床 07.320
polymer 聚合物 06.261
polymerization model 聚合模型 06.260
polymetallic nodule 多金属结核 07.056
polymetamorphism 多期变质作用 05.496
polymorph 同质多象变体，*多型变体 04.042
polymorphic transformation 同质多象转变 06.041
polymorphism 同质多象 06.040
polytype 多型，*多型体 04.038
pore 孔隙 05.301
pore pressure 孔隙压力 09.056
pore solution 孔隙溶液 09.055
pore space 孔洞 09.054
pore volume 孔隙体积 09.057
pore water 孔隙水 08.015
pore water pressure 孔隙水压力 09.049
porosity 孔隙度 07.467
porous cement 孔隙胶结 05.305
porous medium 多孔介质 08.097
porphyrite iron deposit 玢岩铁矿床 07.155
porphyritic texture 斑状结构 05.093
porphyroblast 变斑晶 05.565
porphyroblastic texture 斑状变晶结构，*变斑状结构 05.564
porphyry copper deposit 斑岩铜矿床 07.166
Portlandian Age *波特兰期 02.382
Portlandian Stage *波特兰阶 02.383
positive anomaly 正异常 06.443
positive elongation 正延长 04.213
post-glacial period 冰后期 01.112
post-magmatic mineral deposit 岩浆期后矿床 07.159
post-orogenic 造山期后 03.368
post-tectonic crystallization 后构造期结晶[作用] 05.511
potassic-metasomatism type uranium deposit 钾交代型铀矿 07.250
potassic zone 钾化带 07.098
Pragian Age 布拉格期 02.284
Pragian Stage 布拉格阶 02.285
Precambrian 前寒武纪 02.125
precious metal deposit 贵金属矿床 07.142
precipitation 淀积[作用] 05.225
precipitation zoning 沉淀分带 07.105
precursor compound 生源物 06.373
preexisting fault 原有断层 09.144
prehnite 葡萄石 04.541
prehnite-pumpellyite facies 葡萄石-绿纤石相 05.548
preliminary prospecting well 预探井 07.483
pre-orogenic 前造山期 03.367
pressure calibration 压力校正 06.281
pressure fringe 压力影 03.254
pressure gradient 压力梯度 06.278
pressure jump 水跃值 08.184
pressure shadow 压力影 03.254
pressure solution 压溶 03.160
pressure transmitting medium 传压介质 06.280
prestress 预应力 09.032
pre-tectonic crystallization 前构造期结晶[作用] 05.509
Priabonian Age 普利亚本期 02.422
Priabonian Stage 普利亚本阶 02.423
Pridolian Epoch 普里多利世 02.264
Pridolian Series 普里多利统 02.265
primary anomaly 原生异常 06.434
primary environment 原生环境 06.415
primary halo 原生晕 06.462
primary mineral 原生矿物 04.025
primary stress 初始应力 09.029
primary water 原生水 08.030
primitive isotopic anomaly 原始同位素组成异常 06.307
primordial lead 原生铅 06.105
principal refractive index 主折射率 04.190
principal strain 主应变 03.021
principal strain axis 主应变轴 03.023
principal stress 主应力 03.020
principal stress axis 主应力轴 03.022
prism 柱 04.089

prochlorite 蠕绿泥石 04.513
prod cast 椎铸型，*椎模 05.337
producing well 生产[油]井 07.486
profile sampling 测线采样 06.496
progressive deformation 递进变形 03.040
progressive metamorphism 递进变质作用 05.494
propylitization 青磐岩化 07.089
prospect 远景区 07.025
prospecting mineralogy 找矿矿物学 04.003
Proterozoic Eon 元古宙 02.128
Proterozoic Eonothem 元古宇 02.129
protomylonite 初糜岩 05.622
proximal ore deposit 近火山活动金属矿床 07.177
pseudoisochron 假等时线 06.086
pseudomorph 假象 04.052
pseudotachylite 假玻璃熔岩 03.239
psilomelane 硬锰矿 04.344
ptygma 肠状褶皱 03.120
ptygmatic fold 肠状褶皱 03.120
ptygmatite 肠状混合岩 05.630
pull-apart 拉分 03.308
pulsation 脉动[作用] 03.411
pulsation theory 脉动说 01.032
pulsative zoning 脉动分带 07.107
pumice 浮岩，*浮石 05.198
pumpellyite 绿纤石 04.539
pumping of group wells 群孔抽水 08.181
pumping test 抽水试验 08.177
pumping well 抽水井 08.089
pure shear 纯剪切 03.031
putrefaction 腐泥化作用 07.351
pycnometer 比重瓶 04.280
pyramid 锥 04.090
pyrite 黄铁矿 04.311
pyrite deposit 黄铁矿矿床 07.308
pyritohedron 五角十二面体 04.123
pyrochlore 烧绿石 04.345
pyroclastic flow 火山碎屑流 05.065
pyroclastic texture 火山碎屑结构 05.109
pyroelectricity 热电性 04.251
pyrolite 地幔岩 05.144
pyrolusite 软锰矿 04.346
pyrometamorphism 高热变质作用 05.482
pyrometasomatic deposit 高温交代矿床 07.154
pyrope 镁铝榴石 04.441
pyrophyllite 叶蜡石 04.536
pyrophyllite deposit 叶蜡石矿床 07.287
pyrophyllitization 叶蜡石化 07.097
pyroxene 辉石[类] 04.468
pyroxene-hornfels facies 辉石-角岩相 05.545
pyroxene-plagioclase stony-iron 中铁陨石，*辉长石铁陨石 06.338
pyroxenite 辉石岩 05.161
pyroxenoid 似辉石 04.480
pyroxferroite 三斜铁辉石 06.356
pyrrhotite 磁黄铁矿 04.312

Q

Qingbaikouan Period 青白口纪 02.146
Qingbaikouan System 青白口系 02.147
Qingbaikou Group 青白口群 02.456
qingheiite 青河石 04.617
Qingshankou Formation 青山口组 02.605
Qiongzhusian Age 筇竹寺期 02.192
Qiongzhusian Stage 筇竹寺阶 02.193
Qiongzhusi Formation 筇竹寺组 02.484
qitianlingite 骑田岭矿 04.626
Qixia Formation 栖霞组 02.555
Qixian Age 栖霞期 02.334
Qixian Stage 栖霞阶 02.335
quantitative stratigraphy 定量地层学 02.009
Quantou Formation 泉头组 02.604
quartz 石英 04.347
quartz andesite 石英安山岩 05.180
quartz diorite 石英闪长岩 05.176
quartz exhalite 石英喷流岩 07.057
quartzite 石英岩 05.618
quartz monzonite 石英二长岩 05.182
quartz porphyry 石英斑岩 05.191
quartz sandstone 石英砂岩 05.383
quartz trachyandesite 石英粗安岩 05.184
quartz trachyte 石英粗面岩 05.201

quartz wedge 石英楔 04.282
Quaternary ice age 第四纪冰期 01.113
Quaternary Period 第四纪 02.172
Quaternary System 第四系 02.173
quench melt 淬火熔体 06.259

R

RAC 相对吸收系数 06.474
radioactive decay 放射性衰变 07.229
radioactive measurement 放射性测量 07.208
radioactive pollution 放射性污染 06.194
radioactive water 放射性水 08.037
radioactivity 放射性 04.252
radiocarbon dating 放射性碳计时，*放射性碳定年 06.098
radiolarite 放射虫岩 05.448
radiotracer analysis 放射性示踪分析 06.144
radius of influence 影响半径 08.182
radon measurement 氡法测量 07.207
raindrop 雨痕 05.343
rain print 雨痕 05.343
rake 侧伏，*侧伏角 03.073
ramp 断坡 03.218，缓坡 05.462
random sampling 随机采样 06.492
range zone 延限带 02.030
rare alkaline metal 稀碱金属 06.014
rare earth element 稀土元素 06.015
rare earth metal deposit 稀土金属矿床 07.143
rare element 稀有元素 06.012
rare gas 惰性气体，*稀有气体 06.011
Rayleigh fractionation 瑞利分馏 06.128
Rb-Sr dating 铷-锶计时，*铷-锶定年 06.095
R-C network R-C网络 08.193
reaction rate 反应速率 06.049
reaction rim texture 反应边结构 05.100
reaction series 反应系列 05.011
reactivation 复活 03.387
realgar 雄黄 04.310
recharge area of groundwater 地下水补给区 08.108
recharge water 回灌水 08.036
recharge well 回灌井 08.087
reciprocal lattice 倒易格子 04.163
reclined fold 斜卧褶皱 03.083
reconstruction 再造 03.015
recrystallization 重结晶[作用] 04.035
recumbent fold 平卧褶皱 03.084
recurrence interval 重现间隔，*复发间隔 09.141
redox transitional zone of uranium 铀氧化-还原过渡带 07.206
reducing environment 还原环境 06.420
REE 稀土元素 06.015
reef facies 礁相 02.088
reef trap [structure] 礁圈闭[构造] 07.517
reference point 参考点 02.048
reference section 参考剖面 02.047
reflectance analysis 反射率分析法 07.364
reflection 反射 04.191
reflection color index 反射颜色指数 04.195
reflectivity 反射率 04.194
reflectometer 反射计 04.278
reflex arc 反射弧 03.439
refolded fold 重褶褶皱 03.129
refolding 重褶作用 03.130
refraction 折射 04.188
refractive index 折射率，*折光率 04.189
refractometer 折射计 04.279
refractory materials 耐火材料 07.268
regenerated deposit 再生矿床 07.193
regional background 区域背景 06.426
regional crustal stability 区域地壳稳定性 09.003
regional dynamic metamorphism 区域动力变质作用 05.477
regional dynamothermal metamorphism 区域热动力变质作用 05.478
regional engineering geology 区域工程地质学 09.002
regional environment 区域环境 06.152
regional geochemical anomaly 区域地球化学异常

06.181
regional geochemical survey 区域地球化学测量 06.482
regional geology 区域地质学 01.007
regional hydrogeology 区域水文地质学 08.002
regional metamorphism 区域变质作用 05.476
regional migmatization 区域混合岩化作用 05.498
regression 海退 02.060
Rehe Group 热河群 02.588
reinerite 砷锌矿 04.403
rejuvenation 复活 03.387
relative absorption coefficient 相对吸收系数 06.474
relative abundance 相对丰度 06.061
relatively stable groundmass 相对稳定地块 09.129
relative permeability 相对渗透率 07.473
release of environmental substance 环境物质释放 06.161
relict structure 残留构造 05.575, 残余构造 07.133
renewed fault 复活断层 03.412
reniform structure 肾状构造 07.128
replacement 交代[作用] 05.235
reserve 储量 07.016
reservoir formation 储油气层 07.464
reservoir geology 储层地质学 07.465
reservoir property 储层性质 07.466
residence time 滞留时间 06.176
residual and mechanical concentration 残积和机械富集作用 07.078
residual deformation 残余变形 09.017
residual deposit 残积矿床 07.196
residual strength 残余强度 09.020
resinite 树脂体 07.413
resources 资源 07.015
resources assessment 资源评价 07.019
retrogressive metamorphism 退化变质作用 05.495
retrogressive slide 牵引式滑动 09.033
reverse drag 逆牵引 03.203
reversed S-shaped structure 反 S 型构造 03.446
reverse fault 逆断层 03.172
reverse zoning 逆向分带 07.109
revived fault 复活断层 03.412
Rhaetian Age 瑞替期 02.360
Rhaetian Stage 瑞替阶 02.361
rhodochrosite 菱锰矿 04.367
rhodonite 蔷薇辉石 04.481
rhombohedral system 菱面体晶系 04.105
rhombohedron 菱面体 04.124
rhyolite 流纹岩 05.193
rhyotaxitic texture 流纹结构 05.108
rhythmic bedding 韵律层理 05.321
rich gas 湿气 07.459
riebeckite 钠闪石 04.501
rift 裂谷 03.305
rifting 裂谷作用 03.306
right-handed crystal 右旋晶体 04.031
right-lateral slip 右旋走滑 03.057
right-stepping 右步, * 右阶 03.059
rigid plate 刚性板块 03.264
rill 细沟 09.072
ring dike 环状岩墙 03.163
ring dyke 环状岩墙 03.163
Riphe Group 里菲群 02.460
ripple index 波痕指数 05.311
ripple mark 波痕 05.341
river terrace 河流阶地 01.095
roche moutonnée (法) 羊背石 01.118
rock anomaly 岩石异常 06.431
rock assemblage 建造 03.392
rock association 建造 03.392
rockfall 岩崩 09.103
rock-forming element 造岩元素 06.024
rock-forming mineral 造岩矿物 04.014
rock mechanics 岩体力学 09.008
rock-ore formation time interval 矿 - 岩时差 07.210
rock province 岩省 05.068
rock salt 石盐岩 05.454
rock soil anchor 岩土锚杆 09.110
rollover anticline structure 滚动背斜构造 07.520
roof thrust 顶板冲断层 03.187
rootless anticline 无根背斜 03.220
ropy lava 绳状熔岩 05.063
roscoelite 钒云母 04.533
Rössing-type uranium deposit 勒辛型铀矿床

07.202
rotation inversion 旋转反伸对称，*反伸 04.069
rotation method 旋转法 04.164
rough lead method 粗铅法 07.235
roundness 圆度 05.289
ruarsite 硫砷钌矿 04.606
ruby 红宝石 04.355
rudite 砾屑岩 05.372
Rupelian Age 吕珀尔期 02.424
Rupelian Stage 吕珀尔阶 02.425
rutile 金红石 04.352

S

sabkha facies 塞卜哈相，*萨布哈相 05.272
sabkha salt model 塞卜哈成盐模式 07.331
saddle reef 鞍状脉 07.117
safety island 安全岛 09.130
sag pond 断陷塘 03.417
Sahai Formation 沙海组 02.592
Sakmarian Age 萨克马尔期 02.330
Sakmarian Stage 萨克马尔阶 02.331
salic mineral 硅铝矿物 05.132
saline spring 咸泉 08.079
saline water 咸水 08.047
salinity 盐度 08.201
salite 次透辉石 04.482
saltation 跃移[作用] 01.062
salt brine 卤水 08.049
salt deposit 盐类矿床 07.317
salt dome 盐丘 03.108
salt dome trap [structure] 盐丘圈闭[构造] 07.518
salt flat 盐滩，*盐坪 07.329
salt lake 盐湖 01.103
salt water 盐水 08.048
sand 砂 05.368
Sandouping Group Complex 三斗坪岩群 02.449
sandstone 砂岩 05.382
sandstone type U-ore 砂岩型铀矿 07.257
sandwiched area of double fracture zone 双断裂夹持区 07.234
sandy clay 砂质粘土 09.037
sanidine 透长石 04.558
sanidine facies 透长石相 05.546
Sanmen Formation 三门组 02.638
Santonian Age 桑顿期 02.406
Santonian Stage 桑顿阶 02.407
sapanthracite 腐泥无烟煤 07.386
sapanthracon 腐泥烟煤 07.385
sapphire 蓝宝石 04.353
sapphirine 假蓝宝石 04.354
saprocol 硬腐泥 07.383
saprocollite 胶泥煤 07.387
saprodite 腐泥褐煤 07.384
saprofication 腐泥化作用 07.351
sapropel 腐泥 07.382
sapropelite 腐泥煤 07.369
saturated flow 饱和水流 08.120
saturation 饱和度 08.187
scalenohedron 偏三角面体 04.125
scapolite 方柱石 04.566
scheelite 白钨矿 04.414
schist 片岩 05.589
schistose structure 片状构造 05.581
schistosity 片理 05.578
Schmidt net 施密特网 03.142
Schoenflies symbol 申弗利斯符号，*圣弗利斯符号 04.145
schorl 黑电气石 04.464
schorlite 黑电气石 04.464
schuppen structure 叠瓦构造 03.216
sclerotinite 菌类体 07.421
S-C-mylonite S－C 糜棱岩 03.256
scorodite 臭葱石 04.399
screw axis 螺旋轴 04.152
screw dislocation 螺型位错 03.259
sea-floor spreading 海底扩张 03.265
seasonal frozen soil 季节冻土 09.097
secondary anomaly 次生异常 06.435
secondary enlargement 次生加大 05.302
secondary environment 次生环境 06.416

secondary mineral 次生矿物 04.026
sedimantary model of coal 煤沉积模式 07.344
sediment 沉积物 05.222
sedimental water 沉积水 08.024
sedimentary association 沉积组合 02.111
sedimentary contact 沉积接触 02.073
sedimentary cover 沉积盖层 03.358
sedimentary cycle in coal-bearing series 含煤岩系旋回结构 07.345
sedimentary deposit 沉积矿床 07.182
sedimentary differentiation 沉积分异[作用] 05.230
sedimentary environment 沉积环境 05.251
sedimentary exhalative deposit 沉积喷流矿床 07.171
sedimentary facies 沉积相 05.253
sedimentary facies association 沉积相组合 05.257
sedimentary facies model 沉积相模式 05.255
sedimentary formation 沉积建造 05.256
sedimentary rock 沉积岩 05.221
sedimentary structure 沉积构造 05.312
sedimentary texture 沉积结构 05.283
sedimentation 沉积[作用] 01.067
seepage-reflux mechanism 渗透回流[作用] 05.248
seepage water 渗流水 08.026
segregation 分凝作用 07.079
seism 地震 01.135
seismic-tectonic zone 地震构造带 09.131
seismic wave 地震波 01.141
seismogeology 地震地质学 09.132
seismostratigraphy 地震地层学 02.011
seismotectonics 地震构造学 03.007
self-diffusion 自扩散作用 06.265
self-sealing 自封闭 08.220
semibright coal 半亮煤 07.396
semidull coal 半暗煤 07.397
semifusinite 半丝质体 07.419
Senonian Age 塞农期 02.402
Senonian Stage 塞农阶 02.403
sensitive clay 敏感粘土 09.039
sensitivity ratio 敏感系数 09.040
sepiolite 海泡石 04.537
sepiolite deposit 海泡石矿床 07.293
sequence 层序 02.033
sequence stratigraphy 层序地层学 02.010
sequential extraction 循序提取 06.490
seriate porphyritic texture 连续不等粒斑状结构 05.095
sericite 绢云母 04.534
sericitization 绢云母化 07.092
series 统 02.019
serpentine 蛇纹石 04.505
serpentinite 蛇纹岩 05.616
serpentinization 蛇纹石化 07.090
Serravalian Age 塞拉瓦勒期 02.434
Serravalian Stage 塞拉瓦勒阶 02.435
sewage 污水 08.060
shaft draining 矿井疏干 08.176
Shahejie Formation 沙河街组 02.620
shale 页岩 05.391
shallow burialism 浅埋[作用] 05.231
shallow foundation 浅基础 09.114
shallow marine facies 浅海相 05.277
shallow seated groundwater 浅层水 08.031
shallow well thermometry 浅孔测温 08.238
Shamao Formation 纱帽组 02.517
Shangsi Formation 上司组 02.548
Shangssu Formation 上司组 02.548
Shangxi Group 上溪群 02.466
Shansi Formation 山西组 02.562
Shanwang Formation 山旺组 02.617
Shanxi Formation 山西组 02.562
shatter cone 撞裂锥 03.165
shear 扭[性] 03.420
shear strain 剪[切]应变 03.025
shear stress 剪[切]应力 03.024
shear structural system 扭动构造体系 03.431
shear zone 剪切带 03.182
sheath fold 鞘褶[皱] 03.122
sheepback rock 羊背石 01.118
sheeted dyke complex 席状岩墙群 03.293
sheeted dyke swarm 席状岩墙群 03.293
shell rule 壳层规则 06.033
shelly facies 壳相 02.086
Shetianchiaoan Age 佘田桥期 02.278

Shetianchiaoan Stage 佘田桥阶 02.279
Shetianchiao Formation 佘田桥组 02.533
Shetianqiaoan Age 佘田桥期 02.278
Shetianqiaoan Stage 佘田桥阶 02.279
Shetianqiao Formation 佘田桥组 02.533
Shichienfeng Formation 石千峰组 02.565
shield 地盾 03.347
shield volcano 盾形火山 05.053
Shikouan Age 石口期 02.230
Shikouan Stage 石口阶 02.231
Shikou Fomation 石口组 02.512
Shilu Group 石碌群 02.462
Shiniulan Formation 石牛栏组 02.515
Shiniulanian Age 石牛栏期 02.248
Shiniulanian Stage 石牛栏阶 02.249
Shiqianfeng Formation 石千峰组 02.565
shock metamorphism 冲击变质作用 05.488
Shouchang Formation 寿昌组 02.599
shrinkage crack 泥裂，*干裂 05.342
Shulehe Formation 疏勒河组 02.622
sial 硅铝层 01.018
Sibao Group 四堡群 02.464
siderite 菱铁矿 04.368
sideronitic texture 海绵陨铁结构 07.137
siderophile element 亲铁元素 06.009
siderophyre 古铜－鳞英石铁陨石 06.336
sieve analysis 筛分析 09.087
sieved texture 筛状变晶结构 05.570
Sifangtai Formation 四方台组 02.608
significant anomaly 有意义异常 06.447
silica geothermometer 二氧化硅地热温标 08.234
silic-alkali index 硅碱指数 05.024
silicate 硅酸盐 04.418
siliceous rock 硅质岩 05.443
silicified zone type U-ore 硅化带型铀矿 07.255
silky luster 丝绢光泽 04.229
sill 岩床 05.044
sillimanite 夕线石 04.426
sillimanite gneiss 夕线石片麻岩 05.606
silt 粉砂 05.369
siltstone 粉砂岩 05.387
Silurian Period 志留纪 02.154
Silurian System 志留系 02.155
sima 硅镁层 01.017
similar fold 相似褶皱 03.093
simple shear 简单剪切 03.032
simulation experiment 模拟实验 06.244
Sinemurian Age 西涅缪尔期 02.364
Sinemurian Stage 西涅缪尔阶 02.365
single chain silicate 单链硅酸盐 04.466
single stage system 单阶段体系 06.102
single-well pumping 单孔抽水 08.180
Sinian Period 震旦纪 02.148
Sinian System 震旦系 02.149
sinistral slip 左旋走滑 03.056
Sipaian Age 四排期 02.272
Sipaian Stage 四排阶 02.273
skarn 夕卡岩 05.620
skeletal fragment 骨屑 05.399
skeletal grain 骨粒 05.400
skeleton texture 骸晶结构 07.139
slate 板岩 05.587
slaty cleavage 板劈理 03.148
slickenside 断层擦面 03.201
slide 滑动 09.078
slip 滑动 09.078
slip cleavage 滑劈理 03.150
slip line 滑移线 03.179
slip plane 滑移面 03.181
slip surface 滑动面 09.079
slip system 滑移系 03.180
slope 边坡 09.092
slope of isochron 等时线斜率 06.084
slump structure 滑塌构造，*滑陷构造 05.339
smithsonite 菱锌矿 04.369
Sm-Nd dating 钐－钕计时，*钐－钕定年 06.096
smut 煤垩 07.366
snow avalanche 雪崩 09.104
sodalite 方钠石 04.571
soda niter 钠硝石，*智利硝石 04.388
soda niter deposit 钠硝石矿床，*智利硝石矿床 07.326
sodic-metasomatism type uranium deposit 钠交代型铀矿 07.251
sodium-potassium geothermometer 钾钠地热温标

08.235
soft water 软水 08.039
soil anomaly 土壤异常 06.432
soil colloid 土壤胶体 09.090
soil compaction 压密 09.023
soil improvement 土质改良 09.014
soil mechanics 土力学 09.007
soil microstructure 土壤微结构 09.089
soil skeleton 土骨架 09.088
soil water 土壤水 08.017
solar system abundance of element 太阳系元素丰度 06.305
sole thrust 底板冲断层 03.188
solidus 固相线 06.251
solution 溶解[作用] 05.224
solution breccia 溶解角砾岩 05.379
solution-cavity filling 溶洞充填 07.112
Solvan Age 索尔瓦期 02.214
Solvan Stage 索尔瓦阶 02.215
sorting index 分选指数 05.309
source bed 矿源层 07.048, 烃源岩, *生油岩 07.496
source rock 矿源岩 07.049, 烃源岩, *生油岩 07.496
source rock evaluation 生油岩评价 06.382
space chemistry 空间化学 06.290
space geology 宇宙地质学 01.153
space group 空间群 04.165
spallogenic nuclide 散裂成因核素 06.296
spar 亮晶 05.405
sparite 亮晶灰岩 05.406
specific gravity 比重 04.241
specific yield 给水度 08.189
spessartine 锰铝榴石 04.442
spessartite 锰铝榴石 04.442, 闪斜煌岩 05.218
sphalerite 闪锌矿 04.314
sphene 榍石 04.450
sphenoid 楔形 04.096
sphericity 球度 05.288
spike 稀释剂 06.117
spilite 细碧岩 05.173
spindle stage 旋转针台 04.285
spinel 尖晶石 04.333
spinifex texture 鬣刺结构 05.112
spodumene 锂辉石 04.483
sponge rock 海绵岩 05.447
spontaneous fission 自发裂变 07.230
sporinite 孢子体 07.411
spotted structure 斑点状构造 05.583
spreading rate 扩张速率 03.269
spreading ridge 扩张脊 03.273
spring 泉 08.065
Sr-O system 锶－氧体系 06.136
S-shaped structure S型构造 03.445
S-surface S面 03.137
stable isotope geochemistry 稳定同位素地球化学 06.075
stage 阶 02.020
standard light Antarctic precipitation SLAP标准 06.143
standard mean ocean water SMOW标准 06.139
standard section 标准剖面 02.042
static level 静止水位 08.144
static metamorphism 静态变质作用 05.492
static sounding 静力触探 09.115
statistical petrology 统计岩石学 05.015
staurolite 十字石 04.451
steady flow 稳定流 08.111
steam-water separation 汽水分离 08.228
Stephanian Age 斯蒂芬期 02.306
Stephanian Stage 斯蒂芬阶 02.307
stepwise heating 阶段加温 06.118
stereogram 球面立体投影图, *赤平极射投影图 03.143
stereographic projection 球面立体投影图, *赤平极射投影图 03.143
stibarsen 砷锑矿 04.297
stibnite 辉锑矿 04.315
stilbite 辉沸石 04.574
stilpnomelane 黑硬绿泥石 04.516
stock 岩株 05.045
stockwork and disseminated molybdenum deposit 细脉浸染型钼矿床 07.167
stockwork ore zone 网脉状矿石带 07.110
stony-iron meteorite 石铁陨石 06.322

stony meteorite 石陨石 06.320
storage coefficient 释水系数，*贮水系数 08.134
storativity 释水系数，*贮水系数 08.134
stored heat method 积存热量法 08.232
strain ellipsoid 应变椭球体 03.027
strain field 应变场 03.048
strain rate 应变速率 03.034
strain ratio 应变轴比 03.035
strata-bound mineral deposite 层控矿床 07.189
stratiform deposit 层状矿床 07.190
stratigraphical sampling 分域采样 06.493
stratigraphic boundary 地层界线 02.075
stratigraphic classification 地层分类 02.015
stratigraphic code 地层规范 02.077
stratigraphic column 地层柱[状图] 02.053
stratigraphic correlation 地层对比 02.058
stratigraphic geochemistry 地层地球化学 06.397
stratigraphic guide 地层指南 02.076
stratigraphic lexicon 地层典 02.078
stratigraphic regionalization 地层分区 02.074
stratigraphic section 地层剖面 02.041
stratigraphic subdivision 地层划分 02.057
stratigraphic table 地层表 02.079
stratigraphic trap 地层圈闭 07.512
stratigraphic well 基准井 07.481
stratigraphy 地层学 02.002
stratotype 层型 02.043
stratovolcano 层状火山 05.054
stratum 地层 02.001
streak 条痕 04.240
streaky migmatite 条痕状混合岩 05.632
stream sediment survey 水系沉积物测量 06.457
stress ellipsoid 应力椭球体 03.026
stress field 应力场 03.046
stress mineral 应力矿物 04.020
stress trajectory 应力迹线 03.047
stretching lineation 拉伸线理 03.156
strike 走向 03.062
strike-slip component 走滑分量 03.197
strike-slip fault 走滑断层 03.174
stromatolite 叠层石 05.429
stromatolitic structure 叠层构造 05.351
structural contour 构造等值线 03.240
structural cross section 构造[横]剖面 03.135
structural domain 构造域 03.014
structural element 结构要素 03.422
structural feature 构造形迹 03.421
structural geology 构造地质学 03.002
structural geology and tectonics 构造地质学 03.001
structural level 构造层次 03.385
structural lineament 构造线条 03.423
structural pattern 构造图式 03.126
structural petrology 构造岩石学 05.016
structural plane 结构面 03.424
structural sequence 构造序列 03.134
structural system 构造体系 03.425
structural trap 构造圈闭 07.510
structural type 构造型式 03.426
structure 构造 05.070
structure factor 结构因子 04.166
Strunian Age 斯特隆期 02.296
Strunian Stage 斯特隆阶 02.297
stylolite [沉积]缝合线 05.352
subaqueous gliding 水下滑移[作用] 01.061
subaqueous slump 水下滑移[作用] 01.061
subduction 俯冲 03.278
suberinite 木栓质体 07.429
subgrain 亚晶粒 03.249
subgrain boundary 亚晶粒边界 03.250
submarine eruption 海底喷发 05.022
submarine exhalative process 海底喷流作用 07.065
submarine hot spring 海底热泉 07.071
subpermafrost water 冻结层下水 08.052
subsequent river 后成河 01.089
subsidence 沉降 09.076
subtle trap 隐蔽圈闭 07.511
subvolcanic facies 潜火山相，*次火山相 05.037
subvolcanic rock 潜火山岩，*次火山岩 05.142
Suess effect 苏斯效应 06.183
suevite 撞击角砾岩 06.316
suffosion 潜蚀 09.075
sulfate 硫酸盐 04.377
sulfide 硫化物 04.296
sulfur-containing organic compound 有机含硫化合物

06.366
sulfur cycle 硫循环 06.393
sulfur spring 硫磺泉 08.080
suolunite 索伦石 04.594
supergroup 超群 02.034
superimposed anomaly 叠加异常 06.446
superimposed fold 叠加褶皱 03.128
suprapermafrost water 冻结层上水 08.050
suspect terrane 可疑地体 03.324
suspension liquid 悬浮液 09.042
suspension transport 悬移[作用] 01.063
suspensoid 悬浮液 09.042
sustain capacity 持水度 08.190
suture 地缝合线 03.289
sutured contact 锯齿状接触 05.298
swaley bedding 洼状层理 05.329
swamp 沼泽 01.102
swamp facies 沼泽相 05.266
swelling clay 膨胀土 09.099
swelling pressure 膨胀压力 09.113
syenite 正长岩 05.199
sylvine 钾盐 04.323
sylvite 钾盐 04.323
sylvite deposit 钾盐矿床 07.323
symmetrical fold 对称褶皱 03.074
symmetry 对称 04.057
synchronism 同时性 02.050
synclinorium 复向斜 03.097
syneclise 台向斜 03.353
synform 向形 03.099
synformal anticline 向形背斜 03.101
syngenesis 同生作用 05.236
syngenetic anomaly 同生异常 06.436
syngenetic deposit 同生矿床 07.185
syngenetic hydrothermal process 同生水热作用 07.072
syn-orogenic 同造山期 03.366
syn-tectonic crystallization 同构造期结晶[作用] 05.510
synthetic mineral 人造矿物, *合成矿物 04.016
system 系 02.018
szaibelyite 硼镁石 04.376
szaibelyite deposit 硼镁石矿床 07.316

T

tabular cross-bedding 板状交错层理 05.325
tabular U-ore body 板状铀矿体 07.214
TAC 季节性吸收系数 06.475
taconite 铁英岩 07.055
taenite 镍纹石 06.346
Taishan Group Complex 泰山岩群 02.446
Taiyuan Formation 太原组 02.544
talc 滑石 04.504
talc deposit 滑石矿床 07.285
talc schist 滑石片岩 05.593
Tangbagou Formation 汤粑沟组 02.546
Tangding Formation 塘丁组 02.527
Tangpakou Formation 汤粑沟组 02.546
taphrogeny 地裂运动 03.233
target selection 靶区优选 06.485
tarnish 锖色 04.053
tar sand 沥青砂 07.451
Tatarian Age 鞑靼期 02.346
Tatarian Stage 鞑靼阶 02.347
taxitic structure 斑杂构造 05.114
Tayeh Formation 大冶组 02.572
tear fault 撕裂断层, *捩断层 03.177
technological petrology 工艺岩石学 05.013
tectonic basin 构造盆地 01.087
tectonic cycle 构造旋回 03.361
tectonic denudation 构造剥蚀 03.309
tectonic earthquake 构造地震 01.137
tectonic element 构造单元 03.345
tectonic emplacement 构造侵位 03.294
tectonic framework 构造格架 03.127
tectonic grain 构造方向 03.238
tectonic lake 构造湖 01.100
tectonic map 大地构造图 03.019
tectonic model 构造模式 03.018
tectonic overpressure 构造超压 05.556
tectonics 构造学 03.003

tectonics of diwa 地洼说 03.388
tectonic stage 构造阶段 02.112
tectonic style 构造样式 03.125
tectonic system 构造体系 03.425
tectonic type 构造型式 03.426
tectonic unit 构造单元 03.345
tectonism 构造作用 03.009
tectonite 构造岩 03.204
tectono-geochemistry 构造地球化学 06.396
tectono-paleogeography 构造古地理 02.110
tectonophysics 构造物理学，*大地构造物理学 03.008
tectonosphere 构造圈 03.013
tectono-stratigraphic terrane 构造地层地体 03.323
tecto-silicate 架状硅酸盐 04.542
tectothermal event 构造热事件 03.012
tektite 玻璃陨石，*雷公墨 06.358
telescoped deposit 叠套矿床，*叠生矿床 07.165
telinite 结构镜质体 07.407
temperature gradient 温度梯度 06.276
temperature logging 温度测井 08.239
tempestite 风暴岩 05.362
temporal absorption coefficient 季节性吸收系数 06.475
temporary hardness 暂时硬度 08.042
tengchongite 腾冲铀矿 04.627
tephrite 碱玄岩 05.208
terrace 阶地 01.094
terrane 地体 03.322
terrestrial age 陨石落地年龄 06.304
terrestrial environment 陆地环境 06.151
Tethys 特提斯[海] 01.040
tetraauricupride 四方铜金矿 04.612
tetragonal disphenoidal class 四方双楔类 04.127
tetragonal pyramid 四方锥 04.128
tetragonal system 四方晶系 04.100
tetrahedrite 黝铜矿 04.316
tetrahedron 四面体 04.126
tetrahexahedron 四六面体 04.129
tetrakishexahedron 四六面体 04.129
textural maturity 结构成熟度 05.307
texture 结构 05.069
Thanetian Age 塔内特期 02.414
Thanetian Stage 塔内特阶 02.415
the continental brack hypothesis 大陆车阀说 03.457
theralite 霞斜岩 05.207
thermal and sound insulating materials 隔热隔音材料 07.275
thermal conductivity 热导率 08.213
thermal damage 热害 08.240
thermal metamorphism 热变质作用 05.481
thermal pollution 热污染 08.241
thermal reworked type uranium deposit 热改造型铀矿 07.245
thermal spring 温泉 08.069
thermal stress 热应力 08.242
thermobarogeochemistry 温压地球化学，*热压地球化学 06.408
thermo-simulation of organic matter 有机质热模拟 06.390
thick-skinned tectonics 厚皮构造 03.215
thin section 薄片 04.046
thin-skinned tectonics 薄皮构造 03.214
tholeiite 拉斑玄武岩 05.170
tholeiitic series 拉斑系列 05.017
tholeiitic texture 拉斑[玄武]结构 05.103
thomsonite 杆沸石 04.575
three-dimensional flow 三维流 08.124
threshold 异常下限 06.429
threshold of oil generation 生油门限 06.378
throw 落错 03.195
thrust 冲断层 03.173
Th/U ratio 钍铀比 07.224
thuringite 鳞绿泥石 04.515
tidal flat 潮滩 05.281
Tieling Formation 铁岭组 02.475
tight fold 紧闭褶皱 03.089
tillite 冰碛岩 05.363
time temperature index 时间温度指数 06.381
titanite 榍石 04.450
Tithonian Age 提塘期 02.382
Tithonian Stage 提塘阶 02.383
Toarcian Age 图阿尔期 02.368
Toarcian Stage 图阿尔阶 02.369

Tommotian Age 托莫特期 02.208
Tommotian Stage 托莫特阶 02.209
tonalite 英云闪长岩 05.177
tongbaite 桐柏矿 04.618
Tongchuan Formation 铜川组 02.569
tool mark 压刻痕，＊工具痕 05.344
topaz 黄玉 04.452
topographic isotopic fractionation effect 地形同位素分馏效应 06.131
torbanite 藻烛煤 07.389
torbernite 铜铀云母 04.395
Tortonian Age 托尔托纳期 02.436
Tortonian Stage 托尔托纳阶 02.437
total deformation 总变形 09.019
total dissolved solid 矿化度 08.199
total hardness 总硬度 08.044
tourmaline 电气石 04.461
Tournaisian Age 杜内期 02.298
Tournaisian Stage 杜内阶 02.299
trace element 痕量元素，＊微迹元素 06.028
trace fossil 遗迹化石 05.353
trachyandesite 粗安岩 05.183
trachybasalt 粗玄岩 05.169
trachyte 粗面岩 05.200
trachytic texture 粗面结构 05.106
traction 推移[作用] 01.059
tranquillityite 静海石 06.355
transcurrent fault 大型平移断层，＊平推断层 03.178
transformation of environmental substance 环境物质转化 06.167
transform boundary 转换边界 03.282
transform fault 转换断层 03.274
transgression 海侵，＊海进 02.059
transition facies 过渡相 05.260
transmissibility coefficient 导水系数 08.136
transmissivity 导水性 08.130
transparent 透明 04.186
transportation 搬运[作用] 01.058
transport of environmental substance 环境物质迁移 06.165
transposition [构造]置换 03.155
transpression 压剪 03.050
transtension 张剪 03.049
transversal zoning 横向分带 06.471
trapezohedron 偏方三八面体 04.130
Tremadocian Age 特里马道克期 02.234
Tremadocian Stage 特里马道克阶 02.235
tremolite 透闪石 04.502
trench 海沟 03.299
trench-arc-basin system 沟弧盆系 03.298
triakisoctahedron 三角三八面体 04.131
triakistetrahedron 三角三四面体 04.132
triangle zone 三角带 03.221
Triassic Period 三叠纪 02.162
Triassic System 三叠系 02.163
triclinic system 三斜晶系 04.104
tridymite 鳞石英 04.349
trigonal bipyramid 三方双锥 04.133
trigonal system 三方晶系 04.099
trigonal trapezohedron 三方偏方面体 04.134
trimacerite 微三合煤 07.437
trimorphism 同质三象 04.048
triple junction 三联点 03.268
troilite 陨硫铁 06.347
trona 天然碱 04.371
trona deposit 天然碱矿床 07.324
trondhjemite 奥长花岗岩，＊更长花岗岩 05.186
trough cross-bedding 槽状交错层理 05.326
Tsanglangpuan Age 沧浪铺期 02.194
Tsanglangpuan Stage 沧浪铺阶 02.195
TTI 时间温度指数 06.381
Tuanshanzi Formation 团山子组 02.469
Tuchengzi Formation 土城子组 02.587
tuffite 层凝灰岩 05.418
tuff texture 凝灰结构，＊火山灰结构 05.110
Tungkanglingian Age 东岗岭期 02.276
Tungkanglingian Stage 东岗岭阶 02.277
tungstate 钨酸盐 04.413
turbidite 浊积岩 05.361
turbulent flow 紊流 08.117
Turonian Age 土伦期 02.400
Turonian Stage 土伦阶 02.401
turquoise 绿松石 04.396
turquoise deposit 绿松石矿床 07.300
twin 双晶 04.079

twin axis　双晶轴　04.087
twin plane　双晶面　04.086
two circle goniometer　二圈测角仪　04.271
two-dimensional flow　二维流　08.123
two stage system　二阶段体系　06.103
type of cementation　胶结类型　05.303
type of metamorphism　变质作用类型　05.534
ε-type structural system　山字型构造体系　03.437
ξ-type structural system　多字型构造　03.432
γ-type structure　帚状构造　03.443
η-type structure　歹字型构造　03.447
λ-type structure　入字型构造　03.449
typochemical element　标型元素　06.023
typomorphic mineral　标型矿物　04.027
tyuyamunite　钒钙铀矿　04.410

U

ultraacidic rock　超酸性岩　05.152
ultrabasic rock　超基性岩　05.148
ultramafic rock　超镁铁质岩　05.146
ultrametamorphism　超变质作用　05.499
ultramylonite　超糜棱岩　05.621
unconfined aquifer　非承压含水层　08.094
unconformity　不整合　02.070
unconformity trap　不整合圈闭　07.514
unconformity-vein type uranium deposit　不整合脉型铀矿　07.261
undation theory　波动说　01.031
underground engineering　地下工程　09.013
underground flow　潜流　08.119
underground geothermal brine　地下热卤水　08.223
underground river　地下河　08.090
underplating　板垫作用　03.321
underthrust　下冲断层，*俯冲断层　03.185
uniaxial crystal　一轴晶，*单轴晶体　04.198
uniform flow　均匀流　08.115
uniformitarianism　均变论　01.027
unit cell　晶胞　04.143
unit cell parameter　晶胞参数　04.167
unit stratotype　单位层型　02.044
unit weight　容重　09.021
universal stage　弗氏旋转台　04.286
universe　宇宙　01.155
unsaturated flow　非饱和水流　08.121
unsteady flow　非稳定流　08.112
U-ore of chlorite type　绿泥石型铀矿　07.244
U-ore of explosion-breccia type　爆破角砾岩型铀矿　07.249
U-ore of microcrystalline quartz type　微晶石英型铀矿　07.203
uplift　隆起　03.355
Upper Majiagou Formation　上马家沟组　02.496
Upper Shihezi Formation　上石盒子组　02.564
Upper Shihhotse Formation　上石盒子组　02.564
upright fold　直立褶皱　03.079
upslope　上斜坡　05.460
upwelling-current model of phosphate deposit　上升洋流磷矿成矿模式　07.330
U-Ra equilibrium　铀-镭平衡　07.228
uraniferous collophane　含铀胶磷矿　07.223
uraninite　晶质铀矿　04.357
uranium-bearing shale　含铀页岩　07.221
uranium-bearing silicalite　含铀硅岩　07.222
uranium black　铀黑　07.219
uranium deposit　铀矿床　07.201
uranium geology　铀矿地质学　07.200
uranium mobilization　铀活化　07.225
uranium oxidized zone　铀氧化带　07.226
uranium productive massif　产铀岩体　07.231
uranium reduction zone　铀还原带　07.227
uranium-rich massif　富铀岩体　07.232
uranium roll　卷状铀矿体　07.213
uranium series dating　铀系计时，*铀系定年　06.099
urban geology　城市地质　09.126
urtite　磷霞岩　05.212
U-shaped valley　U形谷　01.117
U-[Th-]Pb dating　铀-[钍-]铅计时，*铀-[钍-]铅定年　06.094
U-valley　U形谷　01.117
uvarovite　钙铬榴石　04.443

V

Valanginian Age 凡兰吟期 02.388
Valanginian Stage 凡兰吟阶 02.389
valley terrace 河流阶地 01.095
δ value δ值 06.113
vanadate 钒酸盐 04.408
vanadinite 钒铜矿 04.411
variation diagram of element abundance 元素丰度变化图 06.063
Variscan 华力西期 03.377
Variscan stage *华力西阶段 02.118
varve chronology 纹理年代学 06.100
varved clay 纹泥 01.123
vein structure 脉状构造 07.119
velocity of groundwater flow 地下水流速 08.125
vergence 倒向 03.071
vermiculite 蛭石 04.540
vertical displacement 铅直断距 03.200
vertical movement 铅直运动 03.017
vertical zoning 垂直分带 07.103
vesicular structure 气孔构造 05.120
vesignieite 钒钡铜矿 04.412
vesuvianite 符山石 04.453
VHN 维氏硬度 04.239
Vickers hardness 维氏硬度 04.239
Vienna standard mean ocean water V-SMOW 标准 06.140
viscous effect of rock 岩石粘滞效应 09.117
Visean Age 维宪期 02.300
Visean Stage 维宪阶 02.301
vitrain 镜煤 07.401
vitreous 玻璃质 05.074
vitreous luster 玻璃光泽 04.230
vitric fragment 玻屑 05.286
vitric pyroclast [火山]玻屑 05.126
vitrinertite 微镜惰煤 07.435
vitrinite 镜质组 07.406
vitrite 微镜煤 07.431
vitrodetrinite 碎屑镜质体 07.409
vitroporphyritic texture 玻基斑状结构 05.096
vivianite 蓝铁矿 04.394
vogesite 闪正煌岩，*闪辉正煌岩，*闪正煌斑岩 05.217
void ratio 孔隙比 09.028
volcanic activity 火山活动 01.126
volcanic arc 火山弧 03.304
volcanic ash 火山灰 05.136
volcanic belt 火山带 05.067
volcanic bomb 火山弹 05.133
volcanic cone 火山锥 01.134
volcanic cycle 火山旋回 01.128
volcanic dome 火山穹丘 05.055
volcanic earthquake 火山地震 01.140
volcanic edifice 火山机体，*火山机构 01.129
volcanic facies 火山岩相 05.032
volcanic mudflow 火山泥[石]流 05.066
volcanic neck 火山颈 01.133
volcanic rhythm 火山韵律 05.030
volcanic rock 火山岩 05.143
volcanic sand 火山砂 05.135
volcanic structure 火山构造 05.031
volcanic type U-ore 火山岩型铀矿 07.258
volcanic vent 火山通道 01.130
volcanism 火山作用 01.127
volcano 火山 01.124
volcanogenic massive sulfide deposit 火山成因块状硫化物矿床 07.173
volcanogenic mineral deposit 火山成因矿床 07.169
volcanology 火山学 01.125
volcano-sedimentary deposit 火山沉积型矿床 07.179
volcano-tectonic depression 火山-构造拗陷 07.075
volgian Age *伏尔加期 02.384
volgian Stage *伏尔加阶 02.385
vortex structure 旋卷构造 03.442

W

wackestone 粒泥灰岩，＊瓦克灰岩 05.408
wall rock 围岩 07.044
wallrock alteration 围岩蚀变 07.083
Wangshi Group 王氏群 02.602
warm water fauna 暖水动物群 02.100
waste water 废水 08.059
water balance 水量平衡，＊水均衡 08.159
water-bearing formation 含水岩组 08.102
water-bearing rock system 含水层系 08.101
water capacity 容水度 08.188
water circulation 水循环 08.151
water content 含水量 08.155
water cycle 水循环 08.151
water drive reservoir 水驱储油层 07.478
water escape structure 泄水构造 05.358
water injection test 注水试验 08.178
water injection well 注水[油]井 07.487
water level 水位 08.139
water migration coefficient 水迁移系数 08.202
water of aeration zone 包气带水 08.033
water of crystallization 结晶水 08.022
water quality analysis 水质分析 08.171
water quality evaluation 水质评价 08.173
water quality standard 水质标准 08.204
water requirement 需水量 08.158
water resisting property 隔水性 08.131
water-rock interaction 水岩作用 06.264
water sample 水样 08.174
water saturation 含水饱和度 07.470
water storage capacity 富水程度 08.127
water supply hydrogeology 供水水文地质学 08.005
water yield 涌水量 08.157
water yield property 富水性 08.126
wavy bedding 波状层理 05.318
wavy mosaic tectonics 波浪镶嵌构造说 03.389
wax 石蜡 07.452
weathering 风化作用 01.047
weathering crust 风化壳 01.049
weathering crust ion-adsorbed REE deposit 风化壳离子吸附型稀土矿床 07.198
weathering crust mineral deposit 风化壳矿床 07.195
weishanite 围山矿 04.621
welded tuff texture 熔结凝灰结构 05.111
well 井 08.082
well yield 井涌水量 08.185
Wenlockian Epoch 文洛克世 02.260
Wenlockian Series 文洛克统 02.261
Westphalian Age 威斯特法期 02.304
Westphalian Stage 威斯特法阶 02.305
wet gas 湿气 07.459
wet steam field 湿蒸汽田 08.207
white schist 白片岩 05.625
whitlockite 白磷钙石 06.354
Widmannstätten pattern 维德曼施泰滕相 06.349
willemite 硅锌矿 04.454
Wilson cycle 威尔逊旋回 03.315
window 构造窗 03.227
wolframite 黑钨矿 04.415
wollastonite 硅灰石 04.484
wollastonite deposit 硅灰石矿床 07.286
Woma Formation 卧马组 02.627
worm burrow 虫孔，＊潜穴 05.349
wrench fault 平移断层 03.175
Wuchiaping Formation 吴家坪组 02.559
Wuchiapingian Age 吴家坪期 02.338
Wuchiapingian Stage 吴家坪阶 02.339
Wufeng Formation 五峰组 02.505
Wufengian Age 五峰期 02.232
Wufengian Stage 五峰阶 02.233
Wujiaping Formation 吴家坪组 02.559
Wujiapingian Age 吴家坪期 02.338
Wujiapingian Stage 吴家坪阶 02.339
Wulai Group 乌来群 02.616
wulfenite 钼铅矿，＊彩钼铅矿 04.417
Wulff net 乌尔夫网，＊吴氏网 03.141
Wulong Formation 乌龙组 02.626

Wumishan Formation 雾迷山组 02.473
Wutaian 五台期 03.383
Wutaian stage 五台阶段 02.114
Wutai Group 五台群 02.450
Wutong Formation 五通组 02.523
Würmkalk (德) 竹叶状灰岩 05.427

X

xenomorphic granular 他形粒状 05.080
xenothermal deposit 浅成高温水热矿床 07.164
xenotime 磷钇矿 04.397
Xiamaling Formation 下马岭组 02.476
xiangjiangite 湘江铀矿 04.604
Xiangshuidong Formation 响水洞组 02.531
Xiangxi Formation 香溪组 02.582
Xiaolongtan Formation 小龙潭组 02.633
xifengite 喜峰矿 04.624
Xigazê Group 日喀则群 02.610
Xikang Group 西康群 02.578
Xikuangshan Formation 锡矿山组 02.534
Xikuangshanian Age 锡矿山期 02.280
Xikuangshanian Stage 锡矿山阶 02.281
xilingolite 锡林郭勒矿 04.615
ximengite 西盟石 04.637
Xinchang Formation 新厂组 02.508
Xinchangian Age 新厂期 02.222
Xinchangian Stage 新厂阶 02.223
xinganite 兴安石 04.610
Xinglonggou Formation 兴隆沟组 02.584
xitieshanite 锡铁山石 04.613
Xi-type structural system 多字型构造 03.432
Xiushan Formation 秀山组 02.519
Xiushanian Age 秀山期 02.252
Xiushanian Stage 秀山阶 02.253
Xiyu Formation 西域组 02.634
Xiyu tectonic system 西域构造体系 03.436
X-ray crystallography X射线晶体学 04.135
X-ray diffraction X射线衍射 04.136
Xujiahe Formation 须家河组 02.576
Xuzhuang Formation 徐庄组 02.488
Xuzhuangian Age 徐庄期 02.198
Xuzhuangian Stage 徐庄阶 02.199

Y

Yanchang Formation 延长组 02.570
Yanguanian Age 岩关期 02.316
Yanguanian Stage 岩关阶 02.317
Yangzhuang Formation 杨庄组 02.472
Yanshanian 燕山期 03.373
Yanshanian stage 燕山阶段 02.120
Yanshiping Formation 雁石坪组 02.593
Yaojia Formation 姚家组 02.606
Yeli Formation 冶里组 02.493
yimengite 沂蒙矿 04.619
Yingtangian Age 应堂期 02.274
Yingtangian Stage 应堂阶 02.275
Yipinglang Formation 一平浪组 02.577
Yixian Formation 义县组 02.590
Ypresian Age 伊普尔期 02.416
Ypresian Stage 伊普尔阶 02.417
Yujiang Formation 郁江组 02.526
Yujiangian Age 郁江期 02.266
Yujiangian Stage 郁江阶 02.267
Yukiangian Age 郁江期 02.266
Yukiangian Stage 郁江阶 02.267
Yulongsi Formation 玉龙寺组 02.522
Yulongssu Formation 玉龙寺组 02.522
Yuntaiguan Formation 云台观组 02.538

Z

zabuyelite 扎布耶石 04.631
Zahl (德) 单位晶胞分子数 04.168
Zanclean Age 赞克尔期 02.440
Zanclean Stage 赞克尔阶 02.441

zeolite 沸石 04.572
zeolite deposit 沸石矿床 07.299
zeunerite 铜砷铀云母 04.404
zhanghengite 张衡矿 04.634
Zhangxia Formation 张夏组 02.489
Zhangxian Age 张夏期 02.200
Zhangxian Stage 张夏阶 02.201
Zhesi Formation 哲斯组 02.554
Zhidan Group 志丹群 02.601
Zhoukoudian Formation 周口店组 02.636
Ziliujing Formation 自流井组 02.579
zincblende 闪锌矿 04.314
zincobotryogen 锌赤铁矾 04.589
zincocopiapite 锌叶绿矾 04.590
zincovoltaite 锌氯钾铁矾 04.633
zinnwaldite 铁锂云母 04.527
zircon 锆石 04.455
zoisite 黝帘石 04.422
zone axis 晶带轴 04.077
zone index 晶带指数 04.075
zone of saturation 饱水带 08.034
zone of secondary enrichment 次生富集带 07.102
zone symbol 晶带符号 04.078
Zongshan Formation 宗山组 02.596
zoning sequence 分带序列 06.468

汉 英 索 引

A

阿贝折射计 Abbe refractometer 04.255
阿尔卑斯阶段 Alpine stage 02.122
阿尔卑斯期 Alpine 03.374
阿尔卑斯型铬铁矿床 chromite deposit of Alpine-type 07.152
阿尔卑斯型构造 Alpinotype tectonics 03.360
阿尔必阶 Albian Stage 02.397
阿尔必期 Albian Age 02.396
阿基坦阶 Aquitanian Stage 02.429
阿基坦期 Aquitanian Age 02.428
阿雷尼格阶 Arenigian Stage 02.237
阿雷尼格期 Arenigian Age 02.236
阿伦阶 Aalenian Stage 02.371
阿伦期 Aalenian Age 02.370
阿木山组 Amushan Formation 02.542
阿普特阶 Aptian Stage 02.395
阿普特期 Aptian Age 02.394
阿瑟尔阶 Asselian Stage 02.329
阿瑟尔期 Asselian Age 02.328
阿山头组 Ashantou Formation, Gashanto Formation 02.611
阿什及尔阶 Ashgillian Stage 02.245
阿什及尔期 Ashgillian Age 02.244
阿特达班阶 Atodabanian Stage 02.211
阿特达班期 Atodabanian Age 02.210
埃迪卡拉动物群 Ediacara fauna 02.098
埃洛石 halloysite 04.521
埃姆斯阶 Emsian Stage 02.287
埃姆斯期 Emsian Age 02.286
埃唐日阶 Hettangian Stage 02.363
埃唐日期 Hettangian Age 02.362
艾费尔阶 Eifelian Stage 02.289
艾费尔期 Eifelian Age 02.288
鞍山式铁矿床 Anshan-type of iron deposit 07.180
鞍山岩群 Anshan Group Complex 02.445
鞍状脉 saddle reef 07.117
氨基酸类化合物 amino acids 06.367
氨基酸年代学 amino acids age determination 06.368
安定组 Anding Formation 02.581
安多矿 anduoite 04.607
安加拉植物群 Angara flora 02.097
安康矿 ankangite 04.636
安尼阶 Anisian Stage 02.353
安尼期 Anisian Age 02.352
安全岛 safety island 09.130
安山岩 andesite 05.178
暗淡煤 dull coal 07.398
暗煤 durain 07.403
暗色矿物 dark-colored mineral 05.129
暗色岩 melanocrate 05.154
*暗色指数 color index 05.028
凹凸棒石矿床 attapulgite deposit 07.292
凹凸接触 concavo-convex contact 05.297
奥长花岗岩 trondhjemite 05.186
奥长石 oligoclase 04.549
奥克洛现象 Oklo phenomenon 06.319
奥列尼奥克阶 Olenekian Stage 02.351
奥列尼奥克期 Olenekian Age 02.350
奥陶纪 Ordovician Period 02.152
奥陶系 Ordovician System 02.153
拗拉槽 aulacogen 03.307

B

八面体 octahedron 04.107
八面体铁陨石 octahedrite 06.340
巴比涅补偿器 Babinet compensator 04.274
巴东组 Badong Formation 02.574

巴顿阶　Bartonian Stage　02.421
巴顿期　Bartonian Age　02.420
巴列姆阶　Barremian Stage　02.393
巴列姆期　Barremian Age　02.392
巴柔阶　Bajocian Stage　02.373
巴柔期　Bajocian Age　02.372
巴什基尔阶　Bashkirian Stage　02.309
巴什基尔期　Bashkirian Age　02.308
巴通阶　Bathonian Stage　02.375
巴通期　Bathonian Age　02.374
巴韦诺双晶　Baveno twin　04.080
*巴温诺双晶　Baveno twin　04.080
*巴西试验　Brazilian test　09.111
巴西双晶　Brazil twin　04.082
靶区优选　target selection　06.485
灞河组　Bahe Formation　02.631
白垩　chalk　05.428
白垩纪　Cretaceous Period　02.166
白垩系　Cretaceous System　02.167
白岗岩　alaskite　05.190
白磷钙石　whitlockite　06.354
白榴石　leucite　04.563
白榴岩　leucitite　05.205
白片岩　white schist　05.625
白铅矿　cerussite　04.364
白沙阶　Baishan Stage　02.251
白沙期　Baishan Age　02.250
白沙组　Baisha Formation　02.518
白钨矿　scheelite　04.414
白杨河组　Baiyanghe Formation　02.621
白云鄂博矿　baiyuneboite　04.638
白云母　muscovite　04.529
白云石　dolomite　04.360
白云石化[作用]　dolomitization　05.243
白云岩　dolomite, dolostone　05.404
摆佐组　Baizuo Formation　02.549
斑点状构造　spotted structure　05.583
斑晶　phenocryst　05.091
斑铜矿　bornite　04.301
斑岩铜矿床　porphyry copper deposit　07.166
斑杂构造　taxitic structure　05.114
斑状变晶结构　porphyroblastic texture　05.564
斑状结构　porphyritic texture　05.093
搬运[作用]　transportation　01.058
板垫作用　underplating　03.321
板间地震　interplate earthquake　09.135
板块　plate　03.263
板块边界　plate boundary　03.277
板块构造学　plate tectonics　03.262
板块运动　plate motion　03.270
板内地震　intraplate earthquake　09.134
板劈理　slaty cleavage　03.148
板溪群　Banxi Group　02.465
板岩　slate　05.587
板状交错层理　tabular cross-bedding, planar cross-bedding　05.325
板状铀矿体　tabular U-ore body　07.214
伴生矿物　associate mineral　07.040
伴生气　associated gas　07.457
半暗煤　semidull coal　07.397
半晶质　hemicrystalline　05.072
半亮煤　semibright coal　07.396
半面体　hemihedron　04.115
半坡面　hemidome　04.095
半深海相　bathyal facies　05.278
半丝质体　semifusinite　07.419
半自形粒状　hypidiomorphic granular　05.079
包含结构　poikilitic texture　05.099
包卷层理　convolute bedding　05.324
包络面　enveloping surface　03.104
包气带　aeration zone　08.032
包气带水　water of aeration zone　08.033
包容　containment　03.455
包头矿　baotite　04.585
孢子体　sporinite　07.411
薄膜水　film water, pellicular water　08.021
薄皮构造　thin-skinned tectonics　03.214
薄片　thin section　04.046
饱和度　saturation　08.187
饱和水流　saturated flow　08.120
饱和系数　coefficient of water saturation　08.133
饱水带　zone of saturation　08.034
宝石　gemstone　07.301
宝石矿物学　gem mineralogy　04.009
宝石学　gemology　04.010
宝塔组　Baota Formation　02.503

爆发指数 explosive index 05.029
爆破角砾岩型铀矿 U-ore of explosion-breccia type 07.249
北票组 Beipiao Formation 02.585
背景值 background value 06.425
背斜构造理论 anticline theory 07.507
背形 antiform 03.100
背形向斜 antiformal syncline 03.102
贝尔纳图 Bernal chart 04.159
贝尔特超群 Belt Supergroup 02.458
贝克线 Becke line 04.201
贝雷克补偿器 Berek compensator 04.273
贝里阿斯阶 Berriasian Stage 02.387
贝里阿斯期 Berriasian Age 02.386
贝尼奥夫带 Benioff zone 03.275
*贝瑞克补色器 Berek compensator 04.273
钡长石 celsian 04.555
钡闪叶石 barytolamprophyllite 04.596
钡铁钛石 bafertisite 04.584
被动大陆边缘 passive continental margin 03.285
本巴图组 Bumbat Formation 02.541
本溪组 Benxi Formation, Penchi Formation 02.543
崩塌 avalanche 09.102
*崩塌角砾岩 collapse breccia 05.378
比较晶体化学 comparative crystal chemistry 06.045
比较行星学 comparative planetology 06.312
比重 specific gravity 04.241
比重瓶 pycnometer 04.280
笔石相 graptolite facies 02.087
碧侯群 Bihou Group 02.615
碧口群 Bikou Group 02.463
碧玄岩 basanite 05.209
碧玉岩 jasperite 05.446
闭合 closure 03.314
边界品位 cutoff grade 07.018
边坡 slope 09.092
边缘海 marginal sea 03.296
边缘盆地 marginal basin 03.297
变斑晶 porphyroblast 05.565
*变斑状结构 porphyroblastic texture 05.564
变辉长岩 meta-gabbro 05.617
变基性岩 metabasite 05.585
*变晶 metamict 04.032
变晶系列 crystalloblastic series 05.559
变粒岩 leptynite, leptite 05.602
变泥质岩 metapelite 05.586
变网阳离子 network-modifier cation 06.263
变形 deformation 03.036
变形砾石 deformed boulder 01.109
变形路径 deformation path 03.041
变形双晶[作用] deformation twinning 03.251
变形条带 deformation band 03.252
变形纹 deformation lamella 03.253
变余斑状结构 blastoporphyritic texture 05.568
变余火山碎屑状结构 blastopyroclastic texture 05.569
变余砾状结构 blastopsephitic texture 05.566
变余糜棱岩 blastomylonite 05.624
变余砂状结构 blastopsammitic texture 05.567
变质重结晶[作用] metamorphic recrystallization 05.558
变质带 metamorphic zone 05.517
变质反应 metamorphic reaction 05.535
变质分异作用 metamorphic differentiation 05.502
变质级 metamorphic grade 05.516
变质阶段 metamorphic episode 05.508
变质矿床 metamorphic mineral deposit 07.187
变质矿物共生 metamorphic mineral paragenesis 05.526
变质期 metamorphic epoch 05.506
变质事件 metamorphic event 05.507
变质梯度 metamorphic gradient 05.504
变质体制 metamorphic regime 05.503
变质相 metamorphic facies 05.527
变质相系 metamorphic facies series 05.530
变质相组 metamorphic facies group 05.529
变质旋回 metamorphic cycle 05.505
变质亚相 metamorphic subfacies 05.528
变质岩 metamorphic rock 05.474
变质作用 metamorphism 05.475
变质作用类型 type of metamorphism 05.534
辫状河 braided river 05.468
标型矿物 typomorphic mineral 04.027
标型元素 typochemical element 06.023

标志化石 index fossil 02.049
CDT 标准 CDT standard, Canyon Diablo meteorite troilite standard 06.142
PDB 标准 PDB standard, Pee Dee belemnite standard 06.141
SLAP 标准 standard light Antarctic precipitation 06.143
SMOW 标准 standard mean ocean water 06.139
V-SMOW 标准 Vienna standard mean ocean water 06.140
*标准化石 index fossil 02.049
标准剖面 standard section 02.042
表观年龄 apparent age 06.079
表生成岩[作用] epidiagenesis 05.241
表生异常 hypogene anomaly 06.439
玢岩铁矿床 porphyrite iron deposit 07.155
滨岸 onshore 05.455
滨海相 littoral facies 05.276
冰长石 adularia, adular 04.545
冰川 glacier 01.105
冰川擦痕 glacial stria 01.108
冰川漂砾 glacial erratic boulder 01.122
冰川相 glacial facies 05.265
冰川作用 glaciation 01.106
冰后期 post-glacial period 01.112
冰晶石 cryolite 04.320
冰期 glacial stage 01.110
冰碛阶地 moraine terrace 01.120
冰碛扇 moraine fan 01.119
冰碛岩 tillite 05.363
冰蚀作用 glacial erosion 01.107
剥蚀平原 plain of denudation 01.079
剥蚀[作用] denudation 01.050
玻基斑状结构 vitroporphyritic texture 05.096
玻晶交织结构 hyalopilitic texture 05.105
玻璃光泽 vitreous luster 04.230
玻璃原料 glass raw materials 07.271
玻璃陨石 tektite 06.358
玻璃质 vitreous 05.074
玻屑 vitric fragment 05.286
波动说 undation theory 01.031
波痕 ripple mark 05.341
波痕指数 ripple index 05.311
波浪镶嵌构造说 wavy mosaic tectonics 03.389
*波特兰阶 Portlandian Stage 02.383
*波特兰期 Portlandian Age 02.382
波状层理 wavy bedding 05.318
铂系元素 platinum group element 06.022
*铂族元素 platinum group element 06.022
伯格斯矢量 Burgers vector 03.261
补偿 compensation 03.393
补型 neotype 04.039
不等粒斑状结构 inequigranular porphyritic texture 05.094
不等粒状 inequigranular 05.077
不对称 asymmetry 04.058
不对称褶皱 asymmetrical fold 03.075
不混熔性 immiscibility 06.256
不混熔岩浆 immiscible magma 06.255
不均匀沉陷 differential settlement 09.030
不连续 discontinuity 02.065
不连续反应 discontinuous reaction 05.536
不透明 opaque 04.187
不透水层 aquifuge, impermeable layer 08.099
不相容元素 incompatible element 06.030
不谐调褶皱 disharmonic fold 03.124
不一致年龄 discordia age 06.091
不整合 unconformity 02.070
不整合脉型铀矿 unconformity-vein type uranium deposit 07.261
不整合侵入体 discordant intrusion 05.040
不整合圈闭 unconformity trap 07.514
布丁 boudin 03.158
布丁构造作用 boudinage 03.159
布尔迪加尔阶 Burdigalian Stage 02.431
布尔迪加尔期 Burdigalian Age 02.430
布拉格定律 Bragg's law 04.139
布拉格阶 Pragian Stage 02.285
布拉格期 Pragian Age 02.284
布拉维晶格 Bravais lattice 04.138
布拉维指数 Bravais indices 04.076
*布鲁斯特定律 Brewster's law 04.204
布儒斯特定律 Brewster's law 04.204
部分平衡 partial equilibrium 06.248
部分熔融 partial melting 06.249

C

＊彩钼铅矿　wulfenite　04.417
参考点　reference point　02.048
参考剖面　reference section　02.047
＊参数井　parameter well　07.481
残积和机械富集作用　residual and mechanical concentration　07.078
残积矿床　residual deposit　07.196
残留构造　relict structure　05.575
残余变形　residual deformation　09.017
残余构造　relict structure　07.133
残余强度　residual strength　09.020
残植煤　liptobiolite　07.371
＊残殖煤　liptobiolite　07.371
沧浪铺阶　Canglangpuan Stage, Tsanglangpuan Stage　02.195
沧浪铺期　Canglangpuan Age, Tsanglangpuan Age　02.194
沧浪铺组　Canglangpu Formation　02.485
＊槽模　flute cast　05.334
槽铸型　flute cast　05.334
槽状交错层理　trough cross-bedding　05.326
侧伏　pitch, rake　03.073
＊侧伏角　pitch, rake　03.073
测角仪　goniometer　04.269
测线采样　profile sampling　06.496
层　bed　02.039
＊层间角砾岩　intraformational breccia　05.381
层间喀斯特　interstratal karst　09.081
＊层间砾岩　intraformational conglomerate　05.380
层间水　interstratified water　08.062
＊层间岩溶　interstratal karst　09.081
层间越流　leakage　08.114
层控矿床　strata-bound mineral deposite　07.189
层理　bedding　05.313
层流　laminar flow　08.113
层面　bedding plane, bedding surface　05.340
层内角砾岩　intraformational breccia　05.381
层内砾岩　intraformational conglomerate　05.380
层凝灰岩　tuffite　05.418
层位　horizon　02.040
层型　stratotype　02.043
层序　sequence　02.033
层序地层学　sequence stratigraphy　02.010
层状硅酸盐　phyllo-silicate　04.503
层状火山　stratovolcano　05.054
层状矿床　stratiform deposit　07.190
差热分析　differential thermal analysis, DTA　04.258
差异风化　differential weathering　01.048
差异应力　differential stress　03.033
拆离　decoupling　03.211
柴达木石　chaidamuite　04.628
铲形断层　listric fault　03.213
[产层]有效厚度　net pay thickness　07.475
产铀岩体　uranium productive massif　07.231
产油区　oil producing region　07.501
产状　occurrence　03.060
产状[要素]　attitude　03.061
＊常量元素　major element　06.026
常州沟组　Changzhougou Formation　02.467
长城纪　Changchengian Period　02.142
长城群　Changcheng Group　02.454
长城系　Changchengian System　02.143
长山阶　Changshanian Stage　02.205
长山期　Changshanian Age　02.204
长山组　Changshan Formation　02.491
长石　feldspar　04.543
长石砂岩　arkose, feldspar sandstone　05.384
长兴阶　Changxingian Stage, Changhsingian Stage　02.341
长兴期　Changxingian Age, Changhsingian Age　02.340
长兴组　Changxing Formation, Changhsing Formation　02.561
长焰煤　long-flame coal　07.374
肠状混合岩　ptygmatite　05.630
肠状褶皱　ptygmatic fold, ptygma　03.120
超变质作用　ultrametamorphism　05.499

超覆 overlap 02.061
超固结土 overconsolidated soil 09.031
超基性岩 ultrabasic rock 05.148
超镁铁质岩 ultramafic rock 05.146
超糜棱岩 ultramylonite 05.621
超群 supergroup 02.034
超酸性岩 ultraacidic rock 05.152
潮滩 tidal flat 05.281
辰砂 cinnabar 04.304
尘暴 dust storm, dust bowl, dust devil 06.196
沉淀分带 precipitation zoning 07.105
[沉积]成岩作用 diagenesis 01.071
沉积分异[作用] sedimentary differentiation 05.230
[沉积]缝合线 stylolite 05.352
沉积盖层 sedimentary cover 03.358
沉积构造 sedimentary structure 05.312
沉积环境 sedimentary environment 05.251
沉积建造 sedimentary formation 05.256
沉积接触 sedimentary contact 02.073
沉积结构 sedimentary texture 05.283
沉积矿床 sedimentary deposit 07.182
沉积喷流矿床 sedimentary exhalative deposit 07.171
沉积水 sedimental water 08.024
沉积物 sediment 05.222
沉积相 sedimentary facies 05.253
沉积相模式 sedimentary facies model 05.255
沉积相组合 sedimentary facies association 05.257
沉积旋回 cycle of sedimentation 05.252
沉积岩 sedimentary rock 05.221
沉积组合 sedimentary association 02.111
沉积[作用] sedimentation, deposition 01.067
沉降 subsidence 09.076
衬度 contrast 06.430
城市地质 urban geology 09.126
橙玄玻璃 palagonite 05.174
成分成熟度 component maturity 05.308
成矿带 metallogenic belt 07.028
成矿壳层 ore-forming level 07.220
成矿期 metallogenic epoch 07.039
成矿区 metallogenic region 07.029
成矿省 metallogenic province 07.030
成矿系列 minerogenetic series, metallogenic series 07.038
*成矿序列 minerogenetic series, metallogenic series 07.038
成矿学 metallogeny 07.003
成矿域 metallogenic domain, metallogenic megaprovince 07.031
成矿预测 metallogenic prediction 07.035
成矿元素 ore-forming element 06.025
成矿作用 metallogenesis, minerogenesis 07.034
成陆巨旋回 chelogenic cycle 03.363
成煤物质 coal-forming material 07.393
成熟度 maturity 06.376
成网阳离子 network-former cation 06.262
成因矿物学 genetic mineralogy 04.002
承压含水层 confined aquifer 08.093
承压水 confined water 08.013
承压水盆地 confined water basin 08.107
承压水头 confined head, piezometric head 08.146
承压水位 confined level, piezometric level 08.143
承载力 bearing capacity 09.044
持力层 bearing stratum 09.053
持水度 sustain capacity 08.190
持水量 moisture capacity 08.156
赤路矿 chiluite 04.640
*赤平极射投影图 stereogram, stereographic projection 03.143
赤铁矿 hematite 04.335
赤铜矿 cuprite 04.330
冲断层 thrust 03.173
冲击变质作用 impact metamorphism, shock metamorphism 05.488
*冲击坑 impact crater 06.315
冲击岩 impactite 05.626
冲积相 alluvial facies 05.269
虫孔 burrow, worm burrow 05.349
重叠 overlaying 03.456
重结晶[作用] recrystallization 04.035
重现间隔 recurrence interval 09.141
重褶作用 refolding 03.130
重褶褶皱 refolded fold 03.129
抽水井 pumping well 08.089
抽水试验 pumping test 08.177

稠度　consistency　09.069
稠度指数　consistency index　09.070
臭葱石　scorodite　04.399
臭牛沟组　Chouniugou Formation　02.539
臭氧耗竭　ozone depletion　06.193
初见水位　initial water level　08.145
初糜岩　protomylonite　05.622
初始比值　initial ratio　06.087
初始铅　initial lead　06.106
初始熔体　initial melt　06.267
初始应力　primary stress, initial stress　09.029
出溶　exsolution　06.266
雏晶　crystallite　05.082
储层地质学　reservoir geology　07.465
储层性质　reservoir property　07.466
储量　reserve　07.016
储油构造　oil-bearing structure　07.497
储油气层　reservoir formation　07.464
穿时性　diachronism　02.052
传导热流模拟　conductive heat flow modelling　07.060
传导热梯度　conductive thermal gradient　08.212
传压介质　pressure transmitting medium　06.280
船山组　Chuanshan Formation　02.552
串岭沟组　Chuanlinggou Formation　02.468
串珠状构造　pinch-and-swell structure　03.121
窗格构造　fenestral structure　05.356
窗棂构造　mullion　03.157
垂直分带　vertical zoning　07.103
纯剪切　pure shear　03.031
纯橄榄岩　dunite　05.157
磁赤铁矿　maghemite　04.337
磁黄铁矿　pyrrhotite　04.312
磁力分选仪　magnetic separator　04.257
磁铁矿　magnetite　04.338
磁性　magnetic, magnetism　04.242
磁性地层学　magnetostratigraphy　02.006
雌黄　orpiment　04.309
＊次火山相　subvolcanic facies　05.037
＊次火山岩　subvolcanic rock　05.142
次生富集带　zone of secondary enrichment　07.102
次生环境　secondary environment　06.416
次生加大　secondary enlargement　05.302
次生矿物　secondary mineral　04.026
＊次生水　epigenetic water　08.028
次生异常　secondary anomaly　06.435
次透辉石　salite　04.482
次元素　minor element　06.027
粗安岩　trachyandesite　05.183
粗砾　cobble　05.365
粗粒体　macrinite　07.418
粗面结构　trachytic texture　05.106
粗面岩　trachyte　05.200
粗铅法　rough lead method　07.235
粗玄岩　trachybasalt　05.169
脆性变形　brittle deformation　03.037
淬火熔体　quench melt　06.259
翠峰山群　Cuifengshan Group　02.535

D

达拉阶　Dalan Stage　02.325
达拉期　Dalan Age　02.324
达拉组　Dala Formation　02.551
达西定律　Darcy's law　08.195
鞑靼阶　Tatarian Stage　02.347
鞑靼期　Tatarian Age　02.346
大别岩群　Dabie Group Complex　02.447
大地构造图　tectonic map　03.019
＊大地构造物理学　tectonophysics　03.008
＊大地构造学　geotectonics　03.003
大骨节病　Kaschin-Beck disease　06.216
大红峪组　Dahongyu Formation　02.470
大矿囊　bonanza　07.046
大理岩　marble　05.615
大陆　continent　01.072
大陆边缘　continental margin　03.283
大陆车阀说　the continental brack hypothesis　03.457
大陆地震　continental earthquake　09.136
大陆漂移　continental drift　01.035
大陆漂移说　continental drift theory　01.034
大陆[性]冰川　continental glacier　01.114

大气圈　atmosphere　01.023
大气氩　atmospheric argon　06.109
大荞地组　Daqiaodi Formation　02.575
大青山矿　daqingshanite　04.614
大塘阶　Datangian Stage　02.319
大塘期　Datangian Age　02.318
大湾组　Dawan Formation　02.500
大型平移断层　transcurrent fault　03.178
大洋缺氧事件　oceanic anoxic event　02.105
大冶组　Daye Formation, Tayeh Formation　02.572
歹字型构造　eta-type structure, η-type structure　03.447
代　era　02.023
代化组　Daihua Formation　02.532
丹巴矿　danbaite　04.616
丹尼阶　Danian Stage　02.413
丹尼期　Danian Age　02.412
单岛硅酸盐　nesosilicate　04.419
单阶段体系　single stage system　06.102
单孔抽水　single-well pumping　08.180
单链硅酸盐　single chain silicate　04.466
单面　pedion　04.066
单圈测角仪　one circle goniometer　04.270
单位层型　unit stratotype　02.044
单位晶胞分子数　Zahl (德)　04.168
单斜　monocline　03.086
单斜辉石　clinopyroxene　04.470
单斜晶系　monoclinic system　04.102
*单轴晶体　uniaxial crystal　04.198
氮循环　nitrogen cycle　06.392
淡水　fresh water　08.046
淡咸水界面　interface of fresh-saline water　08.175
蛋白石　opal　04.351
倒向　vergence　03.071
倒易格子　reciprocal lattice　04.163
倒转褶皱　overturned fold　03.082
岛弧　island arc　03.295
导水系数　transmissibility coefficient　08.136
导水性　transmissivity　08.130
*道芬双晶　Dauphiné twin　04.081
道马矿　daomanite　04.600
*德拜－舍耳法　Debye-Scherrer method　04.147
德拜－谢勒法　Debye-Scherrer method　04.147
德坞阶　Dewuan Stage　02.321
德坞期　Dewuan Age　02.320
灯影组　Dengying Formation　02.481
登楼库组　Denglouku Formation　02.603
等变质反应级　isoreaction grade　05.521
等变质级　isograde　05.520
等反射率线　isoreflectance line　07.363
等分线　bisectrix　04.203
等厚线图　isopach map　03.404
等化学系列　isochemical series　05.522
*等键结构　isodesmic structure　04.173
等粒状　equigranular　05.076
等煤级线　isorank　07.362
等倾线　dip isogon　03.103
等深[流沉]积岩　contourite　05.420
等时线　isochrone　02.051
等时线截距　intercept of isochron　06.083
等时线年龄　isochron age　06.081
等时线斜率　slope of isochron　06.084
等势线　equipotential line　08.141
等水位线　phreatic water contour　08.148
等水压线　piezometric contour　08.149
等同周期　identity period　04.151
等物理系列　isophysical series　05.523
等效应点系　equiposition　04.155
等斜褶皱　isoclinal fold　03.081
等型　isotype　04.041
等轴晶系　isometric system　04.098
低角度正断层　low angle normal fault　03.171
低温地球化学　low temperature geochemistry　06.407
低温水热矿床　epithermal deposit　07.163
低压相系　low-pressure facies series　05.533
迪开石　dickite　04.519
底板冲断层　floor thrust, sole thrust　03.188
底辟　diapir　03.106
底辟作用　diapirism　03.107
底砾岩　basal conglomerate　02.071
底面　basal pinacoid　04.093
地背斜　geanticline　03.343
地槽　geosyncline　03.327
地层　stratum　02.001
地层表　stratigraphic table　02.079

地层地球化学 stratigraphic geochemistry 06.397
地层典 stratigraphic lexicon 02.078
地层对比 stratigraphic correlation 02.058
地层分类 stratigraphic classification 02.015
地层分区 stratigraphic regionalization 02.074
地层规范 stratigraphic code 02.077
地层划分 stratigraphic subdivision 02.057
地层界线 stratigraphic boundary 02.075
地层剖面 stratigraphic section 02.041
地层圈闭 stratigraphic trap 07.512
地层学 stratigraphy 02.002
地层指南 stratigraphic guide 02.076
地层柱[状图] stratigraphic column 02.053
地磁极 geomagnetic pole 01.149
地磁极性倒转 geomagnetic reversal 01.150
地盾 shield 03.347
地方病 endemic disease 06.213
地缝合线 suture, geosuture 03.289
地核 earth core 01.008
地基 foundation 09.015
地极 earth pole 01.010
地壳 earth crust, crust 01.016
地块 massif 03.348
地蜡 ozocerite 07.453
地垒 horst 03.191
地沥青 land asphalt 07.454
地裂缝 ground fissure 03.414
地裂运动 taphrogeny 03.233
地幔 mantle 01.013
地幔地球化学 mantle geochemistry 06.401
地幔隆起 mantle bulge 03.316
地幔岩 pyrolite 05.144
地幔柱 mantle plume 03.317
地面沉降 land subsidence 09.127
地面运动 ground motion 03.418
地堑 graben 03.190
地球 Earth 01.003
地球成因学 geocosmogony 03.004
地球磁性 geomagnetism 01.142
地球动力学 geodynamics 03.005
地球化学 geochemistry 06.001
地球化学背景 geochemical background 06.424
地球化学标记 geochemical signature 06.501
地球化学分散 geochemical dispersion 06.422
地球化学封闭体系 geochemical closed system 06.240
地球化学环境 geochemical environment 06.414
地球化学活动性 geochemical mobility 06.423
地球化学开放体系 geochemical open system 06.241
地球化学勘查 geochemical exploration 06.412
地球化学模型 geochemical model 06.072
地球化学普查 geochemical reconnaissance 06.483
地球化学省 geochemical province 06.440
地球化学输运 geochemical transport 06.042
地球化学探矿 geochemical prospecting 06.413
地球化学体系 geochemical system 06.239
地球化学填图 geochemical mapping 06.481
地球化学图 geochemical chart 06.046
地球化学污染调查 geochemical survey of pollution 06.192
地球化学相 geochemical facies 06.245
地球化学详查 geochemical detailed survey 06.484
地球化学旋回 geochemical cycle 06.071
地球化学演化 geochemical evolution 06.070
地球化学异常 geochemical anomaly 06.428
地球化学障 geochemical barrier 06.421
地球化学指纹 geochemical fingerprint 06.502
地球化学自组织 geochemical self-organization 06.409
地球科学 earth science 01.004
地球内部化学 interior chemistry of earth 06.400
*地球温度计 geothermometer 05.524
*地球压力计 geobarometer 05.525
地热 geotherm 01.143
地热地球化学 geothermal geochemistry 06.404
地热工业 geothermal industry 08.247
地热活动 geothermal activity 08.214
地热能 geothermal energy 08.205
地热省 geothermal province 08.216
地热梯度 geothermal gradient 01.145
地热田 geothermal field 08.246
地热系统 geothermal system 07.068
地热异常 geothermal anomaly 08.243
地热异常带 geothermal anomalous zone 08.217
地热资源评价 geothermal resources assessment

08.231
地史学 historical geology 02.123
地台 platform 03.333
地体 terrane 03.322
地洼说 tectonics of diwa 03.388
地温 geotemperature 01.144
地下工程 underground engineering 09.013
地下河 underground river 08.090
地下径流系数 coefficient of groundwater runoff 08.132
地下热卤水 underground geothermal brine 08.223
地下热[卤]水型矿床 hot geothermal brine type deposit 07.172
地下热水 geothermal water 08.053
地下水 groundwater 08.011
地下水保护 groundwater conservation 08.197
地下水补给区 recharge area of groundwater 08.108
地下水储量 groundwater reserves 08.194
地下水动力学 groundwater dynamics 08.004
地下水动态 groundwater regime 08.163
地下水回灌 groundwater recharge 08.160
地下水径流 groundwater runoff 08.110
地下水径流模数 modulus of groundwater runoff 08.165
地下水类型 groundwater type 08.168
地下水流速 velocity of groundwater flow 08.125
地下水埋藏深度 depth of groundwater table 08.154
地下水模型 groundwater model 08.161
地下水排泄区 discharge area of groundwater 08.109
地下水盆地 groundwater basin 08.105
地下水水质 groundwater quality 08.170
地下水天然资源 natural resources of groundwater 08.198
地下水网络 groundwater network 08.104
地下水位坡降 gradient of groundwater level 08.167
地下水污染 groundwater pollution 08.162
地下水袭夺 groundwater capture 08.164
地下水系统 groundwater system 08.103
地下水资源 groundwater resources 08.196
* 地向斜 geosyncline 03.327
地形同位素分馏效应 topographic isotopic fractionation effect 06.131
地学 geoscience 01.005
地压型地热资源 geopressure geothermal resources 08.210
地震 earthquake, seism 01.135
地震波 seismic wave 01.141
地震地层学 seismostratigraphy 02.011
地震地质学 seismogeology, earthquake geology 09.132
地震构造带 seismic-tectonic zone 09.131
地震构造学 seismotectonics 03.007
地震线 earthquake line 09.133
地植物方法 geobotanical method 06.461
地质 geology 01.001
地质构造 geological structure 03.011
地质环境 geologic environment 09.120
地质力学 geomechanics 03.419
地质年表 geologic time scale, geological time table 02.054
地质年代学 geochronology 02.055
地质时期 geologic time 02.124
地质事件 geologic event 01.024
地质温度计 geothermometer 05.524
地质学 geology 01.002
地质压力计 geobarometer 05.525
地质灾害 geologic hazard 09.128
地质作用[过程] geologic process 01.044
地轴 earth axis 01.009
第四纪 Quaternary Period 02.172
第四纪冰期 Quaternary ice age 01.113
第四系 Quaternary System 02.173
递变层理 graded bedding 05.322
递进变形 progressive deformation 03.040
递进变质作用 progressive metamorphism 05.494
碘矿床 iodine deposit 07.305
点接触 point contact 05.296
点群 point group 04.059
电模拟法 electrical analogue method 08.192
电气石 tourmaline 04.461
电子探针 electron probe, electron microprobe 04.260

电子显微镜　electron microscope　04.268
电子衍射　electron diffraction　04.259
淀积[作用]　precipitation　05.225
钓鱼岛石　diaoyudaoite　04.630
叠层构造　stromatolitic structure　05.351
叠层石　stromatolite　05.429
叠加异常　superimposed anomaly　06.446
叠加褶皱　superimposed fold　03.128
*叠生矿床　telescoped deposit　07.165
叠套矿床　telescoped deposit　07.165
叠瓦构造　imbricated structure, schuppen structure　03.216
叠锥　cone-in-cone　05.346
顶板冲断层　roof thrust　03.187
顶峰带　acme zone　02.031
定量地层学　quantitative stratigraphy　02.009
*定年　age dating　06.078
东岗岭阶　Dongganglingian Stage, Tungkanglingian Stage　02.277
东岗岭期　Dongganglingian Age, Tungkanglingian Age　02.276
东岗岭组　Donggangling Formation　02.530
东西构造带　latitudinal tectonic belt　03.428
氡法测量　radon measurement　07.207
动力变质作用　dynamic metamorphism, dislocation metamorphism　05.486
动态变质作用　kinetic metamorphism　05.493
动物群　fauna　02.093
冻结层间水　interpermafrost water　08.051
冻结层上水　suprapermafrost water　08.050
冻结层下水　subpermafrost water　08.052
冻蓝闪石　barroisite　04.492
冻土　frozen ground, frozen earth　09.095
陡山沱组　Doushantuo Formation　02.480
豆粒　pisolite　05.402
豆状构造　pisolitic structrue　07.127
毒砂　arsenopyrite　04.299
独居石　monazite　04.393
独山子组　Dushanzi Formation　02.628
杜内阶　Tournaisian Stage　02.299
杜内期　Tournaisian Age　02.298
*端面　pedion　04.066
段　member　02.038
断层　fault　03.166
断层擦面　slickenside　03.201
断层地震　fault earthquake　01.138
断层陡坎　fault escarpment　09.142
断层谷　fault valley　03.416
断层滑移　fault slip　03.193
断层角砾岩　fault breccia　03.207
断层泥　fault gouge　03.208
断层圈闭　fault trap　07.516
断层泉　fault spring　08.070
断层拖曳　fault drag　03.202
断层崖　fault scarp　03.415
断距　fault displacement　03.192
断口　fracture　04.235
断块　fault block　03.349
断块构造说　block faulting tectonics　03.391
断裂　fracture　03.167
断坪　flat　03.217
断坡　ramp　03.218
断陷塘　sag pond　03.417
堆积阶地　constructional terrace　01.097
堆积平原　plain of accumulation　01.080
堆积[作用]　accumulation　01.066
对称　symmetry　04.057
对称尖棱褶皱　chevron fold　03.109
对称心　center of symmetry　04.067
对称褶皱　symmetrical fold　03.074
对流型水热系统　convective hydrothermal system　08.208
对流循环　convective circulation　07.063
盾形火山　shield volcano　05.053
多尔格阶　Dolgellian Stage　02.221
多尔格期　Dolgellian Age　02.220
多菲内双晶　Dauphiné twin　04.081
多硅白云母　phengite　04.530
多阶段体系　multistage system　06.104
多金属结核　polymetallic nodule　07.056
多孔介质　porous medium　08.097
多块滑动　multi-block slide　09.118
多年冻土　perenial frozen soil　09.098
多期变质作用　polymetamorphism　05.496
多色性　pleochroism　04.218
多水氯硼钙石　hydrochloborite　04.595

多型　polytype　04.038
＊多型变体　polymorph　04.042
多型键结构　heterodesmic structure　04.175
＊多型体　polytype　04.038
多旋回　polycycle　03.369
多旋回构造说　polycyclic tectonics　03.390
多字型构造　Xi-type structural system, ξ-type structural system　03.432
惰性气体　noble gas, inert gas, rare gas　06.011
惰性铀　immobile uranium　07.216
惰质组　inertinite　07.416

E

额尔齐斯石　ertixiite　04.629
鲕粒　oolite, ooid　05.397
鲕粒亮晶灰岩　oosparite　05.424
鲕粒泥晶灰岩　oomicrite　05.425
鲕绿泥石　chamosite　04.511
鲕状构造　oolitic structure　07.126
二长花岗岩　monzonitic granite　05.189
二长结构　monzonitic texture　05.084
二长岩　monzonite　05.181
二叠纪　Permian Period　02.160
二叠系　Permian System　02.161
二辉橄榄岩　lherzolite　05.159
二阶段体系　two stage system　06.103
二连石　erlianite　04.632
二马营组　Ermaying Formation　02.568
二圈测角仪　two circle goniometer　04.271
二十面体　icosahedron　04.121
二维流　two-dimensional flow　08.123
二[向]色性　dichroism　04.217
二氧化硅地热温标　silica geothermometer　08.234
二轴晶　biaxial crystal　04.199

F

发光[性]　luminescence　04.247
法门阶　Famennian Stage　02.295
法门期　Famennian Age　02.294
翻卷褶皱　convolute fold　03.085
钒钡铜矿　vesignieite　04.412
钒钙铀矿　tyuyamunite　04.410
钒酸盐　vanadate　04.408
钒铜矿　vanadinite　04.411
钒云母　roscoelite　04.533
凡兰吟阶　Valanginian Stage　02.389
凡兰吟期　Valanginian Age　02.388
反S型构造　reversed S-shaped structure　03.446
反磁性　antimagnetism　04.245
反射　reflection　04.191
反射弧　reflex arc　03.439
反射计　reflectometer　04.278
反射率　reflectivity　04.194
反射率分析法　reflectance analysis　07.364
反射颜色指数　reflection color index　04.195
＊反伸　rotation inversion　04.069
反伸中心　inversion center　04.068
＊反演　inversion　03.370
反应边结构　reaction rim texture, kelyphitic texture, corona texture　05.100
反应力矿物　antistress mineral　04.021
反应速率　reaction rate　06.049
反应系列　reaction series　05.011
泛大陆　Pangea　01.036
泛大洋　Panthalassa　01.037
泛地槽　pan-geosyncline　03.400
泛地台　pan-platform　03.401
泛滥平原　flood plain　05.473
方沸石　analcime　04.573
＊方辉橄榄岩　harzburgite　05.160
方解石　calcite　04.359
方解石化　calcitization　07.088
方镁石　periclase　04.340
方钠石　sodalite　04.571
方硼石　boracite　04.374
方铅矿　galena, galenite　04.307

方石英 cristobalite 04.350
方陨铁 hexahedrite 06.339
方柱石 scapolite 04.566
放热地面 hot ground surface 08.222
放射虫岩 radiolarite 05.448
放射性 radioactivity 04.252
放射性测量 radioactive measurement 07.208
放射性示踪分析 radiotracer analysis 06.144
放射性衰变 radioactive decay 07.229
放射性水 radioactive water 08.037
＊放射性碳定年 radiocarbon dating 06.098
放射性碳计时 radiocarbon dating 06.098
放射性污染 radioactive pollution 06.194
非饱和水流 unsaturated flow 08.121
非承压含水层 unconfined aquifer 08.094
非共轴 non-co-axial 03.133
非金属矿床 nonmetallic deposit 07.263
非金属矿床学 geology of nonmetallic deposit 07.262
非金属矿物 nonmetallic mineral 04.022
非晶质 amorphous, noncrystalline 04.029
非均键结构 anisodesmic structure 04.176
非均匀流 nonuniform flow 08.116
非均匀应变 heterogeneous strain, inhomogeneous strain 03.043
非均质 anisotropic 04.206
非强干 incompetent 03.054
非筒状褶皱 noncylindrical fold 03.077
非完整井 partially penetrating well 08.085
非稳定流 unsteady flow 08.112
非[寻]常光 extraordinary ray 04.180
飞来峰 klippe 03.226
飞仙关组 Feixianguan Formation, Feihsienkuan Formation 02.571
霏细结构 felsitic texture 05.088
肥煤 fat coal 07.376
废水 waste water 08.059
沸泉 boiling spring 08.077
沸石 zeolite 04.572
沸石矿床 zeolite deposit 07.299
分层作用 delamination 03.237
分带序列 zoning sequence 06.468
分离结晶作用 fractional crystallization 05.008
分馏机理 fractionation mechanism 06.123
分馏曲线 fractionation curve 06.120
分馏系数 fractionation factor 06.122
分馏效应 fractionation effect 06.121
分流河段 distributary 05.470
分凝作用 segregation 07.079
分配系数 partition coefficient, distribution coefficient 06.059
分散 dispersion 06.047
分散场 dispersion field 06.441
分散流 dispersion train 06.442
分散系数 dispersion coefficient 07.076
分散元素 dispersed element 06.013
分散晕 dispersion halo 06.464
分乡组 Fenxiang Formation 02.498
分选指数 sorting index 05.309
分异指数 differentiation index, DI 05.025
分域采样 stratigraphical sampling 06.493
分子有机地球化学 molecular organic geochemistry 06.361
＊ASTM 粉晶卡片 ASTM diffraction data card 04.149
[粉晶]d 值 d-value 04.150
粉砂 silt 05.369
粉砂岩 siltstone 05.387
粉屑灰岩 calcisiltite 05.432
封存水 connate water 08.045
蜂巢状构造 honeycomb structure 07.130
风暴岩 tempestite 05.362
风成岩 eolianite 05.360
风化矿床 mineral deposit by weathering 07.194
风化壳 weathering crust 01.049
风化壳矿床 weathering crust mineral deposit 07.195
风化壳离子吸附型稀土矿床 weathering crust ion-adsorbed REE deposit 07.198
风化作用 weathering 01.047
凤山阶 Fengshanian Stage, Fungshanian Stage 02.207
凤山期 Fengshanian Age, Fungshanian Age 02.206
凤山组 Fengshan Formation 02.492
氟碳铈矿 bastnaesite 04.370

氟中毒　fluoride poisoning, fluorosis　06.217
符山石　vesuvianite, idocrase　04.453
*伏尔加阶　Volgian Stage　02.385
*伏尔加期　Volgian Age　02.384
芙蓉铀矿　furongite　04.602
*浮石　pumice　05.198
浮岩　pumice　05.198
弗拉斯阶　Frasnian Stage　02.293
弗拉斯期　Frasnian Age　02.292
弗氏旋转台　universal stage, Fedorov stage　04.286
抚顺群　Fushun Group　02.618
俯冲　subduction　03.278
*俯冲断层　underthrust　03.185
斧石　axinite　04.458
腐泥　sapropel　07.382
腐泥褐煤　saprodite　07.384
腐泥化作用　putrefaction, saprofication　07.351
腐泥煤　sapropelite　07.369
腐泥无烟煤　sapanthracite　07.386
腐泥烟煤　sapanthracon　07.385
腐植腐泥煤　humosapropelic coal　07.370
腐植煤　humulite　07.368
腐植组　huminite　07.423
*腐殖腐泥煤　humosapropelic coal　07.370
*腐殖煤　humulite　07.368
副矿物　accessory mineral　04.015
副片麻岩　para-gneiss　05.604
副[斜长]角闪岩　para-amphibolite　05.600
复背斜　anticlinorium　03.098
*复发间隔　recurrence interval　09.141
复合层型　composite stratotype　02.046
复合火山　compound volcano　05.058
复活　reactivation, rejuvenation　03.387
复活断层　revived fault, renewed fault　03.412
复理石　flysch　03.395
复六方双锥　dihexagonal bipyramid　04.112
复三方双锥　ditrigonal bipyramid　04.114
复稀金矿　polycrase　04.343
复向斜　synclinorium　03.097
复原图　palinspastic map　03.403
复柱　biprism　04.097
傅里叶合成　Fourier synthesis　04.161
阜平阶段　Fupingian stage　02.113
阜平岩群　Fuping Group Complex　02.444
阜新群　Fuxin Group　02.589
负荷变质作用　load metamorphism　05.489
*负荷模　load cast, load structure　05.333
负荷铸型　load cast, load structure　05.333
负延长　length fast, negative elongation　04.212
负异常　negative anomaly　06.444
富钙铝包体　calcium-aluminium-rich inclusion　06.343
富钙无球粒陨石　calcium-rich achondrite　06.332
富集系数　concentration coefficient　07.077
富金线　pay streak　07.047
富矿体　ore shoot　07.045
富水程度　water storage capacity　08.127
富水性　water yield property　08.126
富营养化　eutrophication　06.199
富铀岩体　uranium-rich massif　07.232
附着力　adhesive force　09.043

G

钙长辉长无球粒陨石　eucrite　06.333
钙长石　anorthite　04.551
钙铬榴石　uvarovite　04.443
钙硅酸盐岩　calc-silicate rock　05.613
钙碱性系列　calc-alkaline series　05.018
钙碱指数　calc-alkali index　05.023
钙铝黄长石　gehlenite　04.449
钙铝榴石　grossularite, grossular　04.440
钙镁橄榄石　monticellite　04.436
钙钛矿　perovskite　04.339
钙铁辉石　hedenbergite　04.474
钙铁榴石　andradite　04.444
钙霞石　cancrinite　04.569
钙质片麻岩　calc-gneiss　05.608
钙质片岩　calc-schist　05.595
钙柱石　meionite　04.567
盖层　cover strata, overburden　01.020
干酪根　kerogen　06.375

*干裂 mud crack, shrinkage crack 05.342
干气 dry gas, lean gas 07.458
干热岩 hot dry rock 08.209
干涉色 interference color 04.215
干涉图 interference figure 04.216
干盐湖 playa 07.328
干盐湖相 playa facies 05.270
干燥指数 aridity index 06.232
干蒸汽田 dry steam field 08.206
杆沸石 thomsonite 04.575
橄榄古铜球粒陨石 olivine-bronzite chondrite 06.330
橄榄石 olivine 04.433
橄榄铜矿 olivenite 04.402
橄榄岩 peridotite 05.158
橄榄陨铁 pallasite 06.335
橄榄紫苏球粒陨石 olivine-hypersthene chondrite 06.329
赣南矿 gananite 04.622
冈瓦纳古大陆 Gondwanaland 01.038
刚性板块 rigid plate 03.264
刚玉 corundum 04.329
岗巴群 Gamba Group 02.595
高度效应 altitude effect 06.133
高氟水 high-fluorine water 08.056
高焓流体 high-enthalpy fluid 08.225
高岭石 kaolinite 04.523
高岭土 kaolin 05.393
高岭土化 kaolinization 07.093
高岭土矿床 kaolin deposit 07.282
高铝矿物 high aluminum mineral 07.298
高铝玄武岩 high-alumina basalt 05.172
高热变质作用 pyrometamorphism 05.482
高温交代矿床 pyrometasomatic deposit 07.154
高温水热矿床 hypothermal deposit 07.161
高压变质带 high pressure metamorphic belt 05.519
高压釜 autoclave 06.271
高压相系 high-pressure facies series 05.531
高于庄组 Gaoyuzhuang Formation 02.471
高原 plateau 01.077
高原冰川 plateau glacier 01.116
高原相 plateau facies 05.262
锆石 zircon 04.455
戈尔德施米特规则 Goldschmidt's rule 06.004
革老河组 Gelaohe Formation, Kolaoho Formation 02.545
格伦维尔期 Grenvillian 03.382
格舍尔阶 Gzhelian Stage 02.315
格舍尔期 Gzhelian Age 02.314
C格子 C-lattice 04.140
F格子 F-lattice, face-centered lattice 04.141
I格子 I-lattice, body-centered lattice 04.142
格子采样 cell sampling 06.495
格子状结构 grating texture 07.136
隔热隔音材料 thermal and sound insulating materials 07.275
*隔水层 aquifuge, impermeable layer 08.099
隔水性 water resisting property 08.131
铬钾矿 lopezite 04.407
铬铅矿 crocoite 04.406
铬酸盐 chromate 04.405
铬铁尖晶石 picotite 04.342
铬铁矿 chromite 04.328
铬铁矿浆 chromite ore magma 07.151
*更长花岗岩 trondhjemite 05.186
*更长石 oligoclase 04.549
更新世 Pleistocene Epoch 02.184
更新统 Pleistocene Series 02.185
工程地震 engineering seismology 09.140
工程地质测绘 engineering geological mapping 09.012
工程地质调查 engineering geological survey 09.010
工程地质勘察 engineering geological investigation 09.011
工程地质学 engineering geology 09.001
工程动力地质学 engineering geodynamics 09.004
*工具痕 tool mark 05.344
工业矿物和岩石 industrial minerals and rocks 07.264
工艺岩石学 technological petrology 05.013
供水水文地质学 water supply hydrogeology 08.005
汞铅矿 leadamalgam 04.609
共轭断层 conjugate faults 03.176

共轭节理　conjugate joints　03.146
共生矿物　paragenetic mineral　07.041
共型　cotype　04.036
共轴　co-axial　03.132
沟弧盆系　trench-arc-basin system　03.298
*沟模　groove cast　05.335
沟蚀　gulley erosion　09.073
沟铸型　groove cast　05.335
构造　structure　05.070
构造剥蚀　tectonic denudation　03.309
构造变动　diastrophism　03.010
构造层次　structural level　03.385
构造超压　tectonic overpressure　05.556
构造窗　window　03.227
构造单元　tectonic unit, tectonic element　03.345
构造等值线　structural contour　03.240
构造地层地体　tectono-stratigraphic terrane　03.323
构造地球化学　tectono-geochemistry　06.396
构造地震　tectonic earthquake　01.137
构造地质学　structural geology and tectonics　03.001, structural geology　03.002
构造方向　tectonic grain　03.238
构造复合　compounding of structure　03.452
构造格架　tectonic framework　03.127
构造古地理　tectono-paleogeography　02.110
构造[横]剖面　structural cross section　03.135
构造湖　tectonic lake　01.100
构造阶段　tectonic stage　02.112
构造联合　conjunction of structure　03.450
构造模式　tectonic model　03.018
构造盆地　tectonic basin　01.087
构造侵位　tectonic emplacement　03.294
构造圈　tectonosphere　03.013
构造圈闭　structural trap　07.510
构造热事件　tectothermal event　03.012
构造体系　structural system, tectonic system　03.425
构造图式　structural pattern　03.126
构造物理学　tectonophysics　03.008
构造线条　structural lineament　03.423
构造型式　structural type, tectonic type　03.426
构造形迹　structural feature　03.421
构造序列　structural sequence　03.134
构造旋回　tectonic cycle　03.361
构造学　tectonics　03.003
构造岩　tectonite　03.204
构造岩石学　structural petrology　05.016
构造样式　tectonic style　03.125
构造域　structural domain　03.014
[构造]置换　transposition　03.155
构造作用　tectonism　03.009
孤峰组　Gufeng Formation　02.560
古北矿　gupaiite　04.623
古城子组　Guchengzi Formation　02.614
古大陆再造[图]　paleocontinental reconstruction [map]　02.108
古地磁　paleomagnetism　01.147
古地磁场　paleomagnetic field　01.152
古地磁极　paleomagnetic pole　01.151
古地磁学　paleomagnetism　01.148
古地理图　paleogeographic map　02.081
古地理学　paleogeography　02.080
古地温　paleogeotemperature　06.380
古地震　paleoearthquake　09.138
古滑坡　ancient landslide　09.080
古近纪　Paleogene Period　02.168
古近系　Paleogene System　02.169
古气候学　paleoclimatology　02.084
古生代　Paleozoic Era　02.136
古生界　Paleozoic Erathem　02.137
古生态学　paleoecology　02.083
古生物地理学　paleobiogeography　02.082
古水文地质学　paleohydrogeology　08.007
古铜钙长无球粒陨石　howardite　06.334
古铜－橄榄石铁陨石　bronzite-olivine stony-iron　06.337
古铜辉石　bronzite　04.469
古铜－鳞英石铁陨石　siderophyre　06.336
古土壤　paleosol, fossil soil　09.086
古纬度　paleolatitude　02.109
古新世　Paleocene Epoch　02.174
古新统　Paleocene Series　02.175
古元古代　Paleoproterozoic Era　02.130
古元古界　Paleoproterozoic Erathem　02.131
古陨击坑　astrobleme　01.164

骨架灰岩　framestone　05.413
骨粒　skeletal grain　05.400
骨屑　skeletal fragment　05.399
牯牛潭组　Guniutan Formation　02.501
顾家石　gugiaite　04.587
固定论　fixism　01.026
固结试验　consolidation test　09.026
固结系数　coefficient of consolidation　09.025
固结仪　consolidometer　09.068
固结作用　consolidation　03.337
固体潮　Earth tide　01.146
固相线　solidus　06.251
崮山阶　Gushanian Stage, Kushanian Stage　02.203
崮山期　Gushanian Age, Kushanian Age　02.202
崮山组　Gushan Formation　02.490
关底阶　Guandian Stage　02.255
关底期　Guandian Age　02.254
关底组　Guandi Formation　02.520
观音桥组　Guanyinqiao Formation　02.506
管涌　piping　09.074
馆陶组　Guantao Formation　02.623
灌浆　grouting, cement injection　09.108
光化学烟雾　photochemical smog　06.195
光亮煤　bright coal　07.395
光卤石　carnallite　04.318
光卤石矿床　carnallite deposit　07.319
光率体　indicatrix　04.202
光片　polished section　04.045
光性方位　optical orientation　04.220
光性异常　optical anormaly　04.219
光学石英矿床　optical quartz deposit　07.290
光泽　luster　04.225
光轴　optical axis, OA　04.221
光轴角　optical angle　04.223
光轴面　optical axial plane　04.222
广海　open sea　05.463
硅化带型铀矿　silicified zone type U-ore　07.255
硅灰石　wollastonite　04.484
硅灰石矿床　wollastonite deposit　07.286
硅碱指数　silic-alkali index　05.024
硅孔雀石　chrysocolla　04.518
硅铝层　sial　01.018
硅铝层上[的]　ensialic　03.398
硅铝矿物　salic mineral　05.132
硅镁层　sima　01.017
硅镁层上[的]　ensimatic　03.399
硅镁石　humite　04.445
硅硼钙石　datolite　04.456
硅铍石化　bertranditization　07.096
硅酸盐　silicate　04.418
硅锌矿　willemite　04.454
硅藻土　diatomite　05.445
硅质岩　siliceous rock　05.443
归并　incorporation　03.453
贵金属矿床　precious metal deposit　07.142
贵橄榄石　chrysolite　04.437
滚动背斜构造　rollover anticline structure　07.520
过渡相　transition facies　05.260
过剩氩　excess argon　06.110

H

哈得孙期　Hudsonian　03.380
骸晶结构　skeleton texture　07.139
海滨砂矿　beach placer　07.192
海底黑烟柱　black smoker　07.062
海底扩张　sea-floor spreading　03.265
海底喷发　submarine eruption　05.022
海底喷流作用　submarine exhalative process　07.065
海底热泉　submarine hot spring　07.071
海沟　trench　03.299
海解[作用]　halmyrolysis　05.240
＊海进　transgression　02.059
海陆交替相沉积矿床　paralic sedimentary deposit　07.184
海绿石　glauconite　04.520
海绵岩　sponge rock　05.447
海绵陨铁结构　sideronitic texture　07.137
海泡石　sepiolite　04.537
海泡石矿床　sepiolite deposit　07.293
海平面升降　eustasy　03.402

海平面升降事件 eustatic event 02.103
海侵 transgression 02.059
海上油气田 offshore oil gas field 07.502
海退 regression 02.060
海西阶段 Hercynian stage 02.118
海西期 Hercynian 03.376
海相 marine facies 05.259
海洋地球化学 marine geochemistry 06.402
海洋化探 marine geochemical exploration 06.454
海洋环境 marine environment 06.150
含煤岩系 coal-bearing series, coal measures 07.341
含煤岩系古地理 paleogeography of coal-bearing series 07.346
含煤岩系旋回结构 sedimentary cycle in coal-bearing series 07.345
含气饱和度 gas saturation 07.469
含水饱和度 water saturation 07.470
含水层 aquifer 08.091
含水层边界 boundary of aquifer 08.100
含水层系 water-bearing rock system 08.101
含水量 water content 08.155
含水熔融曲线 hydrous melting curve 06.254
含水岩组 water-bearing formation 08.102
含铜页岩型矿床 kupferschiefer type deposit 07.175
含氧系数 oxygen coefficient 07.205
含铀硅岩 uranium-bearing silicalite 07.222
含铀胶磷矿 uraniferous collophane 07.223
含铀页岩 uranium-bearing shale 07.221
含油饱和度 oil saturation 07.468
含油地层 oil-bearing formation 07.495
含油面积 oil-bearing area 07.494
含油气构造 oil gas structure 07.508
含油气盆地 petroliferous basin 07.504
含油气区 petroleum region 07.506
含油气圈闭 oil gas trap 07.509
含油气省 petroleum province 07.505
焓氯图解 enthalpy-chloride diagram 08.245
漢江阶 Hanjiangian Stage 02.229
漢江期 Hanjiangian Age 02.228
漢江组 Hanjiang Formation 02.511
寒武纪 Cambrian Period 02.150
寒武系 Cambrian System 02.151
航空化探 airborne geochemical exploration 06.453
核地球化学 nuclear geochemistry 06.399
核年代学 nucleochronology 06.297
核燃料废物 nuclear fuel waste 06.208
和尚沟组 Heshanggou Formation 02.567
*合成矿物 artificial mineral, synthetic mineral 04.016
合纹石 plessite 06.344
河口湾 estuary 05.471
河口湾相 estuary facies 05.275
河流阶地 river terrace, valley terrace 01.095
河流相 fluvial facies 05.268
河西构造体系 Hexi structural system 03.435
赫－莫空间群符号 Hermann-Mauguin's symbol 04.144
褐帘石 allanite, orthite 04.421
褐煤 lignite, brown coal 07.372
黑电气石 schorl, schorlite 04.464
黑矿型矿床 kuroko deposit 07.174
黑硼锡镁矿 magnesiohulsite 04.625
黑色金属矿床 ferrous metal deposit 07.140
黑钨矿 wolframite 04.415
黑曜岩 obsidian 05.195
黑硬绿泥石 stilpnomelane 04.516
黑云母 biotite 04.509
痕量元素 trace element 06.028
横向分带 transversal zoning 06.471
*恒定边界 conservative boundary 03.282
恒星原子核合成 nucleosynthesis in star 06.294
洪水庄组 Hongshuizhuang Formation 02.474
红宝石 ruby 04.355
红花园组 Honghuayuan Formation 02.499
红帘石 piedmontite 04.423
红石矿 hongshiite 04.599
红土 lateritic soil 09.085
红土化 lateritization 07.094
红外光谱 infrared spectrum, IR 04.264
红柱石 andalusite 04.425
厚皮构造 thick-skinned tectonics 03.215
后滨 backshore 05.457
后撤冲断层序列 overstep thrust sequence 03.228
后成河 subsequent river 01.089

后冲断层 back thrust 03.189
后构造期结晶[作用] post-tectonic crystallization 05.511
后陆 hinterland 03.351
后生成岩[作用] anadiagenesis 05.239
后生矿床 epigenetic deposit 07.186
后生异常 epigenetic anomaly 06.437
后生作用 epigenesis 05.238
滹沱群 Hutuo Group 02.452
胡乐阶 Hulean Stage 02.227
胡乐期 Hulean Age 02.226
胡乐组 Hule Formation 02.510
湖泊相 lacustrine facies 05.271
弧后扩张 back-arc spreading 03.301
弧后盆地 back-arc basin 03.300
弧前盆地 fore-arc basin 03.302
花斑岩 granophyre 05.192
*花岗变晶结构 granoblastic texture 05.561
花岗结构 granitic texture 05.085
花岗绿岩区 granite-greenstone terrain 03.396
花岗片麻岩区 granite-gneiss terrain 03.397
花岗闪长岩 granodiorite 05.188
花岗岩 granite 05.185
花岗岩化作用 granitization 05.501
花岗岩型铀矿 granite type U-ore 07.259
花岗质片麻岩 granitic gneiss 05.609
*华力西阶段 Variscan stage 02.118
华力西期 Variscan 03.377
华夏构造体系 Cathaysian structural system 03.434
华夏古大陆 Cathaysia 01.042
华夏植物群 Cathaysian flora 02.096
滑动 slip, slide 09.078
滑动面 slip surface, plane of sliding 09.079
滑劈理 slip cleavage 03.150
滑坡 landslide 09.077
滑石 talc 04.504
滑石板阶 Huashibanian Stage 02.323
滑石板期 Huashibanian Age 02.322
滑石板组 Huashiban Formation 02.550
滑石矿床 talc deposit 07.285
滑石片岩 talc schist 05.593
滑塌构造 slump structure 05.339
滑脱[构造] detachment, decollement 03.212
*滑陷构造 slump structure 05.339
滑移对称面 glide symmetrical plane 04.153
滑移面 slip plane 03.181
滑移系 slip system 03.180
滑移线 slip line 03.179
滑移[作用] glide 01.060
化工和化肥原料 chemical and fertilizer raw materials 07.267
化学动力学 chemical kinetics 06.242
化学物种 chemical species 06.031
环带 girdle 03.246
环带轴 girdle axis 03.248
环带组构 girdle fabric 03.247
环境背景[值] environmental background 06.224
环境变迁 environmental transition 06.221
环境储库 environmental reservoir 06.153
环境地球化学 environmental geochemistry 06.145
环境地球化学参数 environmental geochemistry parameter 06.225
环境地质学 environmental geology 09.119
环境工程地质学 environmental engineering geology 09.006
环境规划 environmental planning 06.237
环境化学演化 chemical evolution of environment 06.202
环境监测 environmental monitoring 09.125
环境界面 environmental interface 06.155
环境界面地球化学 environmental interface geochemistry 06.148
环境介质 environmental medium 06.154
环境模拟 environmental simulation 06.228
环境年代学 environmental chronology 06.177
环境评价 environmental evaluation 09.122
环境区划 environmental regionalization 06.236
环境容量 environmental capacity 09.123
环境水文地质 environmental hydrogeology 09.121
环境退化 environmental degradation 06.220
环境污染 environmental pollution 06.189
环境物质迁移 transport of environmental substance 06.165
环境物质释放 release of environmental substance

06.161
环境物质形态 form of environmental substance 06.164
环境物质转化 transformation of environmental substance 06.167
环境效应 environmental effect 06.182
环境要素 environmental element 09.124
环境异常 environmental anomaly 06.180
环境因子 environmental factor 06.156
环境影响 environmental influence 06.186
环境影响评价 environmental impact assessment 06.234
环境有机地球化学 environmental organic geochemistry 06.147
环境质量 environmental quality 06.222
环境质量变异 environmental quality variation 06.223
环境质量标准 environmental quality standard 06.227
环境质量参数 environmental quality parameter 06.226
环境质量评价 environmental quality assessment 06.233
环境质量图 environmental quality atlas 06.235
环境质量指数 environmental quality index 06.229
环境自净 environmental self-purification 06.178
环状硅酸盐 cyclosilicate 04.457
环状岩墙 ring dyke, ring dike 03.163
还原环境 reducing environment 06.420
缓坡 ramp 05.462
幻数规则 magic number rule 06.034
黄长石 melilite 04.447
黄河矿 huanghoite 04.586
黄家磴组 Huangjiadeng Formation, Huangchiateng Formation 02.537
黄钾铁矾 jarosite 04.384
黄砷榴石 berzeliite 04.401
黄锑矿 cervantite 04.326
黄铁绢英岩化 beresitization 07.085
黄铁矿 pyrite 04.311
黄铁矿矿床 pyrite deposit 07.308
黄铜矿 chalcopyrite 04.303
黄土 loess 05.392
黄土湿陷性 collapsibility of loess 09.071
黄玉 topaz 04.452
煌斑结构 lamprophyric texture 05.097
煌斑岩 lamprophyre 05.214
＊灰瓦岩 graywacke 05.386
辉铋矿 bismuthinite 04.300
辉长结构 gabbro texture 05.083
＊辉长石铁陨石 mesosiderite, pyroxene-plagioclase stony-iron 06.338
辉长岩 gabbro 05.164
辉沸石 stilbite 04.574
辉绿结构 diabasic texture 05.098
辉绿岩 diabase 05.167
辉钼矿 molybdenite 04.308
辉砷钴矿 cobaltite 04.305
辉石-角岩相 pyroxene-hornfels facies 05.545
辉石[类] pyroxene 04.468
辉石岩 pyroxenite 05.161
辉锑矿 stibnite 04.315
辉铜矿 chalcocite 04.302
辉银矿 argentite 04.298
回返 inversion 03.370
回灌井 recharge well 08.087
回灌水 recharge water 08.036
会聚边界 convergent boundary 03.281
混合白云石化[作用] dorag dolomitization 05.245
混合花岗岩 migmatitic granite 05.637
混合晶体 mixed crystal 06.257
混合流 combined flow 08.118
混合模型 mixing model 06.112
混合片麻岩 migmatitic gneiss 05.635
混合驱动储油层 combination drive reservoir 07.480
混合水 admixing water 08.025
混合岩 migmatite 05.627
混合岩化前锋 migmatitic front 05.641
混合岩化作用 migmatization, migmatism 05.497
混合岩浆 migma 05.639
混合岩浆深成体 migma pluton 05.640
混杂堆积 melange 03.290
活动大陆边缘 active continental margin 03.284
活动带 active zone 03.407
活动地热系统 active geothermal system 08.211

活动断层　active fault　03.408
活动构造　active tectonics　03.406
活动构造带　active tectonic belt　01.136
活动论　mobilism　01.025
活动元素吸收系数　mobile element absorption coefficient, MAC　06.476
活动褶皱　active fold　03.409
活化　activation　03.386
活火山　active volcano　05.050
活塞-缸筒设备　piston-cylinder apparatus　06.275
活性碳法　absorbent charcoal method　07.209
活性铀　mobile uranium　07.215
火成岩　igneous rock　05.137
火山　volcano　01.124
[火山]玻屑　vitric pyroclast　05.126
火山沉积型矿床　volcano-sedimentary deposit　07.179
火山成因块状硫化物矿床　volcanogenic massive sulfide deposit　07.173
火山成因矿床　volcanogenic mineral deposit　07.169
火山带　volcanic belt　05.067
火山弹　volcanic bomb　05.133
火山地震　volcanic earthquake　01.140
火山构造　volcanic structure　05.031
火山-构造拗陷　volcano-tectonic depression　07.075
火山弧　volcanic arc　03.304
火山灰　volcanic ash　05.136
*火山灰结构　tuff texture, ash texture　05.110
火山活动　volcanic activity　01.126
*火山机构　volcanic edifice　01.129
火山机体　volcanic edifice　01.129
[火山]晶屑　crystal pyroclast　05.125
火山颈　volcanic neck　01.133
火山口　crater　01.131
火山口湖　crater lake　01.101
火山砾　lapilli　05.134
火山泥[石]流　lahar, volcanic mudflow　05.066
火山穹丘　volcanic dome　05.055
火山砂　volcanic sand　05.135
火山碎屑结构　pyroclastic texture　05.109
火山碎屑流　pyroclastic flow, ash flow　05.065
火山通道　conduit, volcanic vent　01.130
火山旋回　volcanic cycle　01.128
火山学　volcanology　01.125
火山岩　volcanic rock　05.143
火山岩相　volcanic facies　05.032
[火山]岩屑　lithic pyroclast　05.127
火山岩型铀矿　volcanic type U-ore　07.258
火山韵律　volcanic rhythm　05.030
火山渣　cinder　05.128
火山渣锥　cinder cone　05.056
火山锥　volcanic cone　01.134
火山作用　volcanism　01.127
火焰状构造　flame structure　05.338

J

击变玻璃　diaplectic glass　06.317
基底　basement　01.019
基底成熟度　basement maturity　07.233
基底胶结　basal cement　05.306
基堵拉组　Jidula Formation　02.597
基默里奇阶　Kimmeridgian Stage　02.381
基默里奇期　Kimmeridgian Age　02.380
基威诺群　Keweenaw Group　02.459
基性岩　basic rock　05.149
基岩　bedrock　09.091
基质　groundmass, matrix　05.092
基准井　key well, stratigraphic well　07.481
基准温度　base temperature　08.244
积存热量法　stored heat method　08.232
吉维阶　Givetian Stage　02.291
吉维期　Givetian Age　02.290
集料　aggregate　07.273
集群绝灭　mass extinction　02.106
集水井　collector well　08.088
集中载荷　concentrated load　09.067
给水度　specific yield　08.189
挤出构造　extrusion tectonics　03.410
脊柱　backbone　03.440
蓟县纪　Jixianian Period　02.144

蓟县矿　jixianite　04.605
蓟县群　Jixian Group　02.455
蓟县系　Jixianian System　02.145
季节冻土　seasonal frozen soil　09.097
季节性吸收系数　temporal absorption coefficient, TAC　06.475
寄生火山锥　parasitic cone　05.057
寄生褶皱　parasitic fold　03.119
计时　age dating　06.078
继承氩　inherited argon　06.111
纪　period　02.024
嘉陵江组　Jialingjiang Formation, Chialingkiang Formation　02.573
夹矸　parting, dirt band　07.358
加积[作用]　aggradation　01.054
加里东阶段　Caledonian stage　02.117
加里东期　Caledonian　03.378
加拿大树胶　Canada balsam　04.281
钾化带　potassic zone　07.098
钾交代型铀矿　potassic-metasomatism type uranium deposit　07.250
钾芒硝矿床　glaserite deposit　07.321
钾钠地热温标　sodium-potassium geothermometer　08.235
钾硝石　niter　04.387
*钾-氩定年　K-Ar dating　06.092
钾-氩计时　K-Ar dating　06.092
钾盐　sylvite, sylvine　04.323
钾盐矿床　sylvite deposit　07.323
假玻璃熔岩　pseudotachylite　03.239
假等时线　pseudoisochron　06.086
假蓝宝石　sapphirine　04.354
假象　pseudomorph　04.052
假异常　false anomaly　06.445
假整合　disconformity　02.069
架状硅酸盐　framework silicate, tecto-silicate　04.542
尖晶石　spinel　04.333
尖灭　pinch　02.064
间冰期　interglacial stage　01.111
间断　hiatus, gap　02.067
间隔带　interval zone　02.032
间粒结构　intergranular texture　05.101
间歇分带　intermittent zoning　07.106
间歇泉　geyser　08.071
间歇熔融　batch melting　06.252
间隐结构　intersertal texture　05.102
碱湖　natron lake　07.325
碱交代型铀矿　alkalic-metasomatism type uranium deposit　07.252
碱性环境　alkaline environment　06.418
碱性辉长岩　essexite　05.206
碱性泉　alkaline spring　08.076
碱性系列　alkaline series　05.019
碱性玄武岩　alkali basalt　05.171
碱性岩　alkali rock　05.153
碱性岩型铀矿　alkaline rock type uranium deposit　07.246
碱玄岩　tephrite　05.208
简单剪切　simple shear　03.032
剪切带　shear zone　03.182
剪[切]应变　shear strain　03.025
剪[切]应力　shear stress　03.024
鉴定矿物学　determinative mineralogy　04.007
健康效应　health effect　06.184
渐新世　Oligocene Epoch　02.178
渐新统　Oligocene Series　02.179
建德群　Jiande Group　02.600
建造　rock association, rock assemblage　03.392
建筑材料　constructional materials, building materials　07.265
降尘　dustfall　06.160
降解作用　degradation　06.168
礁圈闭[构造]　reef trap [structure]　07.517
礁相　reef facies　02.088
焦煤　coking coal　07.377
胶结类型　type of cementation　05.303
胶结物　cement　05.299
胶结[作用]　cementation　01.069
胶磷矿　collophane　04.391
胶泥煤　saprocollite　07.387
胶体沉积　colloidal deposition　07.081
胶状构造　colloform structure　07.124
交错层理　cross-bedding, cross-stratification　05.319
交代残余结构　metasomatic relict texture　07.138

交代结构　metasomatic texture　05.574
交代[作用]　replacement　05.235
交代作用　metasomatism　05.484
交沸石　harmotome　04.579
交换平衡　exchange equilibrium　06.124
交接　conjoin　03.454
交织结构　pilotaxitic texture　05.104
角斑岩　keratophyre　05.202
角砾岩　breccia　05.377
角砾状构造　brecciated structure　07.131
角砾状混合岩　agmatite　05.629
角闪片麻岩　hornblende gneiss　05.607
角闪石-角岩相　hornblende-hornfels facies　05.544
角闪石岩　hornblendite　05.162
角闪岩相　amphibolite facies　05.553
角岩　hornfels　05.619
角岩状结构　hornfels texture　05.571
*角页岩　hornfels　05.619
角银矿　chlorargyrite　04.319
角质体　cutinite　07.412
接触[变质]晕　contact metamorphic aureole　05.638
接触变质作用　contact metamorphism　05.480
接触胶结　contactal cement　05.304
接触交代作用　contact metasomatism　05.485
接触泉　contact spring　08.078
接合面　composition plane　04.085
阶　stage　02.020
阶地　terrace　01.094
阶段加温　stepwise heating　06.118
节理　joint　03.144
节理组　joint set　03.145
结构　texture　05.069
结构成熟度　textural maturity　05.307
结构腐植体　humotelinite　07.424
结构镜质体　telinite　07.407
结构面　structural plane　03.424
结构要素　structural element　03.422
结构因子　structure factor　04.166
结核　concretion　05.347
结晶度　crystallinity　04.033
结晶分异矿床　crystallization-differentiation deposit　07.145
结晶基底　crystalline basement　03.357
结晶片岩　crystalline schist　05.590
结晶[石]灰岩　crystalline limestone　05.614
结晶水　crystal water, water of crystallization　08.022
结晶学　crystallography　04.054
结晶指数　crystallization index　05.026
结晶轴　crystallographic axis　04.061
结晶[作用]　crystallization　04.034
解理　cleavage　04.233
界　erathem　02.017
界线层型　boundary stratotype　02.045
界线粘土　boundary clay　02.107
介电常量　dielectric constant　04.236
介壳灰岩　coquina　05.426
金伯利岩　kimberlite　05.163
金刚光泽　adamantine luster　04.228
金刚石　diamond　04.289
金刚石矿床　diamond deposit　07.303
金刚石压腔　diamond anvil cell　06.270
金红石　rutile　04.352
金沙江石　jinshajiangite　04.608
金属光泽　metallic luster　04.227
金属矿床　ore deposit　07.006
金属矿物　metallic mineral　04.023
金属镍铁　metal nickel-iron　06.348
金属有机矿化作用　metallo-organic matter mineralization　06.388
金属有机络合物　metallo-organic complex　06.389
金云母　phlogopite　04.532
紧闭褶皱　tight fold　03.089
堇青石　cordierite　04.459
晋宁阶段　Jinningian stage　02.116
晋宁期　Jinningian　03.379
近海型含煤岩系　paralic coal-bearing series　07.342
近火山活动金属矿床　proximal ore deposit　07.177
浸染状构造　disseminated structure　07.118
晶胞　unit cell　04.143
晶胞参数　unit cell parameter　04.167
晶畴　domain　04.172
晶簇构造　drusy structure　07.123

晶带 crystal zone 04.088
晶带符号 zone symbol 04.078
晶带指数 zone index 04.075
晶带轴 zone axis 04.077
晶洞构造 miarolitic structure 05.119
晶格 lattice 04.137
晶面 crystal face 04.073
晶面指数 index of crystal face 04.074
晶体 crystal 04.013
晶体测角 crystal goniometry 04.253
晶体对称 crystal symmetry 04.062
晶体光学 crystal optics 04.178
晶体结构 crystal structure 04.171
晶体取向 crystal orientation 04.170
晶体缺陷 crystal defect 04.169
晶体习性 crystal habit 04.060
*晶体学 crystallography 04.054
晶体印痕 crystal imprint 05.345
晶屑 crystal fragment 05.287
晶质 crystalline 04.028
晶质铀矿 uraninite 04.357
经济地质学 economic geology 07.004
经济矿床 economic mineral deposit 07.005
经向构造体系 meridional structural system 03.429
井 well 08.082
井涌水量 well yield 08.185
景儿峪组 Jingeryu Formation 02.477
景观地球化学 landscape geochemistry 06.405
静海石 tranquillityite 06.355
静力触探 static sounding 09.115
静态变质作用 static metamorphism 05.492
静止水位 static level 08.144
镜煤 vitrain 07.401
镜质组 vitrinite 07.406
靖远组 Jingyuan Formation 02.540
九佛堂组 Jiufutang Formation 02.591
九龙山组 Jiulongshan Formation 02.583
旧司组 Jiusi Formation, Chiussu Formation 02.547
居里点 Curie point 04.246
局部背景 local background 06.427
局部变质作用 local metamorphism 05.479
局部平衡 local equilibrium 06.247
聚合模型 polymerization model 06.260
聚合物 polymer 06.261
聚合作用 amalgamation 03.326
*聚煤盆地 coal basin 07.337
聚煤期 coal-forming period 07.340
聚煤区 coal accumulating region 07.336
聚煤作用 coal accumulation 07.339
聚凝[作用] flocculation 05.229
聚片双晶 multiple twin 04.083
巨砾 boulder 05.364
巨旋回 megacycle 03.362
锯齿状接触 sutured contact 05.298
卷状铀矿体 uranium roll 07.213
绢英带 phyllic zone 07.099
绢云母 sericite 04.534
绢云母化 sericitization 07.092
绝对丰度 absolute abundance 06.062
绝热压缩 adiabatic compression 06.279
均变论 uniformitarianism 01.027
均衡说 isostasy theory 01.033
均键结构 isodesmic structure 04.173
均夷[作用] gradation 01.055
均匀流 uniform flow 08.115
均匀应变 homogeneous strain 03.042
均质 isotropic 04.205
均质混合岩 homogeneous migmatite 05.636
菌类体 sclerotinite 07.421

K

喀斯特 karst 01.068
喀斯特含水层 karst aquifer 08.095
喀斯特泉 karst spring 08.074
喀斯特水 karst water 08.018
喀斯特塌陷 karst collapse 09.082
喀斯特相 karst facies 05.267
喀斯特柱 karst pillar 09.083
卡拉多克阶 Caradocian Stage 02.243

卡拉多克期 Caradocian Age 02.242
卡林型金矿床 Carlin-type gold deposit 07.178
卡洛维阶 Callovian Stage 02.377
卡洛维期 Callovian Age 02.376
卡尼阶 Carnian Stage 02.357
卡尼期 Carnian Age 02.356
JCPDS卡片 JCPDS card 04.149
卡斯巴双晶 Carlsbad twin 04.084
卡西莫夫阶 Kasimovian Stage 02.313
卡西莫夫期 Kasimovian Age 02.312
卡赞阶 Kazanian Stage 02.345
卡赞期 Kazanian Age 02.344
开发井 development well 07.485
开阔台地 open-platform 05.465
开阔褶皱 open fold 03.088
凯诺拉期 Kenoran 03.384
勘查地球化学 exploration geochemistry 06.411
勘查地质学 exploration and prospecting geology 07.011
坎儿井 karez 08.081
坎潘阶 Campanian Stage 02.409
坎潘期 Campanian Age 02.408
康定岩群 Kangding Group Complex 02.448
柯石英 coesite 04.348
颗粒表面结构 grain surface texture 05.291
颗粒灰岩 grainstone 05.410
颗粒形状 grain shape 05.290
颗粒支撑组构 grain-supported fabric 05.293
颗粒组构 grain fabric 05.292
科马提岩 komatiite 05.145
科尼亚克阶 Coniacian Stage 02.405
科尼亚克期 Coniacian Age 02.404
可疑地体 suspect terrane 03.324
克拉通 craton 03.335
克拉通化 cratonization 03.336
克列里奇液 Clerici's solution 04.256
克山病 Keshan disease 06.215
空谷阶 Kungurian Stage 02.343
空谷期 Kungurian Age 02.342
空间化学 space chemistry 06.290
空间群 space group 04.165
空晶石 chiastolite 04.428
孔店组 Kongdian Formation 02.619
孔洞 pore space 09.054
孔雀石 malachite 04.366
孔隙 pore 05.301
孔隙比 void ratio 09.028
孔隙度 porosity 07.467
孔隙胶结 porous cement 05.305
孔隙溶液 pore solution 09.055
孔隙水 pore water 08.015
孔隙水压力 pore water pressure 09.049
孔隙体积 pore volume 09.057
孔隙压力 pore pressure 09.056
孔兹岩 khondalite 05.610
寇家村组 Koujiacun Formation 02.630
块断作用 block faulting 03.235
块体运动 mass movement 01.065
块状构造 massive structure 05.113
矿产经济学 mineral economics 07.007
矿产开发 mineral exploitation 07.010
矿产勘查 mineral exploration 07.009
矿产普查 mineral prospecting 07.008
矿床 mineral deposit 07.002
矿床地球化学 mineral deposit geochemistry 06.395
矿床地质学 mineral deposit geology 07.001
矿床模式 mineral deposit model 07.013
矿床水文地质学 mineral deposit hydrogeology 08.006
矿点 ore occurrence 07.022
矿顶相 facies of ore body top 07.211
矿根相 facies of ore body root 07.212
矿化度 mineralization of water, total dissolved solid 08.199
矿化剂 mineralizer 07.052
矿化流体 mineralizing fluid 07.050
矿化水 mineralized water 08.035
矿化作用 mineralization 07.032
矿浆 ore magma 07.051
矿浆型铁矿床 ore magma iron deposit 07.156
矿井疏干 shaft draining 08.176
矿坑排水 mine drainage 08.061
矿坑水 mine water, pit water 08.057
矿棉 mineral wool 07.277
矿区 ore district 07.027

矿泉 mineral spring 08.068
矿山地质学 mining geology 07.012
矿石 ore 07.020
矿石矿物学 ore mineralogy 07.014
矿石品位 grade of ore 07.017
矿水 mineral water 08.054
矿田 ore field 07.026
矿物 mineral 04.012
矿物等时线 mineral isochron 06.085
矿物合成 mineral synthesis 06.283
矿物化学 mineral chemistry 06.287
矿物物理学 mineral physics 04.004
矿物物性 physical property 04.224
矿物相变 phase transformation of mineral 06.285
矿物相律 mineral phase rule 05.539
矿物学 mineralogy 04.001
矿物种 mineral species 04.287
矿物组合 mineral association, mineral assemblage 07.033
矿相显微镜 ore microscope 04.276
矿相学 ore microscopy 04.011
矿-岩时差 rock-ore formation time interval 07.210
矿源层 source bed 07.048
矿源岩 source rock 07.049
昆阳群 Kunyang Group 02.457
扩散分馏 diffusional fractionation 06.129
扩散晕 diffusion halo 06.465
扩散作用 diffusion 06.043
扩张极 pole of spreading 03.266
扩张脊 spreading ridge 03.273
扩张速率 spreading rate 03.269

L

拉斑系列 tholeiitic series 05.017
拉斑[玄武]结构 tholeiitic texture 05.103
拉斑玄武岩 tholeiite 05.170
拉长石 labradorite 04.554
拉德洛世 Ludlovian Epoch 02.262
拉德洛统 Ludlovian Series 02.263
拉丁阶 Ladinian Stage 02.355
拉丁期 Ladinian Age 02.354
拉分 pull-apart 03.308
拉伸线理 stretching lineation 03.156
莱茨-杰利折射计 Leitz-Jelley refractor 04.272
莱河矿 laihunite 04.603
蓝宝石 sapphire 04.353
蓝方石 hauyne 04.560
蓝晶石 kyanite, disthene 04.429
蓝晶石片岩 kyanite schist 05.594
蓝旗组 Lanqi Formation 02.586
蓝闪石 glaucophane 04.496
蓝闪石-绿片岩相 glaucophane-greenschist facies 05.550
蓝[闪石]片岩 glaucophane schist 05.597
蓝闪石片岩相 glaucophane schist facies 05.549
蓝石棉矿床 crocidolite deposit 07.280
蓝田组 Lantian Formation 02.632
蓝铁矿 vivianite 04.394
蓝铜矿 azurite 04.363
蓝线石 dumortierite 04.432
兰代洛阶 Llandeilian Stage 02.241
兰代洛期 Llandeilian Age 02.240
兰多弗里世 Llandoverian Epoch 02.258
兰多弗里统 Llandoverian Series 02.259
兰海阶 Langhian Stage 02.433
兰海期 Langhian Age 02.432
兰维恩阶 Llanvirnian Stage 02.239
兰维恩期 Llanvirnian Age 02.238
*劳埃群 Laue group 04.146
劳厄群 Laue group 04.146
劳伦古大陆 Laurentia 01.041
劳亚古大陆 Laurasia 01.039
*老第三纪 Eogene Period 02.168
*老第三系 Eogene System 02.169
老红砂岩 Old Red Sandstone 02.099
老虎台组 Laohutai Formation 02.612
勒拿阶 Lenian Stage 02.213
勒拿期 Lenian Age 02.212
勒辛型铀矿床 Rössing-type uranium deposit 07.202
乐平煤 Loping coal, lopite 07.391

乐平组　Leping Formation, Loping Formation　02.558
＊雷公墨　tektite　06.358
累乘晕　multiplicative halo　06.467
累积系数　accumulation coefficient　06.175
累积因子　accumulative factor　06.174
累积作用　accumulative action　06.173
累加晕　additive halo　06.466
类质同象　isomorphism, allomerism　04.049
类质同象混合物　isomorphic mixture　06.258
冷风口高压容器　cold seal pressure vessel　06.274
冷水动物群　cold water fauna　02.101
冷水沟组　Lengshuigou Formation　02.629
冷提取　cold extraction　06.491
＊犁形断层　listric fault　03.213
离散边界　divergent boundary　03.280
离子交换　ion exchange　04.177
离子探针　ionic probe　04.261
里菲群　Riphe Group　02.460
锂电气石　elbaite　04.463
锂辉石　spodumene　04.483
锂铍石　liberite　04.591
锂云母　lepidolite　04.526
栗子沟组　Lizigou Formation　02.613
砾屑灰岩　calcirudite　05.430
砾屑岩　rudite　05.372
砾岩　conglomerate　05.376
砾岩型铀矿　conglomerate type U-ore　07.256
砾质土　gravelly soil　09.084
立方体　cube　04.106
粒硅镁石　chondrodite　04.431
粒泥灰岩　wackestone　05.408
＊粒序层理　graded bedding　05.322
粒状变晶结构　granoblastic texture　05.561
沥青　bitumen, asphalt　07.446
沥青砂　tar sand　07.451
沥青铀矿　pitchblende　07.217
沥青质体　bituminite　07.427
联合弧　conjunct arc　03.451
莲花山阶　Lianhuashanian Stage　02.269
莲花山期　Lianhuashanian Age　02.268
莲花山组　Lianhuashan Formation　02.524
莲花状构造　lotus-form structure　03.444
莲沱组　Liantuo Formation　02.478
连滩组　Liantan Formation　02.513
连续不等粒斑状结构　seriate porphyritic texture　05.095
连续反应　continuous reaction　05.537
链状硅酸盐　chain silicate　04.465
亮甲山组　Liangjiashan Formation　02.494
亮晶　spar　05.405
亮晶灰岩　sparite　05.406
亮煤　clarain　07.402
辽河群　Liaohe Group　02.453
＊捩断层　tear fault　03.177
裂变径迹保留年龄　fission-track retention age　06.302
＊裂变径迹定年　fission-track dating　06.097
裂变径迹计时　fission-track dating　06.097
裂谷　rift　03.305
裂谷作用　rifting　03.306
裂理　parting　04.234
裂隙脉　fissure vein　07.113
裂隙泉　fissure spring　08.073
裂隙式喷发　fissure eruption　05.021
裂隙水　fissure water　08.016
鬣刺结构　spinifex texture　05.112
磷光　phosphorescence　04.249
磷灰石　apatite　04.390
磷灰石矿床　apatite deposit　07.311
磷块岩　phosphorite　05.449
磷块岩矿床　phosphorite deposit　07.313
磷酸盐　phosphate　04.389
磷酸盐矿床　phosphate deposit　07.312
磷酸盐岩　phosphate rock　05.450
磷霞岩　urtite　05.212
磷钇矿　xenotime　04.397
临界浓度　critical concentration　06.209
临湘组　Linxiang Formation　02.504
鳞绿泥石　thuringite　04.515
鳞片状变晶结构　lepidoblastic texture　05.563
鳞石英　tridymite　04.349
淋积矿床　leaching deposit　07.197
淋积型铀矿　leaching type uranium deposit　07.248
菱沸石　chabazite　04.577
菱镁矿　magnesite　04.365

菱镁矿矿床 magnesite deposit 07.310
菱锰矿 rhodochrosite 04.367
菱面体 rhombohedron 04.124
菱面体晶系 rhombohedral system 04.105
菱铁矿 siderite 04.368
菱锌矿 smithsonite 04.369
菱形十二面体 dodecahedron 04.108
*陵削[作用] degradation 01.053
陵夷[作用] degradation 01.053
榴辉岩 eclogite 05.612
榴辉岩相 eclogite facies 05.555
硫化物 sulfide 04.296
硫化物矿床氧化带 oxidized zone of sulfide deposit 07.101
硫磺泉 sulfur spring 08.080
硫砷钌矿 ruarsite 04.606
硫酸盐 sulfate 04.377
硫循环 sulfur cycle 06.393
刘家沟组 Liujiagou Formation 02.566
瘤状构造 nodular structure 05.348
流动构造 flow structure 03.115, 05.116, flowage structure 03.115, fluidal structure 05.116
流面构造 platy flow structure, platy flowage structure 03.116, planar flow structure 05.118
流劈理 flow cleavage 03.151
流体包裹体 fluid inclusion 06.268
流体超压 fluid overpressure 05.557
流体动力学 fluid dynamics 06.269
流体对流 fluid convection 07.069
流体-岩石交互作用 fluid-rock interaction 07.064
流网 flow net 08.191
流纹结构 rhyotaxitic texture 05.108
流纹岩 rhyolite 05.193
*流限 liquid limit 09.047
流线构造 linear flow structure 03.117, 05.117, linear flowage structure 03.117
六八面体 hexoctahedron 04.117
六八面体晶类 hexakisoctahedral class 04.120
六方晶系 hexagonal system 04.101
六方偏方面体 hexagonal trapezohedron 04.119
六方异极晶类 hexagonal hemimorphic class 04.118
六面体 hexahedron 04.116
龙华山组 Longhuashan Formation 02.536
龙马溪阶 Longmaxian Stage 02.247
龙马溪期 Longmaxian Age 02.246
龙马溪组 Longmaxi Formation 02.514
龙潭组 Longtan Formation 02.557
龙王庙阶 Longwangmiaoan Stage 02.197
龙王庙期 Longwangmiaoan Age 02.196
龙王庙组 Longwangmiao Formation 02.486
隆起 uplift 03.355
卤化物 halogenide 04.317
卤水 brine, salt brine 08.049
路特阶 Lutetian Stage 02.419
路特期 Lutetian Age 02.418
禄丰组 Lufeng Formation 02.580
陆表海 epicontinental sea, epeiric sea 05.280
*陆潮 Earth tide 01.146
陆地环境 continental environment, land environment, terrestrial environment 06.151
陆解[作用] aquatolysis 05.242
陆内碰撞 intracontinental collision 03.311
陆壳 continental crust 03.320
陆上油气田 onshore oil gas field 07.503
陆相 continental facies 05.258
吕梁阶段 Lüliangian stage 02.115
吕梁期 Lüliangian 03.381
吕梁群 Lüliang Group 02.451
吕珀尔阶 Rupelian Stage 02.425
吕珀尔期 Rupelian Age 02.424
铝质岩 aluminous rock 05.438
绿钙闪石 hastingsite 04.499
绿辉石 omphacite 04.476
绿帘角闪岩相 epidote amphibolite facies 05.552
绿帘石 epidote 04.420
绿泥石 chlorite 04.510
绿泥石化 chloritization 07.086
绿泥石型铀矿 U-ore of chlorite type 07.244
绿片岩 greenschist 05.596
绿片岩相 greenschist facies 05.551
绿松石 turquoise 04.396
绿松石矿床 turquoise deposit 07.300

绿脱石 nontronite 04.535
绿纤石 pumpellyite 04.539
绿岩 greenstone 05.598
绿岩带 greenstone belt 01.043
绿柱石 beryl 04.460
绿柱石化 berylitization 07.095
滦河矿 luanheite 04.620
伦坡拉群 Lunpola Group 02.625
螺型位错 screw dislocation 03.259
螺旋轴 screw axis 04.152
罗富组 Luofu Formation 02.529
罗圈组 Luoquan Formation 02.482
罗惹坪组 Luoreping Formation, Luojoping Formation 02.516
落错 throw 03.195
洛赫科夫阶 Lochkovian Stage 02.283
洛赫科夫期 Lochkovian Age 02.282

M

麻粒岩 granulite 05.611
麻粒岩相 granulite facies 05.554
马兰组 Malan Formation 02.637
马平阶 Mapingian Stage 02.327
马平期 Mapingian Age 02.326
马平组 Maping Formation 02.553
马斯特里赫特阶 Maastrichtian Stage 02.411
马斯特里赫特期 Maastrichtian Age 02.410
马蹄形盾地 horseshoe shaped betwixtoland 03.441
马尾丝状构造 horsetail structure 07.120
埋深变质作用 burial metamorphism 05.490
埋藏阶地 buried terrace 01.098
脉动分带 pulsative zoning 07.107
脉动说 pulsation theory 01.032
脉动[作用] pulsation 03.411
脉石 gangue 07.021
脉状构造 vein structure 07.119
幔源[的] mantle-derived 05.003
芒硝 mirabilite 04.386
芒硝矿床 mirabilite deposit 07.327
盲矿 blind ore 07.023
茅口阶 Maokouan Stage 02.337
茅口期 Maokouan Age 02.336
茅口组 Maokou Formation 02.556
锚桩 anchor pile 09.109
毛细管水 capillary water 08.019
毛细管[作用] capillary 05.249
毛庄组 Maozhuang Formation 02.487
冒地槽 miogeosyncline 03.331
冒地斜 miogeocline 03.332
梅内夫阶 Menevian Stage 02.217
梅内夫期 Menevian Age 02.216
梅树村阶 Meishucunian Stage 02.191
梅树村期 Meishucunian Age 02.190
梅树村组 Meishucun Formation 02.483
梅特罗吉阶 Maentwrogian Stage 02.219
梅特罗吉期 Maentwrogian Age 02.218
湄潭组 Meitan Formation 02.507
煤 coal 07.332
煤变质作用 coal metamorphism 07.353
煤层 coal seam 07.356
煤层对比 correlation of coal seam 07.360
煤层分叉 bifurcation of coal seam 07.357
煤沉积模式 sedimantary model of coal 07.344
煤成气 coal gas 07.394
煤成岩作用 coal diagenesis 07.354
煤地球化学 coal geochemistry 06.383
*煤地质学 coal geology 07.333
煤垩 smut 07.366
煤核 coal ball 07.359
煤华 blossom 07.367
煤化作用 coalification 07.352
煤级 coal rank 07.361
煤精 jet 07.392
煤矿地质 coal mining geology 07.335
煤盆地 coal basin 07.337
*煤炭 coal 07.332
煤田 coalfield 07.338
煤田地质学 coal geology 07.333
*煤系 coal-bearing series, coal measures 07.341
煤相 coal facies 07.355

煤岩学 coal petrology, coal petrography 07.334
镁电气石 dravite 04.462
镁橄榄石 forsterite 04.435
镁铝榴石 pyrope 04.441
镁钠闪石 magnesioriebekite 04.498
镁铁闪石 cummingtonite 04.494
镁铁质岩 mafic rock 05.147
镁星叶石 magnesioastrophyllite 04.588
门卡墩组 Menkadun Formation 02.594
蒙脱石 montmorillonite 04.524
蒙脱石化 montmorillonitization 07.239
锰结核 manganese nodule 05.442
锰铝榴石 spessartite, spessartine 04.442
*锰团块 manganese nodule 05.442
锰质岩 manganese rock 05.441
糜棱结构 mylonitic texture 05.573
糜棱岩 mylonite 03.209
S-C糜棱岩 S-C-mylonite 03.256
糜棱岩化 mylonitization 03.255
弥散系数 coefficient of dispersion 08.138
弥散晕 halo of water diffusion 08.186
米勒-尤里反应 Miller-Urey reation 06.311
米勒指数 Miller indices 04.072
蜜黄长石 meliphanite 04.448
密西西比河谷式铅锌矿床 Mississippi-valley lead-zinc deposit 07.181
C面 C-surface 03.138
S面 S-surface 03.137
面角守恒定律 law of constancy of angle 04.070
面金属量 areal productivity 06.498
*面心格子 F-lattice, face-centered lattice 04.141
面状构造 planar structure 03.113
庙坡组 Miaopo Formation 02.502
妙高阶 Miaogaoan Stage 02.257
妙高期 Miaogaoan Age 02.256
妙高组 Miaogao Formation 02.521
敏感粘土 sensitive clay 09.039
敏感系数 sensitivity ratio 09.040
明矾石 alunite 04.378
明化镇组 Minghuazhen Formation 02.624
明水组 Mingshui Formation 02.609
模 mold 05.332
模拟实验 simulation experiment 06.244
模式年龄 model age 06.080
磨拉石 molasse 03.394
磨蚀[作用] abrasion 01.052
莫尔包络线 Mohr failure envelope 03.030
莫尔图 Mohr diagram 03.028
莫尔应力圆 Mohr stress circle 03.029
莫来石 mullite 04.427
莫氏硬度 Moh's hardness 04.238
莫斯科阶 Moscovian Stage 02.311
莫斯科期 Moscovian Age 02.310
墨西拿阶 Messinian Stage 02.439
墨西拿期 Messinian Age 02.438
木栓质体 suberinite 07.429
钼铅矿 wulfenite 04.417
钼酸盐 molybdenate 04.416
穆斯堡尔谱 Moessbauer spectrum 04.265
穆斯堡尔效应 Moessbauer effect 04.266

N

钠长石 albite 04.548
钠长石-绿帘石-角岩相 albite-epidote-hornfels facies 05.543
钠交代型铀矿 sodic-metasomatism type uranium deposit 07.251
钠闪石 riebeckite 04.501
钠铁闪石 arfvedsonite 04.491
钠硝石 soda niter, nitronatrite, nitratine 04.388
钠硝石矿床 soda niter deposit, nitratine deposit 07.326
钠云母 paragonite 04.531
钠柱石 marialite 04.565
那高岭阶 Nagaolingian Stage 02.271
那高岭期 Nagaolingian Age 02.270
那高岭组 Nagaoling Formation, Nakaoling Formation 02.525
纳标组 Nabiao Formation 02.528
纳缪尔阶 Namurian Stage 02.303
纳缪尔期 Namurian Age 02.302
耐火材料 refractory materials 07.268

南北向构造带　meridional tectonic belt　03.430
南津关组　Nanjinguan Formation　02.497
南平石　nanpingite　04.635
南沱组　Nantuo Formation　02.479
南雄组　Nanxiong Formation　02.598
挠曲　flexure　03.087
内滨　inshore　05.458
内部等时线　internal isochron　06.082
＊内动力　endogenetic force　01.045
内反射　internal reflection　04.192
内核　inner core　01.011
内加热高压容器　internally heated pressure vessel　06.273
内聚力　cohesive force　09.045
内陆盆地　inland basin, interior basin　01.083
内陆型含煤岩系　limnic coal-bearing series　07.343
内生异常　endogenetic anomaly　06.438
内生作用　endogenesis　07.036
内碎屑　intraclast　05.396
内碎屑亮晶灰岩　intrasparite　05.436
内碎屑泥晶灰岩　intramicrite　05.437
内营力　endogenetic force　01.045
嫩江组　Nenjiang Formation　02.607
能动断层　capable fault　09.145
霓石　aegirine　04.467
霓霞岩　ijolite　05.210
泥　mud　05.371
泥河湾组　Nihewan Formation　02.635
泥化　argillization　07.091
泥火山　mud volcano　05.059
泥晶灰岩　micrite　05.407
泥砾　boulder-clay　01.121
泥粒灰岩　packstone　05.409
泥裂　mud crack, shrinkage crack　05.342
泥流　mud flow　09.101
泥盆纪　Devonian Period　02.156
泥盆系　Devonian System　02.157
泥石流　debris flow　09.100
泥炭化作用　peat formation　07.350
泥屑灰岩　calcilutite　05.433
泥屑岩　lutite　05.374
泥岩　mudstone　05.390
泥质岩　argillaceous rock　05.388
尼欧可木阶　Neocomian Stage　02.385
尼欧可木期　Neocomian Age　02.384
＊逆冲断层　overthrust　03.186
逆断层　reverse fault　03.172
逆牵引　reverse drag　03.203
逆向分带　reverse zoning　07.109
年代地层单位　chronostratigraphic unit　02.012
年代地层学　chronostratigraphy　02.003
年龄测定　age determination　06.077
年龄谱　age spectrum　06.088
粘结灰岩　bindstone, boundstone　05.412
粘土　clay　05.370
粘土化蚀变型铀矿　argillified type U-ore　07.254
粘土矿床　clay deposit　07.291
粘土矿物　clay mineral　04.018
粘土粒级　clay fraction　09.107
粘土岩　claystone　05.389
粘质砂土　clayly sand　09.038
粘着力　adhesion　09.052
鸟粪石磷矿床　guano-type phosphate deposit　07.314
鸟眼构造　bird's-eye structure　05.355
聂拉木群　Nyalam Group　02.461
镍黄铁矿　pentlandite　04.313
镍纹石　taenite　06.346
凝灰结构　tuff texture, ash texture　05.110
凝胶化作用　gelification　07.399
凝结水　condensation water　08.020
＊凝聚作用　flocculation　05.229
凝析气田　condensate field　07.463
凝析油　condensate oil　07.462
宁国阶　Ningguoan Stage　02.225
宁国期　Ningguoan Age　02.224
宁国组　Ningguo Formation　02.509
牛津阶　Oxfordian Stage　02.379
牛津期　Oxfordian Age　02.378
扭动构造体系　shear structural system　03.431
扭[性]　shear　03.420
浓度梯度　concentration gradient　06.277
浓集克拉克值　clarke of concentration　06.067
浓集系数　concentration coefficient　06.068
浓集中心　concentration center　06.472
暖水动物群　warm water fauna　02.100

诺利阶　Norian Stage　02.359
诺利期　Norian Age　02.358
诺依曼线　Neumann line　06.350

O

欧拉极　Eular pole　03.267
欧特里沃阶　Hauterivian Stage　02.391
欧特里沃期　Hauterivian Age　02.390
偶数规则　even rule　06.032
耦合反应　coupled reaction　05.538

P

帕特森图　Patterson diagram　04.162
培长石　bytownite　04.553
配位多面体　coordinate polyhedron　04.160
配位数　coordination number　04.156
喷出相　extrusive facies　05.038
喷出岩　effusive rock　05.139
喷流矿床　exhalation deposit　07.170
喷气孔　fumarole　08.221
喷泉　fountain, fount　08.072
盆地　basin　01.081
盆岭区　basin-and-range province　03.310
*盆岭省　basin-and-range province　03.310
彭志忠石　pengzhizhongite　04.639
硼矿床　boron deposit　07.315
硼镁石　szaibelyite　04.376
硼镁石矿床　ascharite deposit, szaibelyite deposit　07.316
硼镁铁矿　ludwigite　04.375
硼砂　borax　04.373
硼酸盐　borate　04.372
膨润土　bentonite　07.294
膨胀说　expansion theory　01.030
膨胀土　swelling clay　09.099
膨胀压力　swelling pressure　09.113
碰撞　collision　03.288
*批次熔融　batch melting　06.252
披覆构造　draping structure　07.519
劈理　cleavage　03.147
劈裂试验　Brazilian test　09.111
皮壳状构造　crusty structure　07.125
皮壳状脉　crustified vein　07.114
皮亚琴察阶　Piacenzian Stage　02.443
皮亚琴察期　Piacenzian Age　02.442
偏方复十二面体　diakisdodecahedron　04.111
偏方三八面体　trapezohedron　04.130
偏方十二面体　deltohedron　04.109
偏方形　deltoid　04.110
偏光显微镜　polarizing microscope　04.277
偏三角面体　scalenohedron　04.125
偏提取　partial extraction　06.489
偏倚　bias　06.488
偏[振]光　polarized light　04.185
偏振角　angle of polarization　04.181
片沸石　heulandite　04.580
片理　schistosity　05.578
片麻理　gneissosity　05.579
片麻岩　gneiss　05.603
片麻岩穹窿　gneissic dome　05.642
片麻状构造　gneissic structure, gneissose structure　05.582
片岩　schist　05.589
片状构造　schistose structure　05.581
飘尘　dust　06.159
漂白土　fuller's earth　07.295
拼贴　collage　03.325
贫钙无球粒陨石　calcium-poor achondrite　06.331
贫煤　meagre coal　07.379
坪年龄　plateau age　06.089
平错　heave　03.196
平衡常数　equilibrium constant　06.127
平衡剖面　balanced cross section　03.230
平衡相图　equilibrium phase diagram　06.246
平面偏振　plane polarization　04.184
*平推断层　transcurrent fault　03.178

*平卧矿体　manto　07.111
平卧褶皱　recumbent fold　03.084
*平行不整合　disconformity　02.069
平行层理　parallel bedding　05.317
平行消光　parallel extinction　04.208
平行褶皱　parallel fold　03.091
平移断层　wrench fault　03.175
平原　plain　01.078
评价井　evaluation well, appraisal well　07.484
坡积物　deluvial　09.093
坡缕石　palygorskite　04.538
坡面　dome　04.094
破坏变形　failure deformation　09.016
破坏性地震　damage earthquake　09.137
破火山口　caldera　01.132
破劈理　fracture cleavage　03.149
葡萄石　prehnite　04.541
葡萄石-绿纤石相　prehnite-pumpellyite facies　05.548
葡萄状构造　botryoidal structure　07.129
普遍回返　general inversion　03.371
普里多利世　Pridolian Epoch　02.264
普里多利统　Pridolian Series　02.265
普利亚本阶　Priabonian Stage　02.423
普利亚本期　Priabonian Age　02.422
普林斯巴赫阶　Pliensbachian Stage　02.367
普林斯巴赫期　Pliensbachian Age　02.366
普通地质学　physical geology　01.006
普通辉石　augite　04.479
普通角闪石　hornblende　04.500
普通铅　common lead　06.107
普通球粒陨石　ordinary chondrite　06.328
谱系采样　hierarchical sampling　06.494

Q

期　age　02.026
栖霞阶　Qixian Stage, Chihsian Stage　02.335
栖霞期　Qixian Age, Chihsian Age　02.334
栖霞组　Qixia Formation , Chihsia Formation　02.555
棋盘格式构造　chess-board structure　03.448
骑田岭矿　qitianlingite　04.626
器官系数　acropetal coefficient, AC　06.477
气藏　gas pool　07.442
气顶气驱储油层　gas cap drive reservoir　07.477
气孔构造　vesicular structure　05.120
气煤　gas coal　07.375
气苗　gas seepage　07.449
气汽比　gas to steam ratio　08.227
气体保留年龄　gas retention age　06.301
气体地球化学测量　geochemical gas survey　06.459
气体地热温标　gas geothermometer　08.237
气田　gas field　07.440
气油比　gas-oil ratio　07.492
汽水分离　steam-water separation　08.228
牵引式滑动　retrogressive slide　09.033
铅直断距　vertical displacement　03.200
铅直运动　vertical movement　03.017
千枚岩　phyllite　05.588
千枚状构造　phyllitic structure　05.580
千糜岩　phyllonite　05.623
前凹　foredeep　03.352
前滨　foreshore　05.456
前构造期结晶[作用]　pre-tectonic crystallization　05.509
前寒武纪　Precambrian　02.125
前弧　frontal arc　03.438
前进冲断层序列　piggyback thrust sequence　03.229
前陆　foreland　03.350
前陆台地　foreland basin　03.303
前生期化学演化　chemical evolution in prebiological period　06.308
*前渊　foredeep　03.352
前缘断坡　frontal ramp　03.219
前造山期　pre-orogenic　03.367
潜火山相　subvolcanic facies　05.037
潜火山岩　subvolcanic rock　05.142
潜流　underground flow　08.119
潜山圈闭[构造]　buried-hill trap [sturcture]　07.515

潜蚀　suffosion, pipe erosion　09.075
潜水　phreatic water　08.012
潜水含水层　phreatic aquifer　08.092
潜水面　phreatic water table level　08.147
潜水位　phreatic water level　08.142
*潜穴　burrow, worm burrow　05.349
浅层水　shallow seated groundwater　08.031
浅成高温水热矿床　xenothermal deposit　07.164
浅成侵入相　hypabyssal intrusive facies　05.036
浅成岩　hypabyssal rock　05.141
浅海相　shallow marine facies　05.277
浅海相沉积矿床　neritic sedimentary deposit　07.183
浅基础　shallow foundation　09.114
浅孔测温　shallow well thermometry　08.238
浅埋[作用]　shallow burialism　05.231
浅色矿物　light-colored mineral　05.130
浅色岩　leucocrate　05.156
浅闪石　edenite　04.495
浅深[变质]带　epizone　05.515
锖色　tarnish　04.053
蔷薇辉石　rhodonite　04.481
强干　competent　03.053
羟钒锌铅石　descloizite　04.409
羟砷锌石　adamite　04.400
壳层规则　shell rule　06.033
壳相　shelly facies　02.086
壳源[的]　crust-derived　05.004
壳质组　exinite　07.410
鞘褶[皱]　sheath fold　03.122
侵入接触　intrusive contact　02.072
侵入岩　intrusive rock　05.138
侵蚀基面　erosion base level　01.090
侵蚀阶地　erosional terrace　01.096
侵蚀[作用]　erosion　01.051
亲花岗岩矿床　granophile deposit　07.158
亲气元素　atmophile element　06.006
亲生物元素　biophile element　06.010
亲石元素　lithophile element　06.007
亲铁元素　siderophile element　06.009
亲铜元素　chalcophile element　06.008
亲氧过程　aerobic process　06.201
青白口纪　Qingbaikouan Period　02.146
青白口群　Qingbaikou Group　02.456
青白口系　Qingbaikouan System　02.147
青河石　qingheiite　04.617
青金石　lazurite　04.562
青铝闪石　crossite　04.493
青磐岩化　propylitization　07.089
青山口组　Qingshankou Formation　02.605
*青石棉矿床　crocidolite deposit　07.280
轻稀土元素　light rare earth element, LREE　06.016
轻质油　light oil　07.444
氢交代作用　hydrogen metasomatism　07.204
氢-水体系　$H-H_2O$ system　06.138
氢-氧体系　H-O system　06.137
倾伏　plunge　03.072
*倾伏角　plunge　03.072
倾滑分量　dip-slip component　03.198
倾角　dip angle　03.064
倾向　dip　03.063
穹窿　dome　03.105
筇竹寺阶　Qiongzhusian Stage, Chiungchussuan Stage　02.193
筇竹寺期　Qiongzhusian Age, Chiungchussuan Age　02.192
筇竹寺组　Qiongzhusi Formation　02.484
丘陵　hill　01.076
丘状层理　hummocky bedding　05.328
球度　sphericity　05.288
球粒　chondrule　06.351
球粒亮晶灰岩　pelsparite　05.434
球粒泥晶灰岩　pelmicrite　05.435
球粒陨石　chondrite　06.323
*球粒陨石均一储库　chondritic uniform reservoir　06.115
球面立体投影图　stereogram, stereographic projection　03.143
球土　ball clay　07.283
球状构造　orbicular structure　05.115
区域背景　regional background　06.426
区域变质作用　regional metamorphism　05.476
区域地壳稳定性　regional crustal stability　09.003
区域地球化学测量　regional geochemical survey　06.482

区域地球化学异常　regional geochemical anomaly, areal geochemical anomaly　06.181
区域地质学　regional geology　01.007
区域动力变质作用　regional dynamic metamorphism　05.477
区域工程地质学　regional engineering geology　09.002
区域环境　regional environment　06.152
区域混合岩化作用　regional migmatization　05.498
区域热动力变质作用　regional dynamothermal metamorphism　05.478
区域水文地质学　regional hydrogeology　08.002
曲流河　meandering river　05.469
去白云石化[作用]　dedolomitization　05.244
去气作用　degassification　06.044
去石膏化[作用]　degypsification　05.247
泉　spring　08.065
泉头组　Quantou Formation　02.604
*全对称性　holohedrism　04.065
全晶质　holocrystalline　05.071
全面体　holohedron　04.064
全面象　holohedrism　04.065
全球环境　global environment　06.149
全新世　Holocene Epoch　02.186
全新统　Holocene Series　02.187
全型　holotype　04.037
全形　holohedral form　04.063
*全形对称　holohedral form　04.063
全自形粒状　panidiomorphic granular　05.078
群　group　02.035
群孔抽水　pumping of group wells　08.181

R

热变质作用　thermal metamorphism　05.481
热成熟成因气　gas from thermomaturation of organic matter　06.386
热储　geothermal reservoir　08.229
热储工程　geothermal reservoir engineering　08.230
热传导作用　heat transfer process　07.070
热导率　thermal conductivity　08.213
热点　hot spot　03.318
热电性　pyroelectricity　04.251
热改造型铀矿　thermal reworked type uranium deposit　07.245
热害　thermal damage, heat damage　08.240
热河群　Rehe Group , Jehol Group　02.588
热流体　geothermal fluid　08.224
热流柱　plume　07.058
热卤水库　hot brine reservoir　07.073
热泉矿床　hot spring deposit　07.188
热水区　hydrothermal area　08.218
热污染　thermal pollution　08.241
*热压地球化学　thermobarogeochemistry　06.408
*热液矿床　hydrothermal deposit　07.160
*热液蚀变　hydrothermal alteration　07.082
*热液通道　hydrothermal channel　07.067
热应力　thermal stress　08.242
热重分析　gravitational thermal analysis, GTA　04.262
人工地震　artificial earthquake　09.143
人为排放　anthropogenic discharge　06.163
人造矿物　artificial mineral, synthetic mineral　04.016
韧性变形　ductile deformation　03.038
韧性剪切变形　ductile shear deformation　03.184
韧性剪切带　ductile shear zone　03.183
日尔曼型构造　Germanotype tectonics　03.359
日光榴石　helvite　04.561
日喀则群　Xigazê Group　02.610
融冻作用　congeliturbation　09.094
熔长石　maskelynite　06.353
熔结凝灰结构　welded tuff texture　05.111
熔离矿床　liquation deposit　07.146
熔炼石英矿床　fused quartz deposit　07.289
熔壳　fusion crust　06.342
熔融曲线　melting curve　06.253
熔岩湖　lava lake　05.060
熔岩流　lava flow　05.061
熔岩隧道　lava tunnel　05.064
溶洞充填　solution-cavity filling　07.112
溶解动力学　dissolution kinetics　06.050

溶解角砾岩 solution breccia 05.379
溶解气 dissolved gas 07.456
溶解气驱储油层 depletion drive reservoir 07.476
溶解[作用] solution 05.224
容矿岩 host rock 07.043
容水度 water capacity 08.188
容重 unit weight, bulk density 09.021
*铷-锶定年 Rb-Sr dating 06.095
铷-锶计时 Rb-Sr dating 06.095
蠕变 creep 03.052
蠕虫结构 myrmekitic texture 05.089
蠕绿泥石 prochlorite 04.513
乳滴状结构 emulsion texture 07.135
入字型构造 lambda-type structure, λ-type structure 03.449
软化系数 coefficient of softing 09.046
软流圈 asthenosphere 01.014
软锰矿 pyrolusite 04.346
软水 soft water 08.039
软玉 nephrite 04.488
瑞利分馏 Rayleigh fractionation 06.128
瑞替阶 Rhaetian Stage 02.361
瑞替期 Rhaetian Age 02.360
弱透水层 aquitard 08.098

S

*萨布哈相 sabkha facies 05.272
萨克马尔阶 Sakmarian Stage 02.331
萨克马尔期 Sakmarian Age 02.330
塞卜哈成盐模式 sabkha salt model 07.331
塞卜哈相 sabkha facies 05.272
塞拉瓦勒阶 Serravalian Stage 02.435
塞拉瓦勒期 Serravalian Age 02.434
塞农阶 Senonian Stage 02.403
塞农期 Senonian Age 02.402
塞诺曼阶 Cenomanian Stage 02.399
塞诺曼期 Cenomanian Age 02.398
三叠纪 Triassic Period 02.162
三叠系 Triassic System 02.163
三斗坪岩群 Sandouping Group Complex 02.449
三方晶系 trigonal system 04.099
三方偏方面体 trigonal trapezohedron 04.134
三方双锥 trigonal bipyramid 04.133
三角带 triangle zone 03.221
三角三八面体 triakisoctahedron 04.131
三角三四面体 triakistetrahedron 04.132
三角洲 delta 01.099
三角洲相 delta facies 05.274
三联点 triple junction 03.268
三门组 Sanmen Formation 02.638
三水铝石 gibbsite 04.332
三维流 three-dimensional flow 08.124
三斜晶系 triclinic system 04.104
三斜铁辉石 pyroxferroite 06.356
散裂成因核素 spallogenic nuclide 06.296
散落物 fallout, airborne debris 06.158
桑顿阶 Santonian Stage 02.407
桑顿期 Santonian Age 02.406
色散 dispersion 04.183
砂 sand 05.368
砂矿床 placer 07.199
砂屑灰岩 calcarenite 05.431
砂屑岩 arenite 05.373
砂岩 sandstone 05.382
砂岩型铀矿 sandstone type U-ore 07.257
砂质粘土 sandy clay 09.037
*沙坝岛 barrier island 05.282
沙海组 Sahai Formation 02.592
沙河街组 Shahejie Formation 02.620
沙漠相 desert facies 05.263
沙丘相 dune facies 05.264
纱帽组 Shamao Formation 02.517
筛分析 sieve analysis 09.087
筛状变晶结构 sieved texture, diablastic texture 05.570
山 mountain 01.075
山崩 avalanche 09.105
山间盆地 intermontane basin, intermountain basin 01.082
山链 mountain chain 03.344
山麓冰川 piedmont glacier 01.115
山麓相 piedmont facies 05.261

山脉 mountain range 01.074
山旺组 Shanwang Formation 02.617
山西组 Shanxi Formation, Shansi Formation 02.562
山系 mountain system 01.073
山字型构造体系 epsilon-type structural system, ε-type structural system 03.437
＊钐－钕定年 Sm-Nd dating 06.096
钐－钕计时 Sm-Nd dating 06.096
闪长岩 diorite 05.175
＊闪辉正煌岩 vogesite 05.217
闪石[类] amphibole 04.489
闪斜煌岩 spessartite 05.218
闪锌矿 sphalerite, zincblende 04.314
＊闪正煌斑岩 vogesite 05.217
闪正煌岩 vogesite 05.217
上层滞水 perched water 08.029
上冲断层 overthrust 03.186
上马家沟组 Upper Majiagou Formation 02.496
上盘 hangingwall 03.168
上升泉 ascending spring 08.066
上升洋流磷矿成矿模式 upwelling-current model of phosphate deposit 07.330
上石盒子组 Upper Shihezi Formation, Upper Shihhotse Formation 02.564
上司组 Shangsi Formation, Shangssu Formation 02.548
上溪群 Shangxi Group 02.466
上斜坡 upslope 05.460
上新世 Pliocene Epoch 02.182
上新统 Pliocene Series 02.183
烧绿石 pyrochlore 04.345
佘田桥阶 Shetianqiaoan Stage, Shetianchiaoan Stage 02.279
佘田桥期 Shetianqiaoan Age, Shetianchiaoan Age 02.278
佘田桥组 Shetianqiao Formation, Shetianchiao Formation 02.533
蛇绿混杂堆积 ophiolitic melange 03.292
蛇绿岩套 ophiolite suite 03.291
蛇纹石 serpentine 04.505
蛇纹石化 serpentinization 07.090
蛇纹岩 serpentinite 05.616
X 射线晶体学 X-ray crystallography 04.135
X 射线衍射 X-ray diffraction 04.136
砷酸盐 arsenate 04.398
砷锑矿 stibarsen 04.297
砷锌矿 reinerite 04.403
申弗利斯符号 Schoenflies symbol 04.145
伸展构造 extensional tectonics 03.232
深[变质]带 katazone 05.513
深层水 deep seated water 08.063
深成变质作用 plutonic metamorphism 05.491
深成侵入相 plutonic intrusive facies 05.035
深成岩 plutonic rock, plutonite 05.140
＊深大断裂 deep-seated fault 03.234
深度带 depth zone 05.512
深断裂 deep-seated fault 03.234
深海相 abyssal facies 05.279
深基础 deep foundation 09.112
深埋[作用] deep burialism 05.232
深熔作用 anatexis 05.010
肾状构造 reniform structure 07.128
渗流水 seepage water 08.026
渗漏晕 leakage halo 06.463
渗滤 infiltration 06.048
渗水井 absorbing well 08.086
渗透回流[作用] seepage-reflux mechanism 05.248
渗透率 permeability 07.471
渗透溶液 percolating solution 09.051
渗透系数 permeability coefficient 08.135
渗透性 permeability 08.128
生产[油]井 producing well 07.486
生长断层 growth fault 03.236
生命元素 bioelement 06.157
生态地层学 ecostratigraphy 02.007
生态平衡 ecological balance 06.205
生态系[统] ecosystem 06.204
生物标志化合物 biomarker, biological marker compound 06.362
生物层 biostrome 05.414
生物成因气 biogenetic gas 06.385
生物成因作用 biogenic process 07.080
生物带 biozone 02.028
生物地层单位 biostratigraphic unit 02.013

生物地层学　biostratigraphy　02.004
生物地理大区　biogeographic realm　02.089
生物地理区　biogeographic province　02.091
生物地理亚区　biogeographic subprovince　02.092
生物地理域　biogeographic region　02.090
生物地球化学　biogeochemistry　06.146
生物地球化学测量　biogeochemical survey　06.460
生物地球化学循环　biogeochemical cycle　06.203
生物堆积灰岩　bioaccumulated limestone　05.421
生物富集　biological concentration　06.207
*生物构架灰岩　framestone　05.413
*生物古地理学　paleobiogeography　02.082
生物建造灰岩　bioconstructed limestone　05.422
生物降解　biodegradation　06.169
生物礁　organic reef　05.416
生物礁灰岩　biolithite, bioherm limestone　05.417
生物净化　biological purification　06.179
生物累积　bioaccumulation　06.206
生物泥晶灰岩　biomicrite　05.423
生物丘　bioherm　05.415
生物圈　biosphere　01.022
生物群　biota　02.095
生物扰动构造　bioturbation structure　05.354
生物扰动岩　bioturbite　05.419
生物吸收系数　biological absorption coefficient, BAC　06.473
生物相　biofacies　02.085
生物钻孔　boring by organism　05.350
生油门限　threshold of oil generation　06.378
*生油岩　source rock, source bed　07.496
生油岩评价　source rock evaluation　06.382
生油液态窗　liquid window of oil generation　06.379
生源物　precursor compound　06.373
绳状熔岩　ropy lava　05.063
*圣弗利斯符号　Schoenflies symbol　04.145
施密特网　Schmidt net　03.142
湿气　wet gas, rich gas　07.459
湿蒸汽田　wet steam field　08.207
十字石　staurolite　04.451
石材　dimension stone　07.266
石膏　gypsum　04.383
石膏化[作用]　gypsification　05.246
石膏矿床　gypsum deposit　07.284
石膏帽　gypsum cap　05.453
石膏试板　gypsum plate　04.283
石膏岩　gypsum rock　05.452
石化[作用]　lithification　01.070
石灰岩　limestone　05.403
石口阶　Shikouan Stage　02.231
石口期　Shikouan Age　02.230
石口组　Shikou Fomation　02.512
石蜡　wax, paraffin wax　07.452
石榴子石　garnet　04.438
石碌群　Shilu Group　02.462
石棉矿床　asbestos deposit　07.279
石墨　graphite　04.290
石墨矿床　graphite deposit　07.281
石牛栏阶　Shiniulanian Stage　02.249
石牛栏期　Shiniulanian Age　02.248
石牛栏组　Shiniulan Formation　02.515
石泡构造　lithophysa structure　05.122
石千峰组　Shiqianfeng Formation, Shichienfeng Formation　02.565
石炭纪　Carboniferous Period　02.158
石炭系　Carboniferous System　02.159
石铁陨石　stony-iron meteorite　06.322
*石香肠　boudin　03.158
石盐　halite　04.322
石盐矿床　halite deposit　07.322
石盐岩　halilith, rock salt　05.454
石英　quartz　04.347
石英安山岩　quartz andesite　05.180
石英斑岩　quartz porphyry　05.191
石英粗安岩　quartz trachyandesite　05.184
石英粗面岩　quartz trachyte　05.201
石英二长岩　quartz monzonite　05.182
石英喷流岩　quartz exhalite　07.057
石英砂岩　quartz sandstone　05.383
石英闪长岩　quartz diorite　05.176
石英楔　quartz wedge　04.282
石英岩　quartzite　05.618
石油产量　oil production rate　07.493
石油产状　oil occurrence　07.491
石油初次运移　oil primary migration　07.488
石油地球化学　petroleum geochemistry　06.374

石油地质学 petroleum geology 07.438
石油二次运移 oil secondary migration 07.489
石油聚集 oil accumulation 07.490
石陨石 stony meteorite 06.320
时 chron 02.027
时带 chronozone 02.021
时间温度指数 time temperature index, TTI 06.381
蚀象 etch figure 04.051
实验地球化学 experimental geochemistry 06.238
实验矿物学 experimental mineralogy 04.008
实验岩石学 experimental petrology 05.012
始新世 Eocene Epoch 02.176
始新统 Eocene Series 02.177
示底构造 geopetal structure 05.357
世 epoch 02.025
事件地层学 event stratigraphy 02.008
铈异常 Ce anomaly 06.020
释水系数 storativity, storage coefficient 08.134
视倾角 apparent dip 03.065
试点测量 orientation survey 06.479
试生产测量 pilot survey 06.480
收缩说 contraction theory 01.029
寿昌组 Shouchang Formation 02.599
受变质硅铁建造 metamorphosed cherty iron formation 07.053
瘦煤 lean coal 07.378
梳状构造 comb structure 07.122
疏勒河组 Shulehe Formation 02.622
树脂体 resinite 07.413
＊刷模 brush cast 05.336
刷铸型 brush cast 05.336
双变质带 paired metamorphic belt 05.518
双重构造 duplex 03.223
双断裂夹持区 sandwiched area of double fracture zone 07.234
双反射 bireflection 04.193
双晶 twin 04.079
双晶面 twin plane 04.086
双晶轴 twin axis 04.087
双链硅酸盐 double chain silicate, double band silicate 04.485
双六面体 dihexahedron 04.113
双折射 birefringence 04.200
＊双轴晶体 biaxial crystal 04.199
双锥 bipyramid 04.091
水地球化学测量 geochemical water survey 06.458
水化学 hydrochemistry 08.200
水化学场 hydrochemical field 08.203
水化学类型 hydrochemical type 08.169
水化[作用] hydration 05.226
水解[作用] hydrolysis 05.227
＊水均衡 hydraulic budget, water balance 08.159
水力联系 hydraulic connection 08.150
水力梯度 hydraulic gradient 08.153
水量平衡 hydraulic budget, water balance 08.159
水镁石 brucite 04.341
水泥石灰岩 cement limestone 07.297
水泥原料 cement raw materials 07.270
水平层理 horizontal bedding 05.316
水平断距 horizontal displacement 03.199
水平分带 horizontal zoning 07.104
水平运动 horizontal movement 03.016
水汽比 liquid to steam ratio 08.226
水迁移系数 coefficient of aqueous migration, water migration coefficient 08.202
水驱储油层 water drive reservoir 07.478
水圈 hydrosphere 01.021
水热爆炸 hydrothermal explosion 08.219
水热对流单元 convective hydrothermal cell 07.074
水热反应 hydrothermal reaction 06.272
水热活动 hydrothermal activity 08.215
水热矿床 hydrothermal deposit 07.160
水热流体 hydrothermal fluid 07.066
水热喷发 hydrothermal eruption 07.059
水热蚀变 hydrothermal alteration 07.082
水热通道 hydrothermal channel 07.067
水热系统 hydrothermal system 06.284
水碳硼石 carboborite 04.593
水头 hydraulic head 08.140
水土病 acclimation fever 06.214
水位 water level 08.139
水位降深 dropdown 08.152
水文地球化学 hydrogeochemistry 06.403
水文地质分区 hydrogeological division 08.008

水文地质勘查 hydrogeological investigation 08.009
水文地质条件 hydrogeological condition 08.010
水文地质学 hydrogeology 08.001
水系沉积物测量 stream sediment survey 06.457
水系异常 drainage anomaly 06.433
水下滑移[作用] subaqueous gliding, subaqueous slump 01.061
水星叶石 hydroastrophyllite 04.598
水循环 water circulation, water cycle 08.151
水岩作用 water-rock interaction 06.264
水样 water sample 08.174
[水]硬度 hardness of water 08.041
水俣病 Minamata disease 06.218
水跃值 hydraulic jump, pressure jump 08.184
水云母化 hydromicazation 07.238
水质标准 water quality standard 08.204
水质分析 water quality analysis 08.171
水质评价 water quality evaluation 08.173
水质全分析 complete water quality analysis 08.172
顺磁性 paramagnetism 04.244
顺向分带 normal zoning 07.108
斯蒂芬阶 Stephanian Stage 02.307
斯蒂芬期 Stephanian Age 02.306
斯特隆阶 Strunian Stage 02.297
斯特隆期 Strunian Age 02.296
撕裂断层 tear fault 03.177
丝光沸石 mordenite 04.576
丝绢光泽 silky luster 04.229
丝炭 fusain 07.404
丝炭化作用 fusinization 07.400
丝质体 fusinite 07.420
锶-氧体系 Sr-O system 06.136
死火山 extinct volcano 05.051
四堡群 Sibao Group 02.464
四方晶系 tetragonal system 04.100
四方双楔类 tetragonal disphenoidal class 04.127
四方台组 Sifangtai Formation 02.608
四方铜金矿 tetraauricupride 04.612
四方锥 tetragonal pyramid 04.128
四六面体 tetrakishexahedron, tetrahexahedron 04.129
四面体 tetrahedron 04.126
四排阶 Sipaian Stage 02.273
四排期 Sipaian Age 02.272
似长石 feldspathoid 04.559
似辉石 pyroxenoid 04.480
松散沉积物 loose sediment 09.050
松散结构 loosen texture 09.036
松脂岩 pitchstone 05.196
苏长岩 norite 05.165
*苏打湖 natron lake 07.325
苏斯效应 Suess effect 06.183
塑限 plastic limit 09.048
塑性变形 plastic deformation 03.039
酸性白土 acid clay 07.296
酸性环境 acid environment 06.417
酸性泉 acidulous spring 08.075
酸性岩 acidic rock 05.151
酸雨 acid precipitation, acid rain 06.197
随机采样 random sampling 06.492
碎裂结构 cataclastic texture 05.572
碎裂岩 cataclasite 03.206
碎裂作用 cataclasis 03.205
碎屑 clast 05.284
碎屑惰质体 inertodetrinite 07.422
碎屑腐植体 humodetrinite 07.426
碎屑结构 clastic texture 05.285
碎屑镜质体 vitrodetrinite 07.409
碎屑壳质体 liptodetrinite 07.415
*碎屑稳定体 liptodetrinite 07.415
碎屑岩 clastic rock 05.375
碎屑岩墙 clastic dyke, clastic dike 03.164
燧石[岩] chert 05.444
索尔瓦阶 Solvan Stage 02.215
索尔瓦期 Solvan Age 02.214
索伦石 suolunite 04.594

T

塌岸　bank slump　09.106
塌积角砾岩　collapse breccia　05.378
＊塌陷角砾岩　collapse breccia　05.378
他型　allotype　04.043
他形粒状　xenomorphic granular, allotriomorphic granular　05.080
塔内特阶　Thanetian Stage　02.415
塔内特期　Thanetian Age　02.414
台背斜　anticlise, anteclise　03.354
台地边缘　platform margin　05.466
台地边缘斜坡　platform margin slope　05.467
台向斜　syneclise　03.353
泰山岩群　Taishan Group Complex　02.446
太古宇　Archean Eonothem　02.127
太古宙　Archean Eon　02.126
太阳系元素丰度　solar system abundance of element　06.305
太原组　Taiyuan Formation　02.544
钛铁矿　ilmenite　04.336
碳硅泥岩型铀矿　carbonaceous siliceous-pelitic rock type U-ore　07.260
碳酸水　carbonated water　08.055
碳酸盐　carbonate　04.358
碳酸盐台地　carbonate platform　05.464
碳酸盐岩　carbonate rock　05.395
碳酸盐岩化　carbonatization　07.087
碳酸盐岩铅锌交代矿床　metasomatic lead-zinc deposit in carbonate rock　07.168
碳酸岩　carbonatite　05.213
碳酸岩型稀土矿床　carbonatite-type rare earth deposit　07.157
碳循环　carbon cycle　06.391
碳质球粒陨石　carbonaceous chondrite　06.326
碳质岩　carbonaceous rock, carbonolite　05.440
碳质页岩　carbonaceous shale　05.394
探井　exploratory well　07.482
探途元素　pathfinder element　06.499
汤耙沟组　Tangbagou Formation, Tangpakou Formation　02.546
塘丁组　Tangding Formation　02.527
陶瓷原料　ceramic raw materials　07.272
陶粒原料　haydite materials　07.276
特里马道克阶　Tremadocian Stage　02.235
特里马道克期　Tremadocian Age　02.234
特提斯[海]　Tethys　01.040
腾冲铀矿　tengchongite　04.627
梯状脉　ladder vein　07.116
提塘阶　Tithonian Stage　02.383
提塘期　Tithonian Age　02.382
＊体心格子　I-lattice, body-centered lattice　04.142
天河石　amazonite　04.544
天蓝石　lazulite　04.392
天青石　celestite　04.381
天然堤　natural levee　05.472
天然碱　trona　04.371
天然碱矿床　trona deposit　07.324
天然焦　natural coke　07.381
天然气　natural gas　07.455
天然气地球化学　natural gas geochemistry　06.384
天然气液　natural gas liquid　07.461
天然热流量法　natural heat-flux method　08.233
天体地质学　astrogeology　01.154
天体化学　astrochemistry　06.289
填积[作用]　packing　05.295
条带状构造　banded structure　05.584
条带状硅铁建造　banded cherty iron formation　07.054
条带状混合岩　banded migmatite　05.631
条痕　streak　04.240
条痕状混合岩　streaky migmatite　05.632
条纹长石　perthite　04.557
条纹结构　perthitic texture　05.090
铁白云石　ankerite　04.361
铁磁性　ferromagnetism　04.243
铁岭组　Tieling Formation　02.475
铁橄榄石　fayalite　04.434
铁锂云母　zinnwaldite　04.527
铁铝榴石　almandite, almandine　04.439

铁帽 gossan 07.042
铁镁矿物 mafic mineral 05.131
铁镁指数 ferromagnesian index 05.027
铁闪石 grunerite 04.497
铁纹石 kamacite 06.345
铁英岩 itabirite, taconite 07.055
铁陨石 iron meteorite 06.321
铁质岩 ferruginous rock 05.439
烃源岩 source rock, source bed 07.496
桐柏矿 tongbaite 04.618
同构造期结晶[作用] syn-tectonic crystallization, paratectonic crystallization 05.510
同化作用 assimilation 05.009
同生变形 contemporaneous deformation 05.330
同生矿床 syngenetic deposit 07.185
同生水热作用 syngenetic hydrothermal process 07.072
同生异常 syngenetic anomaly 06.436
同生作用 syngenesis, contemporaneous diagenesis 05.236
同时性 synchronism 02.050
同位素测温法 isotopic thermometry 02.102
同位素地球化学 isotope geochemistry 06.073
同位素地热温标 isotopic geothermometer 08.236
同位素地质年代学 isotope geochronology 06.074
同位素地质温度计 isotope geothermometer 06.135
同位素分馏 isotopic fractionation 06.119
同位素分馏系数 isotope fractionation factor 06.134
同位素交换反应 isotopic exchange reaction 06.126
同位素交换平衡 isotopic exchange equilibrium 06.125
同位素年龄 isotopic age 02.056
同位素平衡 isotopic equilibrium 06.130
同位素水文地质 isotope hydrogeology 08.003
同位素稀释法 isotope dilution method 06.116
同心环状构造 concentric structure 07.121
同心褶皱 concentrical fold 03.092
同型 homotype 04.040
同造山期 syn-orogenic 03.366
同质多象 polymorphism 06.040
同质多象变体 polymorph 04.042
同质多象转变 polymorphic transformation 06.041
同质二象 dimorphism 04.047
同质三象 trimorphism 04.048
铜川组 Tongchuan Formation 02.569
铜蓝 covellite 04.306
铜砷铀云母 zeunerite 04.404
铜铀云母 torbernite 04.395
筒状褶皱 cylindrical fold 03.076
统 series 02.019
统计岩石学 statistical petrology 05.015
痛痛病 itai-itai disease 06.219
透长石 sanidine 04.558
透长石相 sanidine facies 05.546
透辉石 diopside 04.472
透镜状层理 lenticular bedding 05.320
透明 transparent 04.186
透入性 penetration 03.154
透闪石 tremolite 04.502
透水层 permeable layer 08.096
透水性 perviousness 08.129
突水 gush out 08.183
β 图 β-diagram 03.140
π 图 π-diagram 03.139
图阿尔阶 Toarcian Stage 02.369
图阿尔期 Toarcian Age 02.368
ACF 图解 ACF diagram 05.542
AKF 图解 AKF diagram 05.540
AMF 图解 AMF diagram 05.541
pH－Eh 图解 pH-Eh diagram 06.058
土城子组 Tuchengzi Formation 02.587
土骨架 soil skeleton 09.088
土光泽 earth luster 04.232
土力学 soil mechanics 09.007
土伦阶 Turonian Stage 02.401
土伦期 Turonian Age 02.400
土壤地球化学测量 geochemical soil survey 06.456
土壤胶体 soil colloid 09.090
土壤水 soil water 08.017
土壤水分特征曲线 characteristic curve of soil moisture 08.166
土壤微结构 soil microstructure 09.089

土壤异常　soil anomaly　06.432
土质改良　soil improvement　09.014
钍铀比　Th/U ratio　07.224
团块　lump　05.401
团粒　pellet　05.398
团山子组　Tuanshanzi Formation　02.469
推覆体　nappe　03.210
推移[作用]　traction　01.059
蜕晶　metamict　04.032
褪色作用　decolorization　07.084
退覆　offlap　02.062
退化变质作用　retrogressive metamorphism　05.495
托尔托纳阶　Tortonian Stage　02.437
托尔托纳期　Tortonian Age　02.436
托莫特阶　Tommotian Stage　02.209
托莫特期　Tommotian Age　02.208
脱玻化[作用]　devitrification　05.075
脱水实验　dehydration experiment　06.282
脱水[作用]　dehydration　05.223
椭圆偏振　elliptical polarization　04.182

W

洼状层理　swaley bedding　05.329
＊瓦克灰岩　wackestone　05.408
歪长石　anorthoclase　04.552
歪斜褶皱　inclined fold　03.080
外滨　offshore　05.459
＊外动力　exogenetic force　01.046
外核　outer core　01.012
外来岩块　exotic block　03.222
外来岩体　allochthon, allochthone　03.225
外生作用　exogenesis　07.037
外营力　exogenetic force　01.046
弯滑褶皱[作用]　flexural slip folding　03.095
弯流褶皱[作用]　flexural flow folding　03.096
弯曲褶皱　buckle fold　03.094
顽辉石　enstatite　04.473
顽辉石球粒陨石　enstatite chondrite　06.327
＊顽火辉石　enstatite　04.473
烷基苯系列化合物　alkyl benzenes　06.369
烷基菲系列化合物　alkyl phenanthrenes　06.371
烷基联苯化合物　alkyl biphenyls　06.372
烷基萘系列化合物　alkyl naphthalenes　06.370
烷烃馏分　aliphatic fraction　06.363
完整井　fully penetrating well, complete penetrating well　08.084
晚期残余岩浆型矿床　late residual magma-type deposit　07.150
王氏群　Wangshi Group　02.602
网格构造　boxwork　07.115
R－C网络　R-C network　08.193
网脉状矿石带　stockwork ore zone　07.110
威尔逊旋回　Wilson cycle　03.315
威斯特法阶　Westphalian Stage　02.305
威斯特法期　Westphalian Age　02.304
微暗煤　durite　07.436
微板块　microplate　03.313
微玻璃陨石　microtektite　06.359
微惰煤　inertite　07.433
＊微迹元素　trace element　06.028
微晶　microlite　05.081
＊微晶灰岩　micrite　05.407
微晶石英型铀矿　U-ore of microcrystalline quartz type　07.203
微镜惰煤　vitrinertite　07.435
微镜煤　vitrite　07.431
微壳煤　liptite　07.432
微粒体　micrinite　07.417
微亮煤　clarite　07.434
微三合煤　trimacerite　07.437
微生物地质作用　microbio-geological process　06.394
＊微稳定煤　liptite　07.432
微斜长石　microcline　04.547
微异地生成煤　hypautochthonous coal　07.349
围山矿　weishanite　04.621
围岩　country rock, wall rock　07.044
围岩蚀变　wallrock alteration　07.083
帷幕灌浆　curtain grouting　09.116
维德曼施泰滕相　Widmannstätten pattern　06.349
维氏硬度　Vickers hardness, VHN　04.239
维宪阶　Visean Stage　02.301

维宪期　Visean Age　02.300
伟晶岩　pegmatite　05.220
伟晶岩型铀矿　pegmatite uranium deposit　07.247
纬度效应　latitude effect　06.132
纬向构造体系　latitudinal structural system　03.427
位错　dislocation　03.257
位错壁　dislocation wall　03.258
位错攀移　climb of dislocation　03.260
温度测井　temperature logging　08.239
温度梯度　temperature gradient　06.276
温泉　thermal spring　08.069
温室效应　greenhouse effect　06.185
温压地球化学　thermobarogeochemistry　06.408
文洛克世　Wenlockian Epoch　02.260
文洛克统　Wenlockian Series　02.261
文石　aragonite　04.362
*文象斑岩　granophyre　05.192
文象结构　graphic texture　05.087
纹层　lamina　05.314
纹理　lamination　05.315
纹理年代学　varve chronology　06.100
纹泥　varved clay　01.123
稳定流　steady flow　08.111
稳定同位素地球化学　stable isotope geochemistry　06.075
稳定系数　coefficient of stability　09.041
*稳定组　exinite　07.410
紊流　turbulent flow　08.117
卧马组　Woma Formation　02.627
钨酸盐　tungstate　04.413
乌尔夫网　Wulff net　03.141
乌光泽　dull luster　04.231
乌来群　Wulai Group　02.616
乌龙组　Wulong Formation　02.626
污染　pollution　06.187
污染剂量　pollution dose　06.231
污染类型　pollution type　06.191
污染水　polluted water　08.058
污染源　pollution sources　06.190
污染指数　pollution index　06.230
污水　sewage　08.060
无根背斜　rootless anticline　03.220
无机成因气　inorganic genetic gas　06.387
无机地球化学　inorganic geochemistry　06.398
无机起源　inorganic origin　06.310
无结构腐植体　humocollinite　07.425
无结构镜质体　collinite　07.408
无结构铁陨石　ataxite　06.341
无球粒陨石　achondrite　06.324
*无水石膏　anhydrite　04.379
无序　disorder　04.158
无烟煤　anthracite　07.380
无意义异常　non-significant anomaly　06.448
吴家坪阶　Wujiapingian Stage, Wuchiapingian Stage　02.339
吴家坪期　Wujiapingian Age, Wuchiapingian Age　02.338
吴家坪组　Wujiaping Formation, Wuchiaping Formation　02.559
*吴氏网　Wulff net　03.141
五峰阶　Wufengian Stage　02.233
五峰期　Wufengian Age　02.232
五峰组　Wufeng Formation　02.505
五角三八面体　pentagonal icositetrahedron, pentagonal trioctahedron　04.122
五角十二面体　pyritohedron　04.123
五台阶段　Wutaian stage　02.114
五台期　Wutaian　03.383
五台群　Wutai Group　02.450
五通组　Wutong Formation　02.523
雾迷山组　Wumishan Formation　02.473
雾迷状混合岩　nebulite　05.633
物理地球化学　physical geochemistry　06.406
物质流　material flow　06.166

X

西康群　Xikang Group　02.578
西盟石　ximengite　04.637
西涅缪尔阶　Sinemurian Stage　02.365
西涅缪尔期　Sinemurian Age　02.364
西域构造体系　Xiyu tectonic system　03.436
西域组　Xiyu Formation　02.634

吸附铀 adsorption uranium 07.236
吸附作用 adsorption 06.171
吸收[性] absorption, absorptivity 04.196
吸收指数 absorption index 04.197
吸收[作用] absorption 05.228
吸着水 hydroscopic water 08.023
锡矿山阶 Xikuangshanian Stage, Hsikuangshanian Stage 02.281
锡矿山期 Xikuangshanian Age, Hsikuangshanian Age 02.280
锡矿山组 Xikuangshan Formation 02.534
锡林郭勒矿 xilingolite 04.615
锡石 cassiterite 04.325
锡铁山石 xitieshanite 04.613
稀碱金属 rare alkaline metal 06.014
稀释剂 spike 06.117
稀土金属矿床 rare earth metal deposit 07.143
稀土元素 rare earth element, REE 06.015
稀土元素分布模式 distribution pattern of rare earth element 06.021
* 稀有气体 noble gas, inert gas, rare gas 06.011
稀有元素 rare element 06.012
希尔特规律 Hilt's rule 07.365
膝折 kink 03.110
膝折带 kink band 03.112
膝折褶皱 kink fold 03.111
夕卡岩 skarn 05.620
夕线石 sillimanite 04.426
夕线石片麻岩 sillimanite gneiss 05.606
席状矿体 manto 07.111
席状岩墙群 sheeted dyke swarm, sheeted dyke complex 03.293
喜峰矿 xifengite 04.624
喜马拉雅阶段 Himalayan stage 02.121
喜马拉雅期 Himalayan 03.372
系 system 02.018
细碧岩 spilite 05.173
* 细层 lamina 05.314
细沟 rill 09.072
细晶结构 aplitic texture 05.086
细晶石 microlite 04.356
细晶岩 aplite 05.219
细菌作用 bacteria action 06.170
细砾 granule 05.367
细脉浸染型钼矿床 stockwork and disseminated molybdenum deposit 07.167
潟湖 lagoon 01.104
潟湖相 lagoon facies 05.273
* 霞辉二长岩 essexite 05.206
霞石 nepheline 04.568
霞石岩 nephelinite 05.211
霞石正长岩 nepheline syenite 05.203
霞斜岩 theralite 05.207
下冲断层 underthrust 03.185
下降泉 descending spring 08.067
下马家沟组 Lower Majiagou Formation 02.495
下马岭组 Xiamaling Formation 02.476
下盘 footwall 03.169
下切[作用] down-cutting 01.057
下石盒子组 Lower Shihezi Formation, Lower Shihhotse Formation 02.563
下斜坡 downslope 05.461
夏特阶 Chattian Stage 02.427
夏特期 Chattian Age 02.426
先成河 antecedent river 01.088
纤钡锂石 balipholite 04.601
纤蛇纹石 chrysotile 04.507
* 纤状变晶结构 nematoblastic texture 05.562
咸泉 saline spring 08.079
咸水 saline water 08.047
嫌氧过程 anaerobic process 06.200
显生宙 Phanerozoic Eon 02.189
显微构造 microstructure 03.241
显微光度计 microphotometer 04.275
显微煤岩类型 microlithotype 07.430
显微组分 maceral 07.405
显微组构 microfabric 03.243
* 霰石 aragonite 04.362
陷落地震 collapse earthquake 01.139
线金属量 linear productivity 06.497
线理 lineation 05.577
线性构造 lineament, linear structure 01.085
线状构造 linear structure 03.114
线状行迹 lineament 01.084
相对丰度 relative abundance 06.061
相对渗透率 relative permeability 07.473

相对稳定地块 relatively stable groundmass 09.129
相对吸收系数 relative absorption coefficient, RAC 06.474
相容元素 compatible element 06.029
相似褶皱 similar fold 03.093
镶嵌结构 mosaic texture 05.560
香花石 hsianghualite 04.583
香溪组 Xiangxi Formation 02.582
湘江铀矿 xiangjiangite 04.604
*详探井 delineation well 07.484
响水洞组 Xiangshuidong Formation 02.531
响岩 phonolite 05.204
响岩结构 phonolitic texture 05.107
向形 synform 03.099
向形背斜 synformal anticline 03.101
硝化作用 nitrification 06.172
硝酸盐 nitrate 04.385
消光 extinction 04.207
*消光方向 direction of extinction 04.210
消光角 extinction angle 04.211
消光位 direction of extinction 04.210
*消减边界 destructive boundary 03.281
小间断 diastem 02.066
小龙潭组 Xiaolongtan Formation 02.633
楔形 sphenoid 04.096
[斜长]角闪岩 amphibolite 05.599
斜长石 plagioclase 04.546
斜长岩 anorthosite, plagioclasite 05.166
斜发沸石 clinoptilolite 04.578
斜方辉石 orthopyroxene 04.471
斜方辉橄岩 harzburgite 05.160
斜方晶系 orthorhombic system 04.103
斜方闪叶石 ortholamprophyllite 04.597
*斜列 en-echelon 03.055
斜绿泥石 clinochlore 04.517
斜卧褶皱 reclined fold 03.083
斜向剪切 oblique shear 03.051
斜消光 oblique extinction 04.209
斜黝帘石 clinozoisite 04.424
谐调褶皱 harmonic fold 03.123
泄水构造 water escape structure 05.358
*泻湖 lagoon 01.104
泻利盐 epsomite 04.382
榍石 sphene, titanite 04.450
锌赤铁矾 zincobotryogen 04.589
锌氯钾铁矾 zincovoltaite 04.633
锌叶绿矾 zincocopiapite 04.590
新厂阶 Xinchangian Stage 02.223
新厂期 Xinchangian Age 02.222
新厂组 Xinchang Formation 02.508
*新第三纪 Neogene Period 02.170
*新第三系 Neogene System 02.171
新构造学 neotectonics 03.006
新构造运动 neotectonic movement 03.405
新华夏构造体系 Neocathaysian structural system 03.433
新近纪 Neogene Period 02.170
新近系 Neogene System 02.171
新生变形[作用] neomorphism 05.233
新生代 Cenozoic Era 02.140
新生界 Cenozoic Erathem 02.141
新元古代 Neoproterozoic Era 02.134
新元古界 Neoproterozoic Erathem 02.135
心射极平投影 gnomonic projection 04.254
兴安石 xinganite, hingganite 04.610
兴隆沟组 Xinglonggou Formation 02.584
A型俯冲 A-subduction 03.312
B型俯冲 B-subduction 03.276
S型构造 S-shaped structure 03.445
形成年龄 formation age 06.300
U形谷 U-shaped valley, U-valley 01.117
行星地质学 planetary geology 01.173
行星际尘[埃] interplanetary dust 06.357
杏仁构造 amygdaloidal structure 05.121
雄黄 realgar 04.310
休眠断层 dormant fault 03.413
休眠火山 dormant volcano 05.052
秀山阶 Xiushanian Stage 02.253
秀山期 Xiushanian Age 02.252
秀山组 Xiushan Formation 02.519
需水量 water requirement 08.158
须家河组 Xujiahe Formation 02.576
徐庄阶 Xuzhuangian Stage, Hsuchuangian Stage 02.199
徐庄期 Xuzhuangian Age, Hsuchuangian Age 02.198

徐庄组　Xuzhuang Formation　02.488
悬浮液　suspension liquid, suspensoid　09.042
悬移[作用]　suspension transport　01.063
旋回层　cyclothem　02.063
旋卷构造　vortex structure　03.442
旋转法　rotation method　04.164
旋转反伸对称　rotation inversion　04.069
旋转针台　spindle stage　04.285
玄武安山岩　basaltic andesite　05.179
玄武岩　basalt　05.168
雪崩　snow avalanche, avalanche　09.104
循序提取　sequential extraction　06.490
[寻]常光　ordinary ray　04.179

Y

压扁层理　flaser bedding　05.323
压扁褶皱　flattened fold　03.090
压电石英矿床　piezoquartz deposit　07.288
压电性　piezoelectricity　04.250
压剪　transpression　03.050
压刻痕　tool mark　05.344
压力传导系数　coefficient of pressure conductivity　08.137
压力梯度　pressure gradient　06.278
压力校正　pressure calibration　06.281
压力影　pressure shadow, pressure fringe　03.254
压密　soil compaction　09.023
压密变形　compaction deformation　09.018
压密土　compact soil　09.060
压密系数　coefficient of compaction　09.024
压溶　pressure solution　03.160
压实[作用]　compaction　05.234
压水试验　packer permeability test　08.179
压缩　compression　09.062
压缩层　compression layer　09.059
压缩带　compression zone　09.065
压缩曲线　compression curve　09.064
压缩试验　compression test　09.058
压缩性　compressibility　09.061
压缩应力　compressive stress　09.066
压缩指数　compression index　09.063
亚丁斯克阶　Artinskian Stage　02.333
亚丁斯克期　Artinskian Age　02.332
亚晶粒　subgrain　03.249
亚晶粒边界　subgrain boundary　03.250
* 亚铁钠闪石　arfvedsonite　04.491
* 氩-氩定年　Ar-Ar dating　06.093
氩-氩计时　Ar-Ar dating　06.093
烟煤　bituminous coal　07.373
盐度　salinity　08.201
盐湖　salt lake　01.103
盐类矿床　salt deposit　07.317
* 盐坪　salt flat　07.329
盐丘　salt dome　03.108
盐丘圈闭[构造]　salt dome trap [structure]　07.518
盐水　salt water　08.048
盐滩　salt flat　07.329
研磨材料　abrasive materials　07.274
岩崩　rockfall　09.103
岩床　sill　05.044
岩盖　laccolith　05.043
岩关阶　Yanguanian Stage, Aikuanian Stage　02.317
岩关期　Yanguanian Age, Aikuanian Age　02.316
岩基　batholith　05.041
岩浆　magma　05.002
岩浆-大气水水热系统　magmatic-meteoric hydrothermal system　07.061
岩浆房　magma chamber, magma reservoir　05.033
岩浆分异作用　magmatic differentiation　05.006
岩浆贯入型矿床　magmatic injection-type deposit　07.149
岩浆矿床　magmatic mineral deposit　07.147
岩浆期后矿床　post-magmatic mineral deposit　07.159
岩浆通道　magma conduit　05.034
岩浆晚期分异型矿床　late magmatic differentiation-type mineral deposit　07.153
* 岩浆岩　magmatic rock　05.137
岩浆再生作用　palingenesis　05.500

岩浆作用　magmatism　05.005
岩颈　neck　05.048
岩脉　dyke, dike　05.047
岩盆　lopolith　05.042
＊岩墙　dyke, dike　05.047
岩墙群　dyke swarm　03.162
岩群　group complex　02.036
＊岩溶　karst　01.068
＊岩溶含水层　karst aquifer　08.095
＊岩溶泉　karstic spring　08.074
＊岩溶水　karst water　08.018
＊岩溶相　karst facies　05.267
＊岩溶柱　karst pillar　09.083
岩塞　plug　05.049
岩省　rock province　05.068
岩石成因论　petrogenesis　05.001
岩石地层单位　lithostratigraphic unit　02.014
岩石地层学　lithostratigraphy　02.005
岩石地球化学测量　geochemical rock survey　06.455
岩石化学　petrochemistry　05.014
岩石粘滞效应　viscous effect of rock　09.117
岩石圈　lithosphere　01.015
岩石异常　rock anomaly　06.431
岩石组构　petrofabric　03.244
岩体工程地质力学　engineering geomechanics of rock mass　09.005
岩体力学　rock mechanics　09.008
岩土工程　geotechnical engineering　09.009
岩土锚杆　rock soil anchor　09.110
岩相　lithofacies　05.254
岩屑砂岩　lithic sandstone　05.385
岩性圈闭　lithologic trap　07.513
＊岩渣锥　cinder cone　05.056
岩枝　apophysis　05.046
岩株　stock　05.045
＊岩组　petrofabric　03.244
岩组学　petrofabrics　03.245
延长[性]　elongation　04.214
延长组　Yanchang Formation　02.570
延限带　range zone　02.030
颜色指数　color index　05.028
眼球状混合岩　augen migmatite　05.628
衍射　diffraction　04.154
衍射晶格[架]　diffraction lattice　04.148
演化线　development line　06.101
燕山阶段　Yanshanian stage　02.120
燕山期　Yanshanian　03.373
雁列　en echelon　03.055
雁石坪组　Yanshiping Formation　02.593
杨庄组　Yangzhuang Formation　02.472
羊背石　roche moutonnée (法), sheepback rock　01.118
洋底变质作用　ocean-floor metamorphism　05.487
洋壳　oceanic crust　03.319
洋中脊　mid-ocean ridge　03.271
洋中隆　mid-ocean rise　03.272
阳起片岩　actinolite schist　05.592
阳起石　actinolite　04.486
氧化环境　oxidizing environment　06.419
氧化物　oxide　04.324
氧逸度　oxygen fugacity　06.286
仰冲　obduction　03.279
姚家组　Yaojia Formation　02.606
冶里组　Yeli Formation　02.493
页岩　shale　05.391
叶蜡石　pyrophyllite　04.536
叶蜡石化　pyrophyllitization　07.097
叶蜡石矿床　pyrophyllite deposit　07.287
叶理　foliation　05.576
叶绿泥石　penninite, pennine　04.512
叶绿素体　chlorophyllinite　07.428
叶内褶皱　intrafolial fold　03.118
叶片状构造　leaf-like structure　07.132
叶蛇纹石　antigorite　04.506
液化天然气　liquified natural gas, LNG　07.460
液态不混溶作用　liquid immiscibility　05.007
液限　liquid limit　09.047
液相线　liquidus　06.250
一平浪组　Yipinglang Formation　02.577
一维流　one-dimensional flow　08.122
一致年龄　concordia age　06.090
一轴晶　uniaxial crystal　04.198
铱异常　iridium anomaly　06.318
伊利石　illite　04.522
伊普尔阶　Ypresian Stage　02.417

伊普尔期　Ypresian Age　02.416
夷平面　planation surface, graded surface　01.091
夷平[作用]　planation　01.056
遗迹化石　trace fossil　05.353
沂蒙矿　yimengite　04.619
易变辉石　pigeonite　04.478
义县组　Yixian Formation　02.590
异常衬度　anomaly contrast　06.450
异常规模　anomaly dimension　06.451
异常铅　anomalous lead　06.108
异常强度　anomaly intensity　06.449
异常衰减模式　anomaly decay pattern　06.452
异常下限　threshold　06.429
异地生成煤　allochthonous coal　07.348
异极矿　hemimorphite　04.430
异极象　hemimorphism　04.050
* 异型　allotype　04.043
* 阴影状混合岩　nebulite　05.633
银金矿　electrum　04.295
饮用水　drinking water　08.038
隐蔽圈闭　subtle trap　07.511
隐伏矿　buried ore　07.024
隐晶质　cryptocrystalline　05.073
隐生宙　Cryptozoic Eon　02.188
印度阶　Induan Stage　02.349
印度期　Induan Age　02.348
印支阶段　Indosinian stage　02.119
印支期　Indosinian　03.375
英安岩　dacite　05.194
英云闪长岩　tonalite　05.177
应变场　strain field　03.048
应变速率　strain rate　03.034
应变椭球体　strain ellipsoid　03.027
应变轴比　strain ratio　03.035
应力场　stress field　03.046
应力迹线　stress trajectory　03.047
应力矿物　stress mineral　04.020
应力椭球体　stress ellipsoid　03.026
应堂阶　Yingtangian Stage　02.275
应堂期　Yingtangian Age　02.274
应用地球化学　applied geochemistry　06.410
应用矿物学　applied mineralogy　04.005
萤石　fluorite, fluorspar　04.321
萤石矿床　fluorite deposit　07.306
萤石型铀矿　fluorite type U-ore　07.253
荧光　fluorescence　04.248
影响半径　radius of influence　08.182
硬底[质]　hardground　05.359
硬度　hardness　04.237
硬腐泥　saprocol　07.383
硬绿泥石　chloritoid　04.514
硬锰矿　psilomelane　04.344
* 硬砂岩　graywacke　05.386
硬石膏　anhydrite　04.379
硬水　hard water　08.040
硬水铝石　diaspore　04.331
硬玉　jadeite　04.487
硬柱石　lawsonite　04.446
涌水量　water yield　08.157
永久冻土　permafrost　09.096
永久硬度　permanent hardness　08.043
优地槽　eugeosyncline　03.330
铀地球化学旋回　geochemical cycle of uranium　07.237
铀－汞型矿化　mineralization of U-Hg type　07.242
铀黑　uranium black　07.219
铀还原带　uranium reduction zone　07.227
铀活化　uranium mobilization　07.225
铀矿床　uranium deposit　07.201
铀矿地质学　uranium geology　07.200
铀－镭平衡　U-Ra equilibrium　07.228
铀－磷型矿化　mineralization of U-P type　07.240
铀石　coffinite　07.218
铀－钛型矿化　mineralization of U-Ti type　07.241
铀－铁型矿化　mineralization of U-Fe type　07.243
* 铀－[钍－]铅定年　U-[Th-]Pb dating　06.094
铀－[钍－]铅计时　U-[Th-]Pb dating　06.094
* 铀系定年　uranium series dating　06.099
铀系计时　uranium series dating　06.099
铀氧化带　uranium oxidized zone　07.226
铀氧化－还原过渡带　redox transitional zone of uranium　07.206
油藏　oil pool　07.441
* 油藏含油高度　oil column height　07.498
油浸法　immersion method　04.263

油苗 oil seepage 07.448
油气界面 oil-gas contact 07.499
油砂 oil sand 07.447
油水界面 oil-water contact 07.500
油田 oil field 07.439
油田水 oil field water 08.064
油页岩 oil shale 07.450
油脂光泽 greasy luster 04.226
油柱高度 oil column height 07.498
有机地球化学 organic geochemistry 06.360
有机分子起源 origin of organic molecules 06.309
有机含硫化合物 sulfur-containing organic compound 06.366
有机质成熟度 maturity of organic matter 06.377
有机质热模拟 thermo-simulation of organic matter 06.390
有理指数定律 law of rational indices 04.071
有色金属矿床 nonferrous metal deposit 07.141
有限应变 finite strain 03.044
有效渗透率 effective permeability 07.472
有效载荷 effective load 09.035
有序 order 04.157
有意义异常 significant anomaly 06.447
铕异常 Eu anomaly 06.019
黝方石 nosean 04.570
黝帘石 zoisite 04.422
黝铜矿 tetrahedrite 04.316
右步 right-stepping 03.059
*右阶 right-stepping 03.059
右旋晶体 right-handed crystal 04.031
右旋走滑 dextral slip, right-lateral slip 03.057
诱发地震 induced earthquake 09.139
鱼骨状交错层理 herringbone cross-bedding 05.327
鱼眼石 apophyllite 04.508
雨痕 raindrop, rain print 05.343
宇 eonothem 02.016
宇宙 cosmos, universe 01.155
宇宙尘 cosmic dust 01.156
宇宙成因核素 cosmogenic nuclide 06.295
宇宙地质学 space geology, cosmic geology 01.153
宇宙丰度 cosmic abundance 06.291
宇宙化学 cosmochemistry 06.288
宇宙颗粒 cosmic spherule 01.157
宇宙矿物学 cosmic mineralogy 04.006
宇宙年代学 cosmochronology 06.076
宇宙年龄 age of universe 06.298
宇宙线暴露年龄 cosmic ray exposure age 06.303
宇宙原子核合成 nucleosynthesis in universe 06.293
羽痕构造 plume structure, plumose structure 03.161
*羽饰构造 plume structure, plumose structure 03.161
玉龙寺组 Yulongsi Formation, Yulongssu Formation 02.522
玉石 jade 07.302
玉髓 chalcedony 04.327
郁江阶 Yujiangian Stage, Yukiangian Stage 02.267
郁江期 Yujiangian Age, Yukiangian Age 02.266
郁江组 Yujiang Formation 02.526
预探井 preliminary prospecting well 07.483
预应力 prestress 09.032
元古宇 Proterozoic Eonothem 02.129
元古宙 Proterozoic Eon 02.128
元素 element 04.288
元素比值 element ratio 06.056
元素比值图 diagram of element ratio 06.057
元素存在形式 mode of occurrence of element, existing form of element 06.035
元素地球化学 geochemistry of element 06.002
元素地球化学分类 geochemical classification of element 06.003
元素地球化学行为 geochemical behaviour of element 06.069
元素对 element pair 06.055
元素分布 distribution of element 06.051
元素分布频率 frequency distribution of element 06.052
元素分布图 distribution diagram of element 06.053
元素分散 dispersion of element 06.038
元素丰度 abundance of element 06.060
元素丰度变化图 variation diagram of element abundance 06.063

元素富集 enrichment of element 06.037
元素活动性 mobility of element 06.243
元素亏损 depletion of element 06.065
元素年龄 age of element 06.299
元素凝聚 condensation of elements 06.306
元素浓度 concentration of element 06.064
元素起源 origin of element 06.292
元素迁移 migration of element 06.036
元素置换 element substitution 06.039
元素组合 element association 06.054
原地生成煤 autochthonous coal 07.347
*原地生物灰岩 biolithite, bioherm limestone 05.417
原地岩体 autochthon, autochthone 03.224
原生环境 primary environment 06.415
原生矿物 primary mineral 04.025
原生铅 primordial lead 06.105
原生水 primary water, juvenile water 08.030
原生异常 primary anomaly 06.434
原生晕 primary halo 06.462
原始同位素组成异常 primitive isotopic anomaly 06.307
原油 crude oil 07.443
[原油]体积系数 formation volume factor 07.474
原有断层 preexisting fault 09.144
原子克拉克值 clarke of atom 06.066
原子体积 atomic volume 06.005
圆度 roundness 05.289
远火山活动金属矿床 distal ore deposit 07.176
远景区 prospect 07.025
跃移[作用] saltation 01.062
月核 lunar core 01.167
月幔 lunar mantle 01.168
月壳 lunar crust 01.170
月壳构造 lunar tectonics 01.171
月球 moon 01.165
月球地质学 lunar geology 01.166
月球岩石圈 lunar lithosphere 01.169
月球陨石 lunar meteorite 06.325
月壤 lunar regolith 06.314
月岩 lunar rock 06.313
月震 moonquake 01.172
云煌岩 minette 05.215
云母 mica 04.525
云母矿床 mica deposit 07.304
云母片岩 mica schist 05.591
云母试板 mica plate 04.284
云台观组 Yuntaiguan Formation 02.538
云斜煌岩 kersantite 05.216
云英岩 greisen 07.100
*云正煌斑岩 minette 05.215
陨硫铁 troilite 06.347
陨氯铁 lawrencite 06.352
陨石 meteorite 01.158
陨石落地年龄 terrestrial age 06.304
陨石学 meteoritics 01.159
陨石雨 meteorite shower 01.160
陨[石撞]击坑 meteorite crater 01.163
陨[石撞]击作用 meteorite impact 01.161
允许环境极限 acceptable environment limit 06.212
允许剂量 acceptable dose 06.211
允许浓度 acceptable concentration 06.210
韵律层理 rhythmic bedding 05.321

Z

杂基 matrix 05.300
杂基支撑组构 matrix-supported fabric 05.294
杂卤石矿床 polyhalite deposit 07.320
杂砂岩 graywacke 05.386
灾变论 catastrophism 01.028
载荷 load 09.034
再生矿床 regenerated deposit 07.193
再生水 epigenetic water 08.028
再造 reconstruction 03.015
暂时硬度 temporary hardness 08.042
赞克尔阶 Zanclean Stage 02.441
赞克尔期 Zanclean Age 02.440
藻类体 alginite 07.414
藻煤 boghead coal 07.388
藻烛煤 torbanite 07.389
早期岩浆分凝型矿床 early magmatic segregation-

type deposit 07.148
造陆运动 epeirogeny 03.340
造陆作用 epeirogenesis 03.341
造山带 orogenic belt, orogene, orogen 03.342
造山幕 orogenic phase 03.365
造山期后 post-orogenic 03.368
造山旋回 orogenic cycle 03.364
造山运动 orogeny, mountain building 03.338
造山作用 orogenesis 03.339
造岩矿物 rock-forming mineral 04.014
造岩元素 rock-forming element 06.024
*增长边界 constructive boundary 03.280
增量应变 incremental strain 03.045
增生 accretion 03.286
*增生棱柱 accretionary prism, accretionary widge 03.287
增生楔 accretionary prism, accretionary widge 03.287
增田-科里尔图解 Masuda-Coryell diagram 06.018
扎布耶石 zabuyelite 04.631
沾污 contamination 06.188
章氏硼镁石 hungchaoite 04.592
张衡矿 zhanghengite 04.634
张剪 transtension 03.049
张夏阶 Zhangxian Stage, Changhsian Stage 02.201
张夏期 Zhangxian Age, Changhsian Age 02.200
张夏组 Zhangxia Formation 02.489
障壁岛 barrier island 05.282
障积灰岩 bafflestone 05.411
找矿矿物学 prospecting mineralogy 04.003
沼泽 marsh, bog, swamp 01.102
沼泽相 swamp facies 05.266
*折光率 refractive index 04.189
折射 refraction 04.188
折射计 refractometer 04.279
折射率 refractive index 04.189
哲斯组 Zhesi Formation, Jisu Formation 02.554
褶劈 crenulation cleavage 03.153
褶皱 fold 03.066
褶皱带 fold belt 03.346
褶皱干涉图象 interference pattern of fold 03.131
褶皱基底 fold basement 03.356
褶皱山 folded mountain 01.086
褶皱枢纽 hinge line of fold 03.068
褶皱翼 fold limb 03.067
褶皱轴 fold axis 03.069
褶皱轴迹 axial trace of fold 03.136
褶皱轴面 axial plane of fold, axial surface of fold 03.070
珍珠岩 perlite 05.197
珍珠岩矿床 perlite deposit 07.278
珍珠云母 margarite 04.528
针沸石 mazzite 04.582
针钠钙石 pectolite 04.477
针铁矿 goethite 04.334
枕状构造 pillow structure 05.123
枕状熔岩 pillow lava 05.062
震旦纪 Sinian Period 02.148
震旦系 Sinian System 02.149
蒸发泵作用 evaporative pumping 05.250
蒸发岩 evaporite 05.451
蒸发岩矿床 evaporite deposit 07.318
整合 conformity 02.068
整合侵入体 concordant intrusion 05.039
正长石 orthoclase 04.556
正长岩 syenite 05.199
正地槽 orthogeosyncline 03.328
正断层 normal fault 03.170
*正交晶系 orthorhombic system 04.103
正片麻岩 ortho-gneiss 05.605
正烷烃分布 distribution of *n*-alkanes 06.364
正烷烃奇偶优势 odd-even predominance of *n*-alkanes 06.365
正[斜长]角闪岩 ortho-amphibolite 05.601
正岩浆矿床 orthomagmatic mineral deposit 07.144
正延长 length slow, positive elongation 04.213
正异常 positive anomaly 06.443
直立褶皱 upright fold 03.079
直闪石 anthophyllite 04.490
植物群 flora 02.094
BABI 值 basaltic achondrite best initial 06.114
CHUR 值 chondritic uniform reservoir 06.115
δ值 δ value 06.113

指示矿物　index mineral　04.019
指示元素　indicator element　06.500
指示植物　indicator plant　06.478
志丹群　Zhidan Group　02.601
志留纪　Silurian Period　02.154
志留系　Silurian System　02.155
*智利硝石　soda niter, nitronatrite, nitratine　04.388
*智利硝石矿床　soda niter deposit, nitratine deposit　07.326
质量监控　data quality monitoring　06.486
蛭石　vermiculite　04.540
滞留时间　residence time　06.176
滞流盆地　euxinic basin　02.104
中长石　andesine　04.550
中键结构　mesodesmic structure　04.174
中砾　pebble　05.366
中色岩　mesocratic rock　05.155
中深[变质]带　mesozone　05.514
中生代　Mesozoic Era　02.138
中生界　Mesozoic Erathem　02.139
中铁陨石　mesosiderite, pyroxene-plagioclase stony-iron　06.338
中温水热矿床　mesothermal deposit　07.162
中新世　Miocene Epoch　02.180
中新统　Miocene Series　02.181
中心式喷发　central eruption　05.020
中性岩　intermediate rock　05.150
中压相系　medium-pressure facies series　05.532
中元古代　Mesoproterozoic Era　02.132
中元古界　Mesoproterozoic Erathem　02.133
中柱石　mizzonite　04.564
中子衍射　neutron diffraction　04.267
重金属污染　heavy metal pollution　06.198
重晶石　barite　04.380
重晶石矿床　barite deposit　07.307
重矿物　heavy mineral　04.024
重力[地质]作用　gravitational process　01.064
重力滑动　gravitational gliding　03.231
重力水　gravitational water, gravity water　08.027
重力泄油储油层　gravity drive reservoir　07.479
重砂矿床　heavy mineral deposit　07.191
重稀土元素　heavy rare earth element, HREE　06.017
重质油　heavy oil　07.445
周口店组　Zhoukoudian Formation, Choukoutian Formation　02.636
轴角　axial angle　04.055
轴率　axial ratio　04.092
轴面　axial plane, pinacoid　04.056
轴面劈理　axial-plane cleavage　03.152
轴向分带　axial zoning　06.469
帚状构造　brush structure, γ-type structure　03.443
皱纹构造　plicate structure　07.134
宙　eon　02.022
竹叶状灰岩　edgewise conglomerate, Würmkalk（德）　05.427
烛煤　cannel coal　07.390
*主动大陆边缘　active continental margin　03.284
主应变　principal strain　03.021
主应变轴　principal strain axis　03.023
主应力　principal stress　03.020
主应力轴　principal stress axis　03.022
主元素　major element　06.026
主折射率　principal refractive index　04.190
柱　prism　04.089
柱状变晶结构　nematoblastic texture　05.562
柱状节理　columnar jointing　05.124
*贮水系数　storativity, storage coefficient　08.134
铸型　cast　05.331
铸造材料　founding materials　07.269
注入片麻岩　injection gneiss　05.634
注水试验　water injection test　08.178
注水[油]井　water injection well　07.487
*转动极　pole of rotation　03.266
转换边界　transform boundary　03.282
转换断层　transform fault　03.274
撞击构造　impact structure　01.162
撞击角砾岩　suevite　06.316
撞击坑　impact crater　06.315
撞裂锥　shatter cone　03.165
*椎模　prod cast　05.337
椎铸型　prod cast　05.337
锥　pyramid　04.090
锥状褶皱　conical fold　03.078
准地槽　parageosyncline　03.329

准地台　paraplatform　03.334
准平原　peneplain　01.092
准平原化作用　peneplanation　01.093
准同生作用　penesyndiagenesis, penecontemporaneous diagenesis　05.237
侏罗纪　Jurassic Period　02.164
侏罗系　Jurassic System　02.165
浊沸石　laumontite　04.581
浊沸石相　laumontite facies　05.547
浊积岩　turbidite　05.361
资源　resources　07.015
资源评价　resources assessment　07.019
紫苏花岗岩　charnockite, hypersthene granite　05.187
紫苏辉石　hypersthene　04.475
自变质作用　autometamorphism　05.483
自发裂变　spontaneous fission　07.230
自封闭　self-sealing　08.220
自扩散作用　self-diffusion　06.265
自流井　artesian well　08.083
自流井组　Ziliujing Formation　02.579
自流水　artesian water　08.014
自流水盆地　artesian basin　08.106
自然铬　native chromium　04.611
自然金　native gold　04.293
自然硫　native sulfur　04.292
自然硫矿床　native sulfur deposit　07.309
自然坡角　nature angle of repose　09.027
自然释放　natural release　06.162
自然铜　native copper　04.291
自然银　native silver　04.294
自生矿物　authigenic mineral　04.017
自形　automorphic　04.044
宗山组　Zongshan Formation　02.596
综合结构系数　comprehensive textural coefficient　05.310
总变形　total deformation　09.019
总滑距　net slip　03.194
总硬度　total hardness　08.044
纵向分带　longitudinal zoning　06.470
走滑断层　strike-slip fault　03.174
走滑分量　strike-slip component　03.197
走向　strike　03.062
组　formation　02.037
组构　fabric　03.242
组合带　assemblage zone　02.029
最大分子含水量　maximum hydroscopic moisture, maximum molecular moisture capacity　09.022
最佳估计值　best estimate　06.487
左步　left-stepping　03.058
*左阶　left-stepping　03.058
左旋晶体　left-handed crystal　04.030
左旋走滑　sinistral slip, left-lateral slip　03.056